物理化学实验

周建敏　蔡　洁　主编

中国石化出版社

内 容 提 要

本书内容包括绪论、基础实验(25个)、提高型实验(23个)、实验技术、仪器的使用及附录六部分,既有经典的基础实验,又有反映学科发展的提高型实验。其内容涉及化工、应化、食品、生物、高分子、环境、药物等专业,突出石油化工特色,具有基础性、应用性、综合性、前瞻性、创新性的特点。

本书既可作为普通高等工科院校化工、环境、高分子、应化、食品、生物等各专业的本科学生教材,也可作为相关技术人员的研究参考资料。

图书在版编目(CIP)数据

物理化学实验 / 周建敏,蔡洁主编.
—北京:中国石化出版社,2012.6(2017.7重印)
普通高等教育"十二五"规划教材
ISBN 978-7-5114-1553-0

Ⅰ.①物… Ⅱ.①周… ②蔡… Ⅲ.①物理化学-化
实验-高等学校-教材 Ⅳ.①O64-33

中国版本图书馆 CIP 数据核字(2012)第 101151 号

中国石化出版社出版发行
地址:北京市朝阳区吉市口路9号
邮编:100020 电话:(010)59964500
发行部电话:(010)59964526
http://www.sinopec-press.com
E-mail:press@ sinopec.com
北京科信印刷有限公司印刷
全国各地新华书店经销
*
787×1092 毫米 16 开本 17.25 印张 432 千字
2012 年 7 月第 1 版 2017 年 7 月第 4 次印刷
定价:38.00 元

前　言

为实现新时期教育部卓越工程师的培养目标，满足新形势下社会对人才培养的特殊需求，适应目前我国物理化学实验新仪器和新方法的发展，编者结合"工科院校"，特别是具有"石化特色"的实际情况，编写了这本《物理化学实验》。

本书在编写过程中保留了25个具有代表性的经典基础实验，同时增加了能够培养学生创新能力的23个提高型实验，包括综合性实验、设计性实验和研究性实验类型。这些实验的开展既能对学生进行素质教育，又能够反映现代物理化学的新进展、新技术；既可作为高等理工科院校化工、环境、高分子、应化、食品、生物等各专业的本科学生教材，也可作为相关技术人员的研究参考资料，有一定的实用价值。在这些实验中使用了较先进的实验设备和技术。本书涉及化工、应化、食品、生物、高分子、环境、药物等各专业的内容，突出石化特色，体现了基础性、应用性、综合性、前瞻性、创新性的特点。

全书内容分为六部分。第一部分绪论，主要讲解了物理化学实验的目的和要求、物理化学实验的安全知识、实验的误差分析和实验的数据处理。第二部分基础实验，包括了化学热力学、电化学、化学动力学、界面和胶体化学等内容。第三部分提高型实验，包括可供化工、化学类各专业挑选使用的综合性实验、设计性实验、研究性实验类型。第四部分实验技术，包括热化学的测量技术、真空及测压的技术、电化学的测量技术及光学量的测量技术等内容。第五部分仪器的使用，介绍了本书中所用的主要实验仪器的使用方法。第六部分附录，列出物理化学实验常用数据表，便于读者查阅。

参加本书编写的有周建敏(第二章实验二、三、六、十、十一、十二、十四、十五、十八、二十、二十一、二十四，第三章实验二十七、三十、三十一、三十五、三十六、三十九、四十五、四十六、四十七)、蔡洁(第一章，第二章实验一、四、五、十三、十七、二十五，第三章实验二十六、二十八、三十三、三十七、四十一、四十三、四十四、四十八)、余梅(第三章实验三十八、四十二，第四章第一节、第五章)、蒋达洪(第二章实验七、八、十六、十九，第四章第二节)、潘美贞(第二章实验二十二，第三章实验四十)、姚晓青(第二章实验九、十、二十三，第三章实验二十九，第四章第三节和第四节)、邱松山(第三章实验三十二、三十四、附录)。全书由周建敏统稿和定稿。

本书在编写过程中参考了国内多本物理化学实验教材，借鉴了兄弟院校的许多先进经验，同时也得到广东石油化工学院教务处等部门的帮助与支持，在此向他们表示衷心的感谢！

由于编者水平有限，书中的缺点和错误在所难免，敬请读者批评指正！

目　录

第一章 绪 论

第一节 物理化学实验的目的和要求

物理化学实验是化学、化工类各专业一门重要的基础实验课程，它综合了化学领域中各分支所需的基本实验技能和方法，它主要运用物理学原理与技术，通过由实验仪器测定系统物理化学性质的变化，从而研究化学变化的本质和规律。

一、实验目的

通过物理化学实验，使学生系统掌握物理化学的基本实验技术和技能，学会重要物理化学参数测定方法。

通过物理化学实验，使学生掌握物理化学实验常用仪器的性能、原理、用途和使用方法，使学生熟悉物理化学实验现象的观察与记录、实验条件的判断与选择、实验数据的测量与处理、实验结果的分析与归纳等一系列过程，使学生巩固和加深对物理化学基本概念和基本原理的理解。通过综合性、设计性及研究性实验的训练，培养学生理论联系实际的能力、分析问题、解决问题的能力以及严谨的科学态度。

二、实验要求

物理化学实验课对培养学生独立从事科学研究和创新工作的能力具有重要作用。学生应该在实验过程中做到勤于动手，开动脑筋，钻研问题，切实做好每个实验的每一个环节。进行物理化学实验，一般要经过实验预习、实验操作和撰写实验报告三个环节。为了使学生做好每个实验，针对不同类型的实验对学生有不同的实验要求。

1. 基础实验要求

（1）实验预习

学生在实验前要充分预习，仔细阅读实验教材(有录像的观看实验录像)，认真思考思考题，了解实验目的和实验原理，了解实验所用仪器的构造和使用方法，熟悉实验的操作步骤，明确需要测量的物理量和应该记录的实验数据。并据此写出预习报告，做到心中有数，有备而来。实验预习报告的内容包括：实验目的、实验原理、实验步骤及实验原始数据记录表格等。无预习实验报告者不得进入实验室。大量实践证明：课前认真预习对减少仪器破损和试剂消耗、提高实验课学习效率具有十分明显的作用。

（2）实验操作

实验过程是整个实验的核心，学生进入实验室后应检查所使用的仪器和试剂是否符合实验要求，做实验时，应认真按照操作规程进行，严格控制实验条件，仔细观察实验现象，将实验的原始数据详细地记录在预习报告所拟定的表格中。整个实验过程不仅要有严谨的科学态度，工作一丝不苟，有条有紊，实事求是，还要积极思考，善于发现和解决实验中出现的各种问题。

注意：所有在实验室经计算机处理所获得的实验结果仅供指导教师检查实验效果用，学生实验报告中的数据处理仍应按实验要求进行。

（3）实验报告

完成实验报告是实验课程的基本训练之一。它将使学生在实验数据处理、作图、误差分析、问题归纳等方面得到训练和提高。实验报告的质量在很大程度上反映了学生对理论知识的掌握程度、分析问题和解决问题的能力。通过撰写实验报告，达到加深实验步骤、提高写作能力和培养严谨科学态度的目的。因此学生必须认真撰写实验报告。实验报告的内容应包括：实验目的、实验原理、实验仪器及药品、实验条件（室温、大气压、实验温度）、实验操作步骤、原始实验数据记录、数据处理和绘图、解答思考题和实验结果分析及讨论等。实验数据应以表格形式列出，建议用计算机进行绘图。实验结果分析及讨论，是本次实验的心得体会，主要是针对实验过程中的特殊现象、实验成败的关键、实验误差产生的原因等方面进行分析讨论，也可以对实验提出进一步改进的意见和建议。

实验报告必须本人独立完成，要求叙述清楚、语言简练、条理分明、字迹工整、计算准确、作图规范、结果正确和讨论深入等，报告要如实反映实验结果，不得拼凑或伪造数据。

2. 提高型实验要求

综合、设计及研究性等提高型实验不是基础实验的重复，而是基础实验的提高和深化。它是在教师的指导下，学生选择实验课题，应用已经学过的物理化学实验原理、方法和技术，在查阅文献资料的基础上独立设计实验方案，然后选择合理的仪器与设备，组装实验装置，进行独立的实验操作，得出结论，最后撰写实验报告，其中研究性实验以科学论文的形式写出实验报告。

提高型实验的程序：

（1）选题　在教材提供的提高型实验题目中选择自己感兴趣的课题，或者经指导教师同意后自己确定实验题目。

（2）查阅文献　查阅包括实验原理、实验方法、仪器装置等方面的文献资料，对不同方法进行对比、综合、归纳等。

（3）实验方案　基于实验要求和资料查阅情况，实验开始前制定实验方案交给老师审阅，提出存在的问题，优化实验方案，经老师批准后方可进入实验室进行实验。

（4）实验准备　提前到实验室进行实验仪器、药品等准备工作。

（5）实验实施　实验过程中注意随时观察实验现象，并做好记录，找出实验各主要影响因素并得出结论。

（6）数据处理　综合实验数据和现象，对所得到的结果进行处理，并进行数据误差分析，按要求写出实验报告。研究性实验要进行交流答辩。

第二节　实验教学管理规章制度

一、学生实验规则

（1）每次做实验前，实验指导老师需检查学生的预习情况，凡是不写预习报告或预习达不到要求一律不得进行实验室进行实验。

（2）实验过程中要有严谨的科学态度，认真进行实验操作，遵守课堂纪律，实验中不得擅离职守、喧哗吵闹、听音乐、阅读无关书籍。不得在实验室抽烟、随地吐痰、乱扔杂物等。不得穿背心及带钉子的鞋或拖鞋进入实验室等，对严重违纪者，指导教师有权责令其停止实验。

（3）公用实验台面的药品和器械不得随意挪动、带走和丢弃，以免影响其他同学使用。

（4）参加实验的学生不得迟到和早退，更不能无故旷课。实验开始后无故迟到 10min 以上者，不得参加本次实验。

（5）增强环保意识，遵守环保规定，不得随意排放三废，实验室内保持通风良好，尽可能做到洁净明亮，清新舒适。师生均应培养"绿色化学"和"环境友好化学"意识。

（6）课后独立完成实验报告，做到书写工整、内容完整、图形美观、数据准确，坚决杜绝伪造数据、偷工取巧、抄袭报告等舞弊行为的发生。

（7）注意实验室安全，未经指导教师同意不能擅动仪器、设备(尤其是电气设备)。杜绝由于跑、冒、消、漏等现象而造成的事故。要爱护仪器，节约药品和水电。

（8）保持实验室卫生，做到台面清洁整齐、地面无污物。实验完毕后，如实填写实验仪器使用报告本，将实验数据经指导教师检查同意后，方可拆解或清洁实验仪器，整理实验台面。指导教师在实验数据上签名后，学生方可离开实验室。值日生负责整个实验室的卫生清洁，关好水、电、门、窗，并经实验室管理人员检查后方可离开。

二、实验考核办法

1. 基础实验的考核

基础实验成绩由平时成绩和考试成绩两部分组成。其中平时成绩占 70%，考试成绩占 30%。平时成绩的评定是综合该学期各个实验成绩的平均结果，考试可以是实验技能操作考试或笔试，也可以进行一个设计性实验作为考核内容。基础实验平时成绩各项的分配比例见表 1-2-1。

表 1-2-1　基础实验平时成绩各项的分配比例(总分为 100 分)

项目	实验预习	实验技能和技巧	实验报告	安全清洁
成绩/分	20	35	40	5

2. 提高型实验的考核

综合性实验、设计性实验和研究性实验等提高型实验没有考试，成绩的评定是综合本类型实验的各个实验成绩的平均结果，其各类型实验中各项成绩的分配比例见表 1-2-2～表 1-2-4。

表 1-2-2　综合性实验成绩各项的分配比例(总分为 100 分)

项目	实验预习	实验技能和技巧	实验报告	安全清洁
成绩/分	20	35	40	5

表 1-2-3　设计性实验成绩各项的分配比例(总分为 100 分)

项目	设计实验方案	实验技能和技巧	实验报告	安全清洁
成绩/分	40	30	25	5

表1-2-4　研究性实验成绩各项的分配比例(总分为100分)

项目	设计实验方案	实验技能和技巧	答辩	论文
成绩/分	30	30	10	30

3. 考核规定

(1) 实验有舞弊者(包括编造或抄袭他人数据、不做实验写出实验报告、代做实验等),成绩均为不及格,且不予正常补考。

(2) 旷课一次,定为实验总成绩不及格。病假需有医院的病假条,事假需有系主任的批准,教研室统一安排补做。迟到10min以上,或没有预习并经考核无法进行正常实验而被请回者,定为本次实验不及格,不予补做。

三、实验仪器破损赔偿规定

为了培养学生勤俭节约的作风,减少在物理化学实验中的仪器破损,特制定如下规定来处理在实验教学中的仪器破损赔偿问题。

1. 仪器、设备正常使用时发生损坏

仪器、设备在正常使用中发生损坏者,一般不予赔偿。

正常使用是指:

(1) 严格按照实验步骤操作;仪器设备用正确方法使用及调试。

(2) 经指导教师批准后,改变原使用方法且使用方法正确,由于仪器本身的故障造成破损。

2. 仪器设备非正常使用时发生损坏

仪器、设备在非正常使用下发生损坏者,均按破损程度及对破损的认识态度做必要的赔偿。

(1) 较贵重的电子、机械等类别的仪器设备一般按原价的5%~10%赔偿,或送出修理后实报实销;玻璃仪器破损,一股按原价的20%~50%赔偿。

(2) 上一班级同学破损的仪器设备,实验开始后没及时发现并向指导教师申报者,按本次实验使用者导致破损论处。

(3) 仪器、设备破损后,百般蒙混、逃避责任、态度恶劣者,可处以按原价的1~3倍赔偿。

3. 赔偿办法

(1) 损坏仪器者当场填报破损单,经指导教师核算赔偿金额并签字后,才能从实验室领取新仪器。下次实验课前还清赔偿费用,否则停止实验。

(2) 对于故意损坏严重者,除给予必要的赔偿外,实验成绩按零分处理。

第三节　物理化学实验安全知识

化学是一门实验科学,实验室的安全十分重要。化学实验中经常使用易燃、易爆、有毒和腐蚀性的试剂,同时实验中常用的玻璃仪器易碎、易裂,容易引发事故。还有电器设备和煤气等,如果使用不当也易引起触电或火灾。因此,进行化学实验必须树立安全第一的思想,严格遵守实验规则,并熟悉实验中所用药品和仪器的性能,维护人身和实验室的安全,确保顺利完成实验。下面主要结合物理化学实验的特点,重点介绍一些安全常识、用电常识以及使用化学药品时的安全防护等知识。

一、使用化学药品的安全防护

1. 防火

物质燃烧需具备三个条件：可燃物质、氧气或氧化剂以及一定的温度。

实验室中使用的有机溶剂大部分是易燃的，比如常见的易燃溶剂有乙醚、二硫化碳、烃类(己烷、苯、甲苯等)、醇类、酮类(丙酮、丁酮)等。因此：

（1）当操作易燃的有机溶剂时要特别小心，首先实验装置的安装要远离火源；实验开始前，应先打开实验室通风扇；实验过程中切勿用敞口容器存放、加热或蒸除有机溶剂，否则挥发后的溶剂遇明火后易发生火灾；也绝不可以加热一个密封的实验装置(即使装有冷凝管)，因为加热而导致的压力增加会引起装置炸裂，引发火灾。

（2）在移取或添加易燃溶剂时，务必远离火源或熄灭火源；在加热这些溶剂时不要直接用明火，可以用水浴、空气浴等。

（3）用油浴加热时，应注意避免水特别是冷凝水的溅入。当用电加热套对装置进行加热时，电加热套应有足够的活动空间，以便在加热剧烈时方能方便拆卸。

（4）不得把燃着或带有火星的火柴梗或纸条等乱抛乱丢，也不能丢入废物缸中，否则会发生危险。

（5）实验室一旦着火不要惊慌，应选择合适的灭火器进行灭火。以下几种情况不能用水灭火：

① 有金属钠、钾、镁、铝粉以及电石、过氧化钠等时，应用干沙等灭火；

② 密度小于水的易燃液体着火，应采用泡沫灭火器；

③ 有灼烧金属或熔融物的地方着火，应采用干沙或干粉灭火器；

④ 电器设备或带电系统着火，用二氧化碳或四氯化碳灭火器。

平时应熟悉各种灭火器材的使用方法和存放地点。

2. 防爆炸

有些药品因其能与水或其他物质发生爆炸反应，因此实验中必须注意：

（1）蒸馏装置不能安装成密封体系，应与大气相通。减压蒸馏时要用圆底烧瓶作接收器，不能用锥形烧瓶作接收器。

（2）许多气体和空气的混合物有爆炸组分界限，当混合物的组分介于爆炸上限与爆炸下限之间时，只要有一个适当的热源(如一个火花、一根高热金属丝)诱发，就会引发爆炸。一些气体与空气混合后的爆炸上限和下限(20℃，101.325kPa)，以其体积分数表示，其数据见表1-3-1。

表1-3-1　某些气体与空气混合后的爆炸极限　　　　　　　　　　%(体积)

气　体	爆炸上限	爆炸下限	气　体	爆炸上限	爆炸下限
氢	74.2	4.0	乙酸	—	4.1
乙烯	28.6	2.8	乙酸乙酯	11.4	2.2
乙炔	80.0	2.5	一氧化碳	74.2	12.5
苯	6.8	1.4	水煤气	72	7.0
乙醇	19.0	3.3	煤气	32	5.3
乙醚	36.5	1.9	氨	27.0	15.5
丙酮	12.8	2.6			

因此应尽量避免能与空气形成爆鸣混合气的气体散失到室内空气中，同时保持室内通风良好，不使它们在室内积聚而形成爆鸣混合气。实验需要使用某些与空气混合有可能形成爆鸣气的气体时，室内应严禁明火和使用可能产生电火花的电器等。

（3）有些化学药品，如叠氮铅、乙炔银、乙炔铜、高氯酸等受震或受热易引起爆炸，使用时要特别小心。

（4）严禁将强氧化剂和强还原剂放在一起。

（5）久藏的乙醚使用前应除去其中可能产生的过氧化物。

（6）进行易发生爆炸的实验，应有防爆措施。

3. 防腐蚀

实验室中许多药品均有腐蚀性，要小心操作。比如：

（1）无机酸中的硫酸、盐酸、磷酸和硝酸等，有机酸中的羧酸、磺酸等；无机碱中的氢氧化钠、氢氧化钾等强碱和硫酸钠、硫酸钾等弱碱，有机碱中的胺、羟胺、三乙胺、吡啶等都具有腐蚀性。因此实验中处理或使用腐蚀性试剂时一定要戴上防护手套。一旦腐蚀剂溅到皮肤上，应立即用大量的水冲洗干净。

（2）苯酚也相当危险，能导致皮肤灼伤，它的有毒蒸气能够被皮肤吸收。

（3）液溴是非常危险的药品，它能导致皮肤、眼睛灼伤，因此一定要在通风橱里使用。此外，由于它的密度较大，当用滴管转移时，即使不挤乳胶头，都可能因其重力而滴下来，因此要小心使用。

（4）氯化亚砜、酰氯、无水三氯化铝以及其他一些试剂，因能与水反应放出氯化氢气体，也具有腐蚀性，并会对呼吸系统产生严重刺激，实验中必须格外小心。

4. 防毒

（1）实验前，应了解所用药品的毒性及防护措施。

（2）操作有毒气体(如 H_2S、Cl_2、Br_2、NO_2、浓 HCl 和 HF 等)应在通风橱内进行。

（3）苯、四氯化碳、乙醚、硝基苯等蒸气会引起中毒。它们有特殊气味，久嗅会使人嗅觉减弱，所以应在通风良好的情况下使用。

（4）有些药品(如苯、有机溶剂、汞等)能透过皮肤进入人体，应避免与皮肤接触。

（5）氰化物、高汞盐〔$HgCl_2$、$Hg(NO_3)_2$ 等〕、可溶性钡盐($BaCl_2$)、重金属盐(如镉、铅盐)、三氧化二砷等剧毒药品应妥善保管，使用时要特别小心。

（6）禁止在实验室内喝水、吃东西。饮食用具不得带进实验室，以防毒物污染，离开实验室及饭前要洗净双手。

二、汞的安全使用和汞的钝化

1. 汞的毒性

汞中毒分急性和慢性两种，急性中毒多为高汞盐(如 $HgCl_2$)入口所致，$0.1 \sim 0.3g$ 即可致死。吸入汞蒸气会引起慢性中毒，症状有：食欲不振、恶心、便秘、贫血、骨骼和关节疼、精神衰弱等。引起以上症状的原因，可能由于汞离子与蛋白质起作用，生成不溶物，因而妨害生理机能。汞蒸气的最大安全浓度为 $0.1mg/m^3$，而在 $20℃$ 时汞的饱和蒸气压为 $0.2Pa$，比安全浓度大 100 多倍，若在一个不通气的房间内，而又有汞直接露于空气时，就有可能使空气中汞蒸气超过安全浓度，所以必须严格遵守下列安全用汞的操作规定。

2. 安全用汞的操作规定

（1）汞不能直接露于空气之中，在装有汞的容器中，应在汞面上加水或其他液体覆盖。

（2）装汞的仪器下面一律放置浅瓷盘，防止汞滴散落到桌面和地面上。

（3）一切转移汞的操作也应在浅瓷盘内进行（盘内装水）。

（4）实验前检查装汞的仪器是否放置稳固。橡皮管或塑料管连接处要缚牢。

（5）储汞的容器要用厚壁玻璃器皿或瓷器。用烧杯暂时盛汞时，不可多装以防破裂。

（6）若有汞掉落在桌面或地面上，先用吸汞管尽可能将汞珠收集起来，然后用硫黄盖在汞溅落的地方，并摩擦使之生成 HgS。也可用 $KMnO_4$ 溶液使其氧化。

（7）擦过汞或汞齐的滤纸或布必须放在有水的瓷缸内。

（8）盛汞器皿和有汞的仪器应远离热源，严禁把有汞仪器放进烘箱。

（9）使用汞的实验室应有良好的通风设备，纯化汞应有专用的实验室。

（10）手上若有伤口，切勿接触汞。

三、安全用电常识

1. 触电

人体通过 50Hz 的交流电 1mA 就有感觉，通电 10mA 以上使肌肉强烈收缩，通电 25mA 以上则呼吸困难，甚至停止呼吸，通电 100mA 以上则使心脏的心室产生纤维性颤动，以致无法救活。直流电在通过同样电流的情况下，对人体也有相似的危害。

防止触电的注意事项如下：

（1）进入实验室前应该先了解清楚电源总闸的具体位置，如果遇到有人触电，首先立即切断电源，然后进行抢救。

（2）操作电器时，手必须干燥，如果手潮湿，电阻显著减小，容易引起触电。

（3）一切电源裸露部分都应有绝缘处理（例如，电线接头处应裹上绝缘胶布），所有电器设备的金属外壳应接地；已损坏的接头或绝缘不良的电线应及时更换。

（4）不能用试电笔去试高压电；修理或安装电器设备时，必须先切断电源。

（5）实验时，应先连接好电路再接通电源；实验结束时，先切断电源再拆线路。

（6）修理或安装电器设备时，必须先切断电源。

2. 负荷及短路

为防止短路，实验室用电应遵守下列要求：

（1）物理化学实验室总电闸的最大允许电流为 30～50A，一般实验台上分电闸的最大允许电流一般为 15A。对于使用功率很大的仪器，应事先计算电流量，否则长期使用超过规定负荷的电流时，容易引起火灾或其他严重事故。

（2）使用的保险丝要与实验室允许的用电量相符。不能配用电流过大的保险丝，也不能任意用金属导线代替，否则长期使用超过规定负荷的电流时，容易引起火灾或其他严重事故。

（3）为防止短路，应避免导线间的摩擦，尽可能不使电线、电器受到水淋或浸在导电的液体中；线路中各连接点应连接牢固，电路元件两端接头不要互相接触。

（4）若室内有氢气、煤气等易燃易爆气体，应防止产生电火花，否则会引起火灾或爆炸。电火花经常在电器接触点（如插销）接触不良、继电器工作时以及开关电闸时产生。因此当实验室有易燃易爆气体时，应注意室内通风；电线的接头要接触良好、包扎牢固，以消除电火花。另外，在继电器上可以连一个电容器以减弱电火花。

（5）如遇火灾，应先切断电路，用沙土、干粉灭火器或 CCl_4 灭火器等灭火，禁止用水或泡沫灭火器等导电液体灭火。

3. 电器仪表的使用

（1）注意仪器设备所要求的电源是交流电还是直流电，是三相电还是单相电，电压的大小、功率是否符合要求；须弄清直流电器仪表的正、负极。

（2）注意仪器的量程，仪器的量程必须大于待测量值，若待测量值不清楚时，须先从仪器的最大量程开始检测。

（3）在电器仪表使用过程中，如发现有不正常响声，局部温度升高或嗅到绝缘漆过热产生的焦味，应立即切断电源，并报告教师进行检查。

（4）线路安装完毕后应检查正确无误后方可开始实验；实验结束后，应断开线路或关闭电源，以延长仪器的使用寿命。

四、气体钢瓶的安全使用

气体钢瓶通常压力较大，使用时应注意以下几点：

（1）钢瓶应存放在阴凉、干燥、远离热源的地方；可燃性气体应与氧气瓶分开存放；不要让油或易燃有机物沾染气瓶(特别是气瓶出口和压力表上)；氢气瓶应放在远离实验室的专用室内，用紫铜管引入实验室，并安装防止回火的装置。

（2）搬运钢瓶要小心轻放，钢瓶帽要旋上；开启总阀门时，不要将身体正对总阀门，防止阀门或压力表冲出伤人。

（3）使用时应装减压阀和压力表。可燃性气瓶(如 H_2、C_2H_2)气门螺丝为反丝；不燃性或助燃性气瓶(如 N_2、O_2)为正丝。各种压力表一般不可混用。

（4）不可把气瓶内气体用尽，以防重新充气时发生危险。

（5）使用中的气瓶每三年应检查一次，装腐蚀性气体的钢瓶每两年检查一次，不合格的气瓶不可继续使用。

（6）使用时，注意各气瓶上漆的颜色及标字(见表 1 - 3 - 2)，避免混淆。

表 1 - 3 - 2　中国气瓶常用标记

气体类别	瓶身颜色	标字颜色	气体类别	瓶身颜色	标字颜色
氮	黑	黄	二氧化碳	黑	黄
氧	天蓝	黑	氯	黄绿	黄
氢	深绿	红	其他一切可燃气体	红	白
空气	黑	白	其他一切不可燃气体	黑	黄
氨	黄	黑			

五、个人安全防护

（1）玻璃割伤是常见的事故之一，避免玻璃割伤的最基本原则是切记勿对玻璃仪器的任何部分施加过度的压力或张力。当玻璃部件插入橡皮或软木塞时，首先应检查孔径大小是否合适，务必将手握在玻璃部件靠近橡皮或软木塞的部位缓缓旋进。有张力的玻璃仪器在加热时会破碎，因此，安装实验装置时要避免粗心而使装置产生张力。

（2）在实验室里不适宜穿肥大的衣服，应穿工作服；要尽可能戴上护眼眼镜，因为实验过程中的不当操作容易引起爆炸、暴沸等,这时破碎的玻璃或飞溅的药品可能会溅入眼睛并对眼睛造成永久伤害。在实验室里禁止戴隐形眼镜,如果眼睛里溅入药品,一定要及时处理。

六、X 射线的防护

X 射线被人体吸收后,对人体健康是有害的。一般晶体 X 射线衍射分析用的软 X 射线(波长较长、穿透能力较低)比医院透视用的硬 X 射线(波长较短、穿透能力较强)对人体组织伤害更大。轻的造成局部组织灼伤,如果长期接触,严重的可造成白细胞数量下降、毛发脱落,患上严重的放射病。但若采取适当的防护措施,上述危害是可以防止的。最基本的是防止身体各部(特别是头部)受到 X 射线照射,尤其是 X 射线的直接照射。因此,要注意:

(1) X 射线管窗口附近用铅片(厚度在 1mm 以上)挡好,将 X 射线尽量限制在一个局部小范围内,不致散射到整个房间。

(2) 在进行操作(尤其是对光)时,应戴上防护用具(特别是铅玻璃眼镜)。操作人员应避免直接照射。

(3) 操作完,用铅屏把人与 X 射线机隔开;暂时不工作时,应关好窗口。非必要时,人员应尽量离开 X 射线实验室。

(4) 室内应保持良好通风,以减少由于高电压和 X 射线电离作用生成的有害气体对人体的影响。

第四节　实验误差分析

物理化学实验以测量物理量的数值为基本内容。在实际测量过程中,无论是直接测量,还是间接测量,由于受测量仪器、实验原理、实验方法及环境条件等诸多因素的限制,测量值与真值(或文献值)之间都存在着一定的差值,这个差值称为测量误差。可根据仪器和试剂等的误差推算实验的误差,也可根据实验的误差要求选择最合适的实验仪器和试剂。正确表达实验结果与实验本身具有同等重要的地位,只说明实验结果而不能同时指出结果的不确定程度的实验是没有价值的。因此,正确理解误差的概念十分重要。

一、直接测量与间接测量

1. 直接测量

将被测量直接与同一类量进行比较,用测量数据直接表达结果的方法称为直接测量。

直接测量又可分为直接读数法和比较法。直接读数法如用米尺量长度、秒表记时间、温度计测温度、压力表测压强等。比较法如对消法测电动势、电桥法测电阻、天平称质量等。

2. 间接测量

由若干直接测量的数据,依据一定的理论,通过函数关系加以运算,才能等到测量结果的方法称为间接测量。

例如:
$$\rho = m/V$$

式中,ρ 为物质的密度;m 为物质的质量;V 为物质的体积。

实验直接测量 m、V,由 m、V 通过函数式 $\rho = m/V$,计算出 ρ,ρ 为间接测量数据。

绝大多数量是经过间接测量的方法获得的,例如,最大泡压法测溶液的表面张力、燃烧热的测定、旋光法测定蔗糖水解反应的速率系数、凝点降低法测定摩尔质量等。

二、系统误差与偶然误差

在实验过程和数据处理中，有一些因素会影响实验结果的准确性。在这些因素中，有实验者在读数、记录和数据处理中人为引入的，也有仪器本身存在的等各种误差。下面就系统误差与偶然误差进行讨论。

1. 系统误差

系统误差（又称确定误差）是由于某种固定的原因或某些经常出现的因素引起的重复出现的误差，又称可测误差或恒定误差。其特点是：

（1）单向性——它对分析结果的影响比较固定，即误差的正或负通常是固定的；

（2）重现性——当平行测定时，它会重复出现；

（3）可测性——其数值大小基本固定，是可以被检测出来的，因而也是可以校正的。

系统误差产生的具体原因，可分为以下几种：

① 仪器误差　是由于所用仪器本身不准确引起的。如天平两臂不等、气压计的真空密封不严密、仪器示数部分的刻度划分不够准确等。这类误差可以通过核定进行校正。

② 试剂误差　是由于化学试剂中杂质的存在引起的。

③ 操作误差　是由于操作者的主观原因引起的。如记录某一信号时间的滞后，读取仪表读数时总是把头偏向一边，判定滴定终点的颜色程度不同等。

④ 方法误差　是由于实验方法的理论根据有缺点，或引用了近似公式造成的。例如，用蒸气密度测定相对分子质量，应用范德华方程所得的结果要比应用理想气体状态方程得出的结果更准确一些。

⑤ 环境误差　是由于仪器或试剂使用时的环境因素引起的。如温度、湿度、气压等，若实验要求它们保持恒定某一固定数值，但实验过程中它们却高于或低于这个固定值时等。

改变实验条件可以发现系统误差的存在，针对产生原因可采取措施将其设法消除或减少系统误差。

2. 偶然误差

偶然误差（又称不确定误差）是由于某些无法控制和避免的客观偶然因素造成的，又称随机误差或未定误差。如滴定管最后一位读数的不确定性；测定过程中环境条件（温度、湿度、气压等）的微小波动等。

偶然误差的特点是：大小和方向不定。偶然误差是随机变量，它的值或大或小，符号或正或负。因此，偶然误差是无法测量的，是不可避免的，也是不能加以校正的。

虽然单个地看偶然误差的出现极无规律，但是当测量次数足够多时，从整体上看偶然误差则服从正态分布规律。因此，为了减少偶然误差的影响，应尽可能对被测量进行了多次测量，以提高实验测定的精度。

3. 过失误差

由于实验者在实验过程中不应有的失误而引起的误差，称为过失误差。由于操作人员的粗心或疏忽而造成的，没有一定的规律可循。例如，在称重时砝码的数值读错了，滴定时数值读错了，甚至记错了或计算错了。这类情况属于责任事故，是不允许存在的。通常，只要增强责任心，认真细致地做好原始记录，反复核对，过失误差是完全可以避免的。

三、绝对误差与相对误差

任何一种测量，不管所用的仪器多么精密，操作时多么小心，测量环境的考虑多么周到，但测量的结果总不能完全一致，常有一定的误差。误差又可分为绝对误差和相对误差两种表达方法。

1. 绝对误差

绝对误差：表示观测值与真值之差。

$$绝对误差 = 观测值 - 真值 \qquad (1-4-1)$$

绝对误差的单位与被测量是相同的。绝对误差虽然重要，但仅用它有时还不能说明测量的准确程度。假设测量 A、B 两物体的长度，A 的长度测量值为 100 cm，B 的长度为 10 cm，但如果它们的绝对误差都是 1 cm。显而易见，前者的测量要远较后者准确。为了判断测量的准确度，需要将绝对误差与真值进行比较，即求出其相对误差。

2. 相对误差

相对误差：绝对误差在真值中所占的百分数。

$$相对误差 = （绝对误差 / 真值）\times 100\% \qquad (1-4-2)$$

相对误差的单位为 1，因此不同物理量的相对误差可以互相比较，另外，绝对误差的大小与被测量的大小无关，而相对误差与被测量的大小及绝对误差的数值都有关系。因此，不论是比较各种测量的精度，或是评定测量结果的质量，采用相对误差都更为合理。

四、可靠数字、可疑数字及有效数字

物理化学实验中所用仪器标度上都有能直接读出的最小分度值。比如有的温度计最小分度值是 1℃，而 1/100 分度的贝克曼温度计的最小分度值是 0.01℃。对大多数仪器读数需要估计到最小分度值的后一位数。比如最小分度值是 1℃ 的温度计，温度应该读到 25.2℃。在 25.2℃ 这个值中，小数点前两位数为可靠数字，小数点后一位数为可疑数字。尽管我们相信这一可疑数字，但还必须将温度写成(25.2 ±0.2)℃，以表示可靠程度。如果记录一个体积测量值为(35.30 ±0.05)mL，那么，其真实体积在 35.25mL 和 35.35mL 之间。小数点前两位数及小数点后第一位数为可靠数字，小数点后第二位数为可疑数字。

有效数字的位数指明了测量精确的幅度，它包括可靠数字和可疑数字。所谓有效数字，是指一个数据中包含着的所有可靠数字和一位可疑数字。上面的例子中 25.2℃ 为三位有效数字，35.35mL 为四位有效数字。

现将与有效数字相关的一些规则和概念综述如下：

（1）任何一物理量的数据，其有效数字的最后一位，在位数上应与误差的最后一位相同，如：

1.35 ±0.01(正确)

1.351 ±0.01(缩小了结果的精确度)

1.3 ±0.01(夸大了结果的精确度)

（2）有效数字的位数越多，数值的精确程度也越大，即相对偏差越小，如：

(1.35 ±0.01)m，三位有效数字，相对偏差 0.7%。

(1.3500 ±0.0001)m，五位有效数字，相对偏差 0.007%。

（3）有效数字的位数与十进位制单位的变换无关，与小数点的位数无关，如：

(1.35 ±0.01)m 与(135 ±1)cm 二者完全一样，反映了同一个实际情况，都有 0.7% 相对偏差。但在另一情况下，例如 158000 这个数值就无法判断后面 3 个"0"究竟是用来表示有效数字的，还是用以标志小数点位置的。为了避免这种困难，常常采用指数表示法(科学计数法），1.58×10^5 则表示三位有效数字，1.580×10^5 则表示四位有效数字。又如 0.0000135 只表示三位有效数字，则可写成 1.35×10^{-5}。

所以指数表示法不但避免了与有效数字的定义发生矛盾，也简化了数值的写法，便于计算。

五、有效数字的运算规则

（1）在运算中舍去多余数字时，采取四舍五入的办法，当被舍数字是 5 时，采取奇进偶不进的方法。

例：1.674（取 1.67）　1.676（取 1.68）　1.675（取 1.68）　1.685（取 1.68）

（2）当首位数等于或大于 8 时，可多算一位有效数字，例：9.12 实际只有三位有效数字，但在运算时，可看做四位有效数字。

（3）几个数相加减时，先保留各小数点后的数字位数与最少者相同。

例：

$$
\begin{array}{r}
0.12 \\
12.232 \\
+1.5683 \\
\hline
\end{array}
\qquad 舍去多余数字后，\qquad
\begin{array}{r}
0.12 \\
12.23 \\
+1.57 \\
\hline
13.92
\end{array}
$$

（4）几个数相乘除时，先将各数的有效数字位数与最少者相同。

例：2.3×0.524 应写成 $2.3 \times 0.52 = 1.2$

$5.32 \div 2.801$ 应写成 $5.32 \div 2.80 = 1.90$

六、准确度和精密度

实验中常用准确度、精密度来评价实验结果误差的大小。

1. 准确度

准确度是指测量结果的正确性。即测量值与真实值偏离的程度（所谓真值，在实际中往往不为人们所知，这里所指的真值是指用校正过的仪器经多次测量所得数值的算术平均值或载于文献手册中的公认值）。

2. 精密度

精密度表示测量值偏离平均值的程度。或精密度是指测量结果的再现性及测得数据的有效数字位数。

实验中常用平均误差或标准误差来表示测量的精密度。平均误差的优点是计算方便，但会掩盖误差大的测量数据。标准误差又称均方根偏差，是误差平方和的开方，对误差的大小更灵敏，是表示测量精密度的好方法。

$$平均误差\ \delta = \frac{\sum |x_i - \bar{x}|}{n} \tag{1-4-3}$$

式中，$\bar{x}$ 为测量算术平均值。

$$标准误差\ \sigma = \sqrt{\frac{\sum |x_i - \bar{x}|^2}{n-1}} \tag{1-4-4}$$

精密度高的准确度不一定高，但准确度高的精密度一定高。比如在我们对一个给定的量进行一系列读数并确信它是精密的之后，仍然不知道是否有未知的或固定的误差引入了测量值。例如测量温度时，标度温度计可能有误差。这样，即使记录的温度很精密，但是也有可能存在误差，或可能是完全错误的，即准确度较差。例如，在101.325kPa下测得纯苯的沸点分别为81.32℃，81.36℃，81.34℃，…，这三个数的前三位数完全相同，差别只在小数点后第二位，这组数据是很精密的，但是，其准确度很低，因为纯苯的正常沸点为80.10℃。因此，高的精密度不一定能保证高的准确度，而高的准确度必须有好的精密度。

精密度既涉及测量值的再现性，又涉及测量结果的有效数字的位数。例如，用两个温度计测量同一恒温水浴的温度，其中一支温度计的最小分度是1℃，多次测量的平均结果是25.2±0.2℃，另一支温度计的最小分度是0.1℃，多次测量的平均结果是25.18±0.02℃。第二支温度计测量结果包含四位有效数字，它的读数精度是较高的。在这个意义上讲，"精密度"与"有效数字的位数"有关，有效数字越多，则精密度越高。可以说，最小分度为0.1℃的温度计是更精密的仪器。

又如，用单个温度计测量得到一系列读数，这些读数之间可能偏差较小，也可能偏差很大。如果偏差较小，我们说这种测量方法是一个高精密度的方法，而且这个步骤是一个精密的步骤，精密度是保证准确度的前提条件。

七、间接测量结果的误差计算

由于直接测量的数据有误差，因此间接测量也不可避免地有一定的误差，该误差称为间接测量结果的误差。

误差分析的基本任务在于查明直接测量值的误差对函数误差的影响，从而找出函数的最大误差来源，以便合理配置仪器和选择实验方法。误差分析是对结果最大误差的估计。

1. 间接测量结果的平均偏差

设物理量 N 是由直接测量的 x, y 计算而求得。即：$N = f(x, y)$，则

$$dN = \left(\frac{\partial N}{\partial x}\right)dx + \left(\frac{\partial N}{\partial y}\right)dy \qquad (1-4-5)$$

此式为误差传递的基本公式，若 $\Delta N, \Delta x, \Delta y$ 为 N, x, y 的测量误差，且设它们足够小，可以代替 dN, dx, dy，并考虑误差积累而取绝对值，则得到具体的简单函数及其误差的计算公式，列入表 1-4-1。

绝对平均误差：

$$\Delta N = \left|\frac{\partial N}{\partial x}\right||\Delta x| + \left|\frac{\partial N}{\partial y}\right||\Delta y| \qquad (1-4-6)$$

相对平均误差：

$$\frac{\Delta N}{N} = \frac{1}{f(x,y)}\left[\left|\frac{\partial N}{\partial x}\right||\Delta x| + \left|\frac{\partial N}{\partial y}\right||\Delta y|\right] \qquad (1-4-7)$$

表 1-4-1　一些函数平均误差传递形式

函 数 关 系	绝 对 误 差	相 对 误 差
$N = x + y$	$\pm(\|\Delta x\| + \|\Delta y\|)$	$\pm\left(\dfrac{\|\Delta x\| + \|\Delta y\|}{x+y}\right)$
$N = x - y$	$\pm(\|\Delta x\| + \|\Delta y\|)$	$\pm\left(\dfrac{\|\Delta x\| + \|\Delta y\|}{x-y}\right)$
$N = xy$	$\pm(x\|\Delta y\| + y\|\Delta x\|)$	$\pm\left(\dfrac{\|\Delta x\|}{x} + \dfrac{\|\Delta y\|}{y}\right)$

函数关系	绝对误差	相对误差
$N = \dfrac{x}{y}$	$\pm\left(\dfrac{y\|\Delta x\| + x\|\Delta y\|}{y^2}\right)$	$\pm\left(\dfrac{\|\Delta x\|}{x} + \dfrac{\|\Delta y\|}{y}\right)$
$N = x^n$	$\pm\left(nx^{n-1}\|\Delta x\|\right)$	$\pm\left(n\dfrac{\|\Delta x\|}{x}\right)$
$N = \ln x$	$\pm\left(\dfrac{\|\Delta x\|}{x}\right)$	$\pm\left(\dfrac{\|\Delta x\|}{x\ln x}\right)$

【例1-1】 以苯为溶剂，用凝固点降低法测定萘的摩尔质量时，有

$$M_B = \frac{K_f \cdot m_B}{\Delta T_f \cdot m_A} = \frac{K_f \cdot m_B}{(T_f^* - T_f) \cdot m_A} \qquad (1-4-8)$$

式中，M_B 为溶质的摩尔质量；m_A 为溶剂的质量；m_B 为溶质的质量。溶剂的凝固点降低常数 K_f，溶液的凝固点降低值为 ΔT_f，T_f^* 和 T_f 分别为纯溶剂和溶液的凝固点。

这里直接测量的参数有 m_A、m_B、T_f^* 和 T_f。

令溶质的质量 $m_B = 0.300\text{g}$，在分析天平上的绝对偏差 $\Delta m_B = 0.0002\text{g}$；溶剂质量 $m_A = 20\text{g}$，在粗天平上称量的绝对偏差 $\Delta m_A = 0.05\text{g}$。测量凝固点用的精密温差测量仪，精确度为 0.002℃，测出溶剂的凝固点 T_f^*，三次数值分别为 5.801℃，5.790℃，5.802℃，则

平均值：
$$\overline{T_f^*} = \frac{5.801 + 5.790 + 5.802}{3} = 5.798\text{℃}$$

三次测量的绝对误差分别为

$$\Delta T_{f1}^* = |5.801 - 5.798| = 0.003\text{℃}$$
$$\Delta T_{f2}^* = |5.790 - 5.798| = 0.008\text{℃}$$
$$\Delta T_{f3}^* = |5.802 - 5.798| = 0.004\text{℃}$$

平均绝对误差：

$$\Delta\overline{T_f^*} = \pm\frac{0.004 + 0.008 + 0.003}{3} = \pm 0.005\text{℃}$$

三次测得的溶液凝固点分别为：5.500℃，5.504℃，5.495℃

平均值
$$\overline{T_f} = \frac{5.500 + 5.504 + 5.495}{3} = 5.500\text{℃}$$

平均绝对误差
$$\Delta\overline{T_f} = \pm\frac{0.004 + 0.005}{3} = \pm 0.003\text{℃}$$

溶液的凝固点降低值

$$\Delta T_f = \overline{T_f^*} - \overline{T_f} = (5.798 - 5.500) = 0.298\text{℃}$$
$$\overline{\Delta T_f^*} + \overline{\Delta T_f} = \pm(0.005 + 0.003) = \pm 0.008\text{℃}$$
$$\Delta T_f = (0.298 \pm 0.008)\text{℃}$$

由上述数据得相对误差为

$$\frac{\Delta m_B}{m_B} = \pm\frac{0.0002}{0.300} = \pm 6.7 \times 10^{-4} = \pm 0.067\%$$

$$\frac{\Delta m_A}{m_A} = \pm\frac{0.05}{20} = \pm 2.5 \times 10^{-3} = \pm 0.25\%$$

$$\frac{\Delta(\Delta T_{\mathrm{f}})}{\Delta T_{\mathrm{f}}} = \frac{0.008}{0.298} = \pm 0.027 = \pm 2.7\%$$

$$M_{\mathrm{B}} = \frac{K_{\mathrm{f}} \cdot m_{\mathrm{B}}}{\Delta T_{\mathrm{f}} \cdot m_{\mathrm{A}}} = \frac{K_{\mathrm{f}} \cdot m_{\mathrm{B}}}{(T_{\mathrm{f}}^* - T_{\mathrm{f}}) \cdot m_{\mathrm{A}}} = \frac{5.12 \times 0.1472}{(5.798 - 5.500) \times 20} = 0.127 \mathrm{kg} \cdot \mathrm{mol}^{-1}$$

$$\frac{\Delta M_{\mathrm{B}}}{M_{\mathrm{B}}} = \frac{\Delta m_{\mathrm{A}}}{m_{\mathrm{A}}} + \frac{\Delta m_{\mathrm{B}}}{m_{\mathrm{B}}} + \frac{\Delta(\Delta T_{\mathrm{f}})}{\Delta T_{\mathrm{f}}} = \pm(6.7 \times 10^{-4} + 2.5 \times 10^{-3} + 0.027) = \pm 3\%$$

这一结果表现出了可能的最大误差。此例为已知直接测量值的误差,计算函数误差。

因此,测定摩尔质量时最大相对偏差为3%。这一计算结果表明,凝固点降低法测摩尔质量时,相对偏差决定于测量温度的精确度。测量温度的精确度受到温度计精度和操作技术条件的限制。增加溶质的质量,可使凝固点下降增大,相对偏差可以减少,但溶液浓度增加,则不符合上述公式适用的稀溶液的条件,从而引起另一系统误差。

可以看出,由于溶剂用量较大,使用工业天平其相对误差仍然不大,而对溶质则因其用量少,就需用分析天平称量。

【例1-2】 计算圆柱形体积公式是:$V = \pi r^2 h$,今欲使体积测量的误差不大于1%,即$\Delta V / V = \pm 1\%$,则对r、h的精度要求如何?

把各直接测量值对函数所传播的误差看成是相等的,即

$$\frac{\Delta V}{V} = \pm \frac{1}{V}(2\pi r h \mid \Delta r \mid + \pi r^2 \mid \Delta h \mid) = \pm \left(\frac{2\pi r h \mid \Delta r \mid}{\pi r^2 h} + \frac{\pi r^2 \mid \Delta h \mid}{\pi r^2 h}\right)$$

$$= \pm \left(2 \left|\frac{\Delta r}{r}\right| + \left|\frac{\Delta h}{h}\right|\right) = \pm 1\%$$

$$\frac{\Delta V}{V} = \pm \left(2 \left|\frac{\Delta r}{r}\right| + \left|\frac{\Delta h}{h}\right|\right) = \pm 1\%$$

相对误差:

$$2\frac{\Delta r}{r} = \frac{\Delta h}{h} = \pm \frac{1}{2} \times 1\% = \pm 0.005 = \pm 0.5\%$$

$$\frac{\Delta r}{r} = \pm 0.0025 = 0.25\%$$

$$\frac{\Delta h}{h} = \pm 0.005 = 0.5\%$$

粗略测得 $\qquad\qquad h = 50\mathrm{mm}, r = 10\mathrm{mm}$

则:绝对误差 $\qquad\quad \Delta r = \pm 0.0025 \times 10 = \pm 0.025\mathrm{mm}$

$$\Delta h = \pm 0.005 \times 50 = \pm 0.25\mathrm{mm}$$

可以看出要求r的绝对值比h小10倍,因此h可用游标卡尺测量,r应该使用螺旋测微尺测量。此例为先提出误差要求,再对各直接测量值提出要求。

2. 间接测量结果的标准误差计算

若$N = f(x, y)$,则函数N的标准误差为

$$\sigma_{\mathrm{N}} = \sqrt{\left(\frac{\partial N}{\partial x}\right)^2 \sigma_x^2 + \left(\frac{\partial N}{\partial y}\right)^2 \sigma_y^2} \qquad\qquad (1-4-9)$$

部分函数的标准误差列入表1-4-2。

表 1 - 4 - 2　一些函数标准误差

函 数 关 系	绝 对 误 差	相 对 误 差
$N = x \pm y$	$\pm \sqrt{\sigma_x^2 + \sigma_y^2}$	$\pm \dfrac{1}{\|x \pm y\|} \sqrt{\sigma_x^2 + \sigma_y^2}$
$N = xy$	$\pm \sqrt{y^2 \cdot \sigma_x^2 + x^2 \cdot \sigma_y^2}$	$\pm \sqrt{\dfrac{\sigma_x^2}{x^2} + \dfrac{\sigma_y^2}{y^2}}$
$N = \dfrac{x}{y}$	$\pm \dfrac{1}{y} \sqrt{\sigma_x^2 + \dfrac{x^2}{y^2} \cdot \sigma_y^2}$	$\pm \sqrt{\dfrac{\sigma_x^2}{x^2} + \dfrac{\sigma_y^2}{y^2}}$
$N = x^n$	$\pm n x^{n-1} \sigma_x$	$\pm \dfrac{n}{x} \sigma_x$
$N = \ln x$	$\pm \dfrac{\sigma_x}{x}$	$\pm \dfrac{\sigma_x}{x \ln x}$

第五节　实验数据的表达

物理化学实验结束后，要求实验者能将实验数据正确地记录下来，加以整理、分析和归纳，并正确地表达出实验所获得的规律。实验结果通常可用三种形式表示，即列表法、作图法和方程式法。

一、列表法

做完实验后，将所获得的数据，应整齐地、有规律地列成表格，这样使数据一目了然，便于处理、运算，容易检查而减少差错。列表时应注意下列事项：

（1）每一个表都应有一个编号和完整的名称（见表 1 - 5 - 1）。

（2）在表的每一行或每一列的第一栏，应详细地标出该行或该列所表示物理量的名称及单位。即表中其他行或列所列数值应为纯数。

物理量 = 数值 × 单位

数值 = 物理量/单位

（3）表中的数据应化为最简单的形式表示，公共的乘方因子应在第一栏的名称下注明，以便数据简化。

（4）每一列中数字排列要整齐，小数点要对齐。有效数字要取正确。

（5）原始数据可与处理的结果并列在一张表中，而把处理方法和运算公式在表下注明。

表 1 - 5 - 1　CO_2 的平衡性质

$t/℃$	T/K	$\dfrac{10^3}{T}/K^{-1}$	p/MPa	$\ln p/MPa$	$V_m/(cm^3 \cdot mol^{-1})$	pV_m/RT
-56.6	216.55	4.6179	0.5180	-0.6578	3177.6	0.9142
0.00	273.15	3.6610	3.4853	1.2485	456.97	0.7013
31.04	304.19	3.2874	7.382	1.9990	94.060	0.2745

二、作图法

利用作图法来表达物理化学实验结果时有许多优点，首先它能直接显示数据的特点，如极大值、极小值、转折点、周期性、线性关系、数量的变化速率等重要性质。其次可利用图形作切线、求面积，进行图解微分和图解积分。总之，作图法应用极为广泛。

1. 主要应用

（1）求内插值 根据实验所得的数据，作出函数间相互关系的曲线，然后找出与某函数相对应的物理量的值。例如：在溶解热测定中，根据不同浓度下的积分溶解热的曲线，可以直接找出该盐溶解在不同量的水中所放出的热量。

（2）求外推值 在某些情况下，测量实验数据间的线性关系可外推至测量范围以外，求某一函数的极限值，此种方法称为外推法，例如：无限稀释强电解质溶液的摩尔电导率 Λ_m^∞ 的值不能通过实验直接测定，因为无限稀释溶液本身就是一极限情况，并不实际存在，但可以测定一系列浓度准确但很稀溶液的摩尔电导率，然后作图外推至浓度为 0，即得无限稀释溶液的摩尔电导率。外推法不可随便应用。外推时外推范围距实际测量的范围不能太远，且其测量数据间的函数关系是线性的或可转化为线性的。

（3）作切线求函数的微商 从曲线的斜率求函数的微商在物理化学实验数据处理中是经常应用的。例如：在溶液表面张力的测定实验中，利用在 $\gamma - c$ 曲线上作不同浓度时的切线，利用切线的斜率 $\dfrac{\mathrm{d}\gamma}{\mathrm{d}c}$ 值及相关公式，从而求出各浓度的吸附量 Γ。

（4）求经验方程 若函数和自变量有线性关系

$$y = mx + b \tag{1-5-1}$$

则以相应的 x 和 y 的实验数值（x_i, y_i）作图，作一条尽可能连结诸实验点的直线，由直线的斜率和截距，可求出方程式中 m 和 b 的数值来。对指数函数则可取其对数作图，仍为线性关系。例如：反应速率系数 k 与活化能 E_a 的关系式，即阿累尼乌斯方程为

$$k = A\exp(-E_a/RT) \tag{1-5-2}$$

若根据不同温度下的 k 值，$\lg k$ 对 $1/T$ 作图，则可得一条直线，由直线的斜率和截距，可分别求出活化能 E_a 和频率因子 A 的数值。其他的非线性函数关系经过线性变换，也可作类似处理。

（5）由面积计算相应的物理量 例如，在差热分析中，需要根据差热峰的面积来求算差热峰所对应热效应的大小。

（6）求转折点和极值 这是作图法最大的优点之一，在许多情况下都用到它。例如：相图中最高恒沸点、最低恒沸点和恒沸组成的确定等都是应用作图法解决的。

2. 作图法的步骤与规则

（1）坐标系的选择 根据要求选择，一般选择直角坐标系，特殊需要时可用半对数或对数坐标系，在绘制三元体系相图时，要使用三角坐标系。

（2）坐标标度的选择 坐标系选定后，就是正确标度。习惯上用横坐标表示自变量，纵坐标表示因变量。

（3）比例尺的选择 坐标轴上比例尺的选择极为重要，由于比例尺的改变，曲线形状也将跟着改变，若选择不当，可使曲线上的某些极大值、极小值或转折点等特殊性质，不能清晰表示。比例尺的选择遵循如下规则：

① 要能表示出全部有效数字，以使从作图法求出的物理量的精确度与测量精确度相适应。

② 图纸的每一小格所对应的数值应便于迅速、简便地读数和计算。坐标分度要合理，

一般进行 2、5 等分，切忌 3、7、9 或小数等分。

③ 在上述条件下，要充分利用图纸的面积，使全图布局匀称、合理。坐标的范围应必须恰能包括全部测量数据或稍有余地，一般来说，图纸不能小于 10cm × 10cm。如无特别需要可不必以坐标原点做标度的起点，而从略低于最小测量值的数开始，这样才能充分利用坐标纸，全图形紧凑，同时读图精度比较高。

④ 若所作的图形为直线，则比例尺的选择应使直线的斜率接近于 1。

图 1 - 5 - 1、图 1 - 5 - 2 中图（a）是正确的表示，图（b）是不正确的表示。

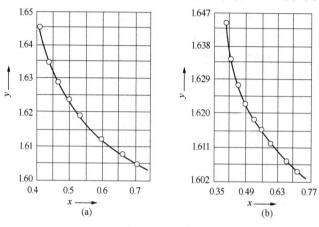

图 1 - 5 - 1　坐标标度的选择

（4）点的描绘　将代表所测物理量的点绘于图上作曲线时，如果在一张图上有 2 条以上的曲线时，要用不同的符号代表不同的物理量以示区别，并在图上或图下说明各符号代表的意义。例如可采取 ▲、□、●、*、◆、△、★ 等来表示不同的物理量，符号的大小要适当，不可过大或过小，它可粗略表明测量误差的范围。

（5）绘制图形　利用点来绘制曲线时，首先应具有合理数量的数据点，过少则往往不能反映变化规律。借助曲线板、曲线尺或直尺描绘，尽可能光滑的曲线。曲线不必也不可能通过所有各点，实验点应平均地分布于曲线两边，或两边各点到曲线的距离之平方和为最小，此即"最小二乘法"。

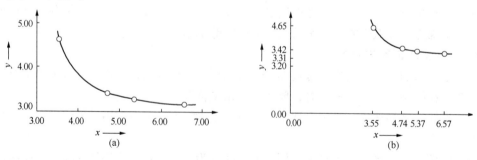

图 1 - 5 - 2　坐标原点及比例尺的选择

作图过程中有时发现有个别远离曲线的点，若没有根据可判定 x 与 y 在这一区间有突变存在，则只能认为是来自过失误差。如果经检查计算未发现错误，又不能重做实验来进行验证，则绘制曲线时只好不考虑此点。如果重做实验仍然得到同一结果，就应引起重视，并在这一区间重复进行较仔细的测量。通常对于有规律的平滑曲线可不必取过多的点，但在曲线极大、极小和转折处应多取些点，才能保证曲线所表示的规律是可靠的。

（6）图注 每个图应有简明的图题，横、纵坐标所表示物理量的名称、刻度和单位等，除此之外，一般不再写其他的文字及作其他辅助线，以免使主要部分反而不清楚，数据亦不要写在图上，但在报告上应有相应的完整的数据。同时注意坐标轴上标明的数据应是纯数。

（7）作切线 在曲线上作切线有两种方法：

其一镜像法。若在曲线的指定点 P 上作切线，可应用镜像法，先作该点法线，再作切线。具体做法是取一平而薄的镜子，使其垂直图面，并通过曲线上的 P 点，然后让镜子绕 P 点转动，注意观察镜中曲线的影像，当镜子转到某一位置，使得图中曲线与镜像中曲线刚好平滑地连成曲线时，过 P 点沿镜子作一直线即为 P 点的法线，过 P 点再作法线的垂线，即为曲线上 P 点的切线。若无镜子，可用玻璃代替，方法相同。线即为切线。如图1-5-3所示。

其二平行线段法。如图1-5-4，在所选择的曲线段上作两条平行线 AB 及 CD，然后连接两线段中点的连线 PQ 并延长相交曲线于 O 点，过 O 点作 AB、CD 的平行线 EF，则 EF 就是曲线上 O 点的切线。

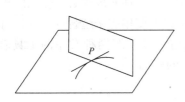 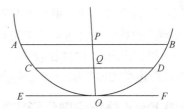

图1-5-3 镜像法示意图　　　　　图1-5-4 平行线段法示意图

三、方程式法

用图形来表示实验数据方便直观，但该法的处理精度较低，误差较大，作图技术要求高。而用特定的函数来拟合实验数据的数学方程式拟合法，关系明确，既可反映数据结果间的内在规律性，便于进行理论分析和说明，也可进行精确的微分、积分运算，其计算精度是图形微分法和数字微分法无法比拟的。

若已知实验数据所属的函数类型，则可直接使用实验数据进行函数拟合，以获得函数中的各个参数，进而求解与其有关的其他物理量。

介绍两种求直线方程的常用方法：

1. 图解法

将实验数据在直角坐标纸上作图，得一直线，此直线在 y 轴上的截距即为 b 值（横坐标原点为零时）；直线与轴夹角的正切值即为分斜率 m。或在直线上选取两点（此两点应远离）(x_1, y_1) 和 (x_2, y_2)。则

$$m = \frac{\Delta y}{\Delta x} = \frac{y_2 - y_1}{x_2 - x_1}; \qquad b = \frac{y_1 x_2 - y_2 x_1}{x_2 - x_1}$$

2. 平均法

若将测得的 n 组数据分别代入直线方程式，则得 n 个直线方程

$$y_1 = mx_1 + b$$
$$y_2 = mx_2 + b$$

19

$$\cdots$$

$$y_n = mx_n + b$$

将这些方程式分两组，分别将各组的 x 和 y 值累加起来，得到两个方程

$$\sum_{i=1}^{k} y_i = m \sum_{i=1}^{k} x_i + kb$$

$$\sum_{i=k+1}^{n} y_i = m \sum_{i=k+1}^{n} x_i + (n-k)b$$

解此联立方程，可得 m 和 b。

第六节　计算机处理实验数据及作图法

近年来信息技术在物理化学实验中得到越来越广泛的应用，使用的智能化、数字化仪器设备越来越多。由于获得数据的方式发生了很大的变化，处理实验数据与表达实验结果的方法也相应发生了变化，特别是撰写实验报告时，经常用到列表、公式计算、实验数据作图、或对实验数据计算后作图、线性拟合求截距和斜率、非线性曲线拟合、作切线求截距或斜率等。因此在处理实验数据和表达实验结果时，计算机的使用越来越普遍。在进行物理化学实验数据处理时，可以利用的软件比较多。下面通过例子介绍两种常用的工具软件 Excel 和 Origin 在基础物理化学实验数据处理与实验作图中的应用。

一、应用 Excel 处理物理化学实验数据

首先在 Windows"开始"菜单栏中点击"程序"项，选中"Microsoft Excel"，点击鼠标左键，即可进入 Excel 工作界面。Excel 软件与微软公司其他软件如 word 一样，具有非常清晰、易于操作的用户使用界面。这里我们只介绍与数据、图形处理有关的内容。

1. 数据的输入

当选定单元格或单元格区域之后，我们就可以向这里面输入"数据"。这里的"数据"包括字符、汉字、数值、图表、声音等对象。英文文本字符的输入只要选定单元格之后敲击键盘就行了；中文文本字符的输入需要在中文输入状态下进行，如[五笔字型输入法]、[智能 ABC 输入法]等。

若在单元格中输入了一个数字，比如"5"，Excel 如何知道它是数字还是字符呢？一般情况下 Excel 默认数字，数字在单元格中是向右对齐的，因此必须在该数字前加上一个单引号(撇号')来说明这一数字表示的是字符，而不是数值。输入的文本字符在单元格中是靠左对齐的。

输入工作表中的数字或数值，可以进行自动计算或排序。数据的自动计算功能包括求平均值、求和、求最大值、记数等。数据的排序功能包括按升序排序、降序排序、大小排序和按字母的先后次序排序。

2. 公式处理

Excel 除了能进行一般的表格处理外，还具有对数据的计算能力，允许用户使用公式对数值进行计算。公式是对数据进行分析与计算的等式，使用公式可以对工作表中的数值进行加法、减法、乘法、除法、乘方等计算。一个公式是由运算符和参与计算的元素(操作数)组成，操作数可以是常量、单元格地址、名称和函数。

Excel 中使用公式的原则如下：

① Excel 中所使用的公式都是以"等号"（即"="）开头。

② 常数是直接键入单元格的数值与符号。例如，先选中某个计算结果所需要存放的一个单元格，在内容输入框中输入：=（A2 + B1 + 65 + 37 + 89）/6，点击左键，即可在已选单元格中得出结果值。其中 A2、B1 称为参数；65、37、89、+、（ ）、/、6 称为常数。

③ 一般的单元格是用相对位置显示的。

④ 运算符号包括数学符号、比较符号、文字符号等。数学符号包括 +、-、*、/、^、% 等；比较符号包括；=、<、>、< =、< >、> = 等；文字运算符号包括 & 等。

3. 函数的使用

函数是一种复杂的特殊公式，是一种预定义的内置公式。所有的函数都以"="开始，函数包括函数名和参数两部分。函数名和括号之间没有空格，括号要紧跟数字之后，参数之间要用逗号隔开，逗号与参数之间也不要插入空格或其他字符。

如要计算 A5 和 B8 单元格的和，可以输入函数："= SUM（A5，B8）"。

使用函数进行计算的步骤如下：

（1）先选中需要放置使用函数结果的单元格。

（2）点击常用工具栏中的"插入函数"图标。

（3）在弹出的对话框中从插入函数栏的列表框中选择所需要的函数．点击"确定"。

（4）在下一个弹出的对话框的输入框中填充参数，参数可以是数字、文本、形如 TRUE 和 FAlSE 的逻辑值、数组或单元格引用。给定的参数必须能产生有效的值。参数也可以是常量、公式或其他函数。

（5）点击"确定"按钮。

Microsoft Excel 提供了大约 300 个功能强大的函数，与我们处理实验数据有关的函数大致可以分为以下两类：

① 数学与三角函数　如 ABS（number）——取参数的绝对值；EXP（number）——求 e 的 n 次幂；SQRT（number）——求给定参数的平方根；SUM（numberl，number2…）——求几个给定参数的和；LOG（number，base）——按指定的底数；求一个数的对数，如 base 为 e 时求以 e 为底的对数，base 为 10 时求以 10 为底的对数（以 10 为底时可以省略）。

② 统计函数　如 COUNT（numberl，number2）——计算某一区域或数组中单元格内容为数值的这样的单元格的个数；MAX（numberl，number2，number3…）——求几个参数中的最大值；AVERAGE（numberl，number2，number3…）——求几个参数中的平均值；VAR（numberl，number2，number3…）——求算样本的方差；RSQ（known—ys，known—xs）——求回归线相关系数的平方，其中 known—ys 为数组或数据点区域（Y 轴），known—xs 为数组或数据点区域（X 轴）；LINEST（known—ys，known—xs）——求回归线的斜率和截距；TREND（known—ys，known—xs）——根据回归线求 y 的计算值。

4. 图形的创建

点击"插入"菜单中"图片"中的"自选图形"命令，绘制各种应用图表，如流程图、标注等。可以很方便地将各种图形连接在一起，使之成为一幅完整的应用图形。

另外，还可以占击"视图"菜单中"工具栏"命令中的"绘图"选项，自己绘制图形。用 Microsoft Excel 能画椭圆、四边形、直线、曲线，填充文字等。

5. 图表的创建

Microsoft Excel 允许用户单独建立一个统计图表。如果要创建一个图表，可以按以下步骤进行操作：

① 选择要包含在统计图中的单元格数据。

② 点击"常用"工具栏中的"图表向导"按钮，屏幕上将出现一个对话框，这个对话框列出了 Microsoft Excel 中可以建立的所有图表类型，可以从中任意选择一个。

③ 点击"下一步"按钮，屏幕上出现对话框，对话框中显示出要包含在图表中的所有数据单元格所在的范围。

④ 点击"下一步"按钮，屏幕上出现对话框。用户可以在"图表标题"中输入坐标标题，可在坐标选项中选择 X 轴和 Y 轴的坐标的分量。设置好之后点击"下一步"按钮。

⑤ 屏幕上出现的对话框是用来设置图表的位置的，选择好位置之后"点击"完成。

6. 图表中数据的分析

Microsoft Excel 软件除了能使实验数据变成直观可视的图形外，还具有能使用户分析实验数据变化规律的功能。其操作步骤如下：

① 激活 Microsoft Excel 界面中的绘图窗口。

② 选定绘图窗口中的实验数据点。

③ 在图表菜单中选样"添加趋势线"命令。

④ 在弹出的对话框中，列出 Microsoft Excel 中可以建立的趋势预测或回归分析的函数类型，如线性、对数、多项式、指数等，选择共中一种，点击"确定"。

⑤ 完成对实验数据的拟合，得到相应的拟合函数方程。

7. 图表处理

数据图表处理是用计算机把一系列数据变成直观可视的图形，更好地便于用户分析数据的规律、数据变化的趋势。Microsoft Excel 应用软件为用户提供的图表类型如下：

面积图　面积图强调了随时间的变化幅度。由于也显示了绘制值的总和，所以面积图也可显示部分相对于整体的关系。

柱形图　柱形图用于显示一段时间内的数据变化或说明不同实验之间的比较结果。通过水平组织分类，垂直组织值可以强调说明一段时间的变化情况。

条形图　条形图显示了各个项目之间的比较情况。纵轴表示分类，横轴表示值，它主要强调各个值之间的比较而不太关心时间。

折线图　折线图显示了相同间隔内数据的预测趋势。

饼图　饼图显示了构成数据系列的项目相对于项目总和的比例大小。饼图总是显示一个数据系列；当您希望强调某个重要元素时，饼图就很有用。

圆环图　像饼图一样，圆环图也显示部分与整体的关系，但圆环图可以包括多个数据系列，圆环图中每一个环都代表一个数据系列。

XY 散点图　XY 散点图既可以显示多个数据系列的数值之间的相互关系，也可以将两组数字绘制成一系列的 XY 坐标。本图表显示了数据的不相等的间隔，是我们处理物理化学实验数据最常用的图表类型。

气泡图　气泡图是一种 XY 散点图，数据标记的大小反映了第三个变量的大小。

雷达图　在雷达图中，每个分类都有自己的数值轴。每个数值轴从中心向外辐射，而线条则以相同的顺序连接所有的值。

曲面图　当您希望在两组数据之间查找最优组合时，曲面图将会很有用，例如在地形图中，颜色和图案指出了有相同值的范围的地域。

锥形图、圆柱图和棱锥图　这三种图的数据标记能使三维柱形图和条形图具有生动的效果。

当把实验数据输入到 Microsoft Excel 软件的工作表中后，可以应用计算机绘制上述图表类型。与手工绘制的图表相比，计算机绘制图表不但省时、省力，而且可视效果更好、精确度更高。

下面举一例说明 Microsoft Excel 软件在物理化学实验数据处理中的应用。

8. 应用实例

【例 $1-3$】　双液系的气 – 液平衡相图的数据处理

某学生通过实验得到环己烷 – 乙醇体系的沸点 (T) – 组成 (x) 实验数据，并输入到 Excel 表格中，如图 $1-6-1$ 所示。

	A	B	C
1	液相组成x1（环己烷）	气相组成x2（环己烷）	沸点/℃(y)
2	0	0	75.85
3	0.19	0.5	68.62
4	0.29	0.57	66.19
5	0.42	0.59	64.95
6	0.75	0.61	64.95
7	0.88	0.66	69.3
8	1	1	78

图 $1-6-1$　输入的实验数据

实验所得环己烷的液相、气相组成分别列入 A、B 列，C 列为体系的沸点。利用 Excel 作环己烷 – 乙醇体系沸点 (T) – 组成 (x) 图的步骤如下：

①选择图表类型。单击"图表向导"图标 ▥，出现"图表向导 – 4 步骤之 1 – 图表类型"对话框，选择"标准类型"标签，在"图表类型"下选"XY 散点图"，在子图表类型下选择"平滑曲线散点图"，单击"下一步"，出现"图表向导 – 4 步骤之 2 – 图表源数据"对话框。

②选择图表源数据。在"图表源数据"对话框中，单击"数据区域"标签，选择系列产生在"列"；单击"系列"标签，单击"添加"按钮，出现"系列 1"项，单击"X 值 (X)"中的图标 ▥，"图表向导 – 4 步骤之 2 – 图表源数据 – X 值："对话框，在 Excel 表格中选中图 $1-6-1$ 所示的 A2 – A8（单元格）的数据，单击"图表向导 – 4 步骤 2 – 图表源数据 – X 值："中的图标 ▥，单击"Y 值 (Y)"中的图标 ▥，"图表向导 – 4 步骤之 2 – 图表源数据 – Y 值："对话框，在 Excel 表格中选中图 $1-6-1$ 所示的 C2 – C8（单元格）的数据，单击"图表向导 – 4 步骤 2 – 图表源数据 – Y 值："中的图标 ▥。单击"添加"按钮，出现"系列 2"项，单击"X 值 (X)"中的图标 ▥，"图表向导 – 4 步骤之 2 – 图表源数据 – X 值："对话框，在 Excel 表格中选中图 $1-6-1$ 所示的 B2 – B8（单元格）的数据，单击"图表向导 – 4 步骤之 2 – 图表源数据 – X 值："中的图标 ▥，单击"Y 值 (Y)"中的图标 ▥，"图表向导 – 4 步骤之 2 – 图表源数据 – Y 值："对话框，在 Excel 表格中选中图 $1-6-1$ 所示的 C2 – C8（单元格）的数据，单击"图表向

导 – 4 步骤之 2 – 图表源数据 – Y 值:"中的图标 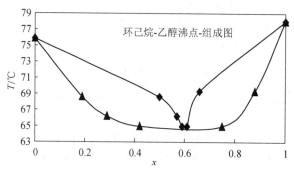，单击"下一步"，出现"图表向导 – 4 步骤之 3 – 图表选项"对话框。

③ 选择图表选项。单击"标题"标签，在"图表标题"中输入"环己烷 – 乙醇沸点 – 组成图"，在"数值(X)轴(A)"中输入"x"，在"数值(Y)轴(V)"中输入"$T/℃$"，"网格线"、"图例"、"数据标志"设置为不显示，单击"下一步"，出现"图表向导 – 4 步骤之 4 – 图表位置"对话框。

④ 选择图表位置。一般选"作为其中的对象插入"，单击"完成"按钮，"环己烷 – 乙醇体系的沸点(T) – 组成(x)"图即出现在表中。

⑤ 图形的修饰。图形的任何单元作为对象，可单击选取，双击进行修饰，拖动可移动位置。例如：图的标题在图的上方，可拖动到图形的正下方；若显示的图形比较大，可拖动边框到 6~10cm；若图形有阴影，双击阴影区出现"绘图区格式"对话框，在"图案"标签"区域"中选择"无"；双击图表边框，出现"图表区格式"对话框，单击"图案"标签，边框和区域都选择"无"；双击坐标轴可修改坐标轴的格式，"图案""对齐""数字"为默认，"刻度""字体"要修改。在图 1 – 6 – 1 所示的表格中 Y 的最小值为 64.95，最大为值 78.00。双击图形的 Y 轴，出现"坐标轴格式"对话框，单击"刻度"标签，将"最小值"设置为"63"，"最大值"设置为"78"，"主要刻度单位"设置为"2"，"次要刻度单位"设置为"1"，"数值(X)轴交叉于"设置为"63"，"显示单位"设置为"无"。单击"字体"标签，将"字体"设置为"宋体"，"字形"设置为"常规"，"字号"设置为"10"。

在图 1 – 6 – 1 所示的表格中 X 的最小值为 0，最大为值 1。双击图形的 X 轴，出现"坐标轴格式"对话框，单击"刻度"标签，将"最小值"设置为"0"，"最大值"设置为"1"，"主要刻度单位"设置为"0.2"，"次要刻度单位"设置为"0.04"，"数值(Y)轴交叉于"设置为"0"，"显示单位""字体""字形""字号"的设置与 X 轴的相同。最后所得图形如图 1 – 6 – 2 所示。

图 1 – 6 – 2 双液系环己烷 – 乙醇体系沸点(T) – 组成(x)图

【例 1 – 4】 液体饱和蒸气压的测定数据处理

某学生通过实验得到乙醇饱和蒸气压的实验数据，并输入到 Excel 表格中，如图 1 – 6 – 3 所示。

实验所测乙醇在不同温度下的表压分别列入 A、D 列。然后分别将 T、$1/T$、饱和蒸气压 p 及 $\ln p$ 的数据列入表中的 B、C、E、F 列。

利用 Excel 软件作乙醇 $\ln p$ – $1/T$ 图的步骤如下：

① 选择图表类型。单击"图表向导"图标，出现"图表向导 – 4 步骤之 1 – 图表类型"

A	B	C	D	E	F
$t/℃$	T/K	$(\frac{1}{T})×10^3/K^{-1}$	$p(表)/kPa$	p/kPa	$\ln p$
25.38	298.53	3.35	-91.97	9.355	9.143666
30.34	303.49	3.30	-89.64	11.685	9.366061
35.21	308.36	3.24	-86.87	14.455	9.578796
40.48	313.63	3.19	-83.25	18.075	9.802285
45.52	318.67	3.14	-79.01	22.315	10.01301

图 1 - 6 - 3　液体饱和蒸气压测定的实验数据

对话框，选择"标准类型"标签，在"图表类型"下选"XY散点图"，在子图表类型下选择"散点图"，单击"下一步"，出现"图表向导 - 4 步骤之 2 - 图表源数据"对话框。

②选择图表源数据。在"图表源数据"对话框中，单击"下一步"，出现"图表向导 - 4 步骤之 3 - 图表选项"对话框。

③选择图表选项。单击"标题"标签，在"图表标题"中输入"乙醇 $\ln p - 1/T$ 图"，在"数值(X)轴(A)"中输入"$\left(\dfrac{1}{T}\right)×10^3/K^{-1}$"，在"数值($Y$)轴(V)"中输入"$\ln p$"，"网格线"、"图例"、"数据标志"设置为不显示，单击"下一步"，出现"图表向导 - 4 步骤 4 - 图表位置"对话框。

④选择图表位置。一般选"作为其中的对象插入"，单击"完成"按钮，"乙醇 $\ln p - 1/T$"图即出现在表中。

⑤图形的修饰。单击图中的某一点的右键，选择"添加趋势线"，在"类型"标签中，选择"线性(L)"，在"选项"标签中，选择"显示公式"，其他设置与例 1 相似。最后所得图形如图 1 - 6 - 4 所示。

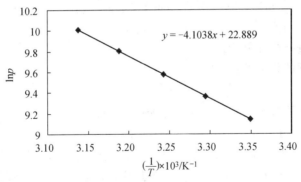

图 1 - 6 - 4　乙醇的 $\ln p - 1/T$ 图

二、应用 Origin 处理物理化学实验数据

Origin 软件是一个功能强大的数据分析科学绘图软件，其数据表的功能与 Excel 极其相似，也有多种数据输入方法和单元格数据处理功能。它比 Excel 具有更强的数据处理和绘图功能。下面介绍用 Origin 软件处理物理化学实验数据的基本方法。Origin7.5 汉化版工作界面如图 1 - 6 - 5 所示。

1. Origin 软件的一般用法

（1）建立基本数据

在工作表格(Data1)窗口，按列输入实验基本数据，根据数据情况单击鼠标右键，可进

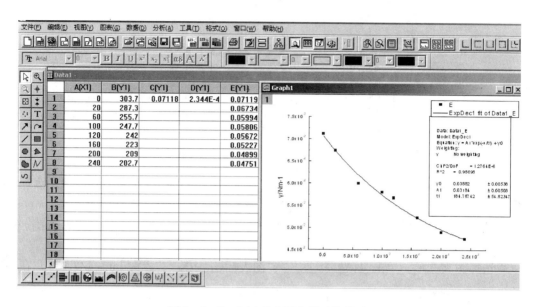

图 1 – 6 – 5　Origin7.5 汉化版工作界面

行插入、拷贝、删除、剪切、粘贴等等设置，列属性中可进行列的名称、绘图指定(X轴或Y轴)、格式(数据类型)、数字显示(小数位数)等的设置。A(X)是指 A 列默认情况下作为X轴数据使用。

（2）基本数据的计算

将实验数据输入到工作表格后常常要对数据进行一些相关计算，物理化学实验中常见的计算处理过程有：

① 按列进行求和(Sum)，求平均值(Mean)，求标准偏差(sd)等；

② 按行进行求平均值(Mean)，求标准偏差(sd)等；

③ 对一组数据进行统计分析；

④ 比较两组数据的相关性；

⑤ 设置列值；

⑥ 某列数据按升序(Ascending)或降序(Descending)排列。

上述过程可通过菜单栏中的"列功能"及"分析"菜单中的相关功能完成。例如：现要将 A 列数据除以 B 列数据得到的结果放入 C 列。执行此操作需要设置 C 列的计算公式。在"列功能"菜单中单击"增加新列"，新增 C 列，单击 C 列的表头，将其选中，在"列功能"菜单中单击"设置列值"，在其对话框中填入 C 值的计算公式：Col(C) ＝ Col(A)／Col(B)，此公式表示 C 列数据为 A 列数据除以 B 列数据所得。同理，行也可做相关操作，列值和行值计算是物理化学实验数据处理中最为常见的，是必须掌握的内容之一。

（3）数据绘图

页(Page)　每个绘图窗口包含一个单一的可编辑页，绘图窗口的每一个页至少包含一个层。

层(Layer)　包含文本、轴、数据图的页中绘图单元。当一页中包含多个层时，操作是对应于活动层的。绘图窗口左上角数值为层的图标编号。

数据图(Data Plot)　一个或多个数据集在绘图窗口的形象显示。一个层中可绘制一个数据图。

26

图（Graph） 由一个或多个数据图以及相应的文本和图形组成，一个图可包含多个层，但至少包含一个层。

将完整的数据建立在工作表后，可绘制图形。绘图菜单提供了多种绘图功能，包括散点图、点线图、直线图、条形图、柱形图、饼图等等。

单击绘图工具栏相应按钮或在"绘图"的窗口选择其对应的功能，按弹出窗口提示指定 X、Y 轴数据源，确定后绘出相应图形。在物理化学实验中通常使用散点图或点线图，根据需要选择是否进行曲线的拟合。

（4）绘制多层图形

图层是 Origin 中一个重要概念，一个绘图窗口含有多个图层时，可以方便地创建和管理多个曲线或图形对象，一般绘制一条曲线的单图，Origin 默认图层为第一层。这里的图层概念和平图图形处理软件 photoshop 中的图层概念理解上类似。

多图层绘图的一般步骤如下：

① 在工作表区建立多图层绘图所需的数据源；

② 单击绘图工具栏按钮，弹出窗口中指定 X、Y 轴数据源，绘制第一层数据散点图或点线图，根据需要选择是否进行曲线拟合。

③ 单击"工具"菜单中的"图层（Layer）"，或图层工具栏 中相应按钮，根据需要设定增加的图层数量，绘图窗口左上角显示的数字为设定的图层数。

④ 单击"图表"菜单中的"增加绘图到图层之散点图（或点线图）"，弹出窗口中指定 X、Y 轴数据源，单击"Add"将选择的数据添加到指定层（Layer）列表中，绘出指定层数据图，根据需要选择是否进行曲线拟合。

⑤ 关联图层坐标轴。各图层坐标轴可以关联，如果改变某一图层坐标轴比例，其他图层坐标轴也将自动更新到同样的比例。用鼠标右键单击"绘图"窗口左上角层图标数字，弹出对话框中选择图层属性，"连接轴刻度"选项中设置各图层坐标轴关联。

（5）屏蔽图中数据点

实验中常会出现个别数据点偏差较大，可以在绘出的图形中把这些点屏蔽，在数据分析和拟合过程中不再使用。被屏蔽的数据既可以是单个数据点，也可以是一个数据范围。如果数据被屏蔽，可以通过选项改变被屏蔽数据的颜色和显示/隐藏状态，当然也可以取消屏蔽。在"绘图"窗口单击鼠标右键弹出菜单中提供了数据屏蔽功能。

（6）屏幕数据读取

图形绘制完成后，常常需要读取图形上某点的坐标值，Origin 工作界面窗口左侧工具栏提供了该项功能。几个常用工具的主要功能介绍如下：屏幕位置读取，数据坐标读取，数据选择，数据绘制，文本工具，箭头工具，曲线箭头工具，线条工具，矩形工具，圆形工具，多边形工具，区域工具，折线工具，手绘工具。

（7）曲线拟合

各图层散点图绘出后，可分别进行曲线拟合。曲线拟合包括"线性拟合"和"非线性拟合"，"分析"菜单中提供了不同类型的曲线拟合功能。当选择"线性拟合（Fit Linear）"，结果记录中显示拟合直线的公式，斜率、截距、误差、相关系数 R 和标准偏差 SD 等数据。在线性拟合时，可屏蔽某些偏差较大的数据点，以降低拟合直线的偏差。在物理化学实验中经常会用到"多项式拟合(Fit Polynomial)"功能，具体做法是：当散点图绘制好后，在"分析"菜单中选择"多项式拟合"，在弹出的窗口(见图1-6-6)中设定多项式的级数、拟合曲线的点数、拟合曲线中 X 值的范围。单击"确定"即完成了多项式拟合。结果记录中显示：拟合的多项式公式、参数值及其误差，相关系数 R、标准偏差 SD、曲线数据的点数 N、$R_2 = 0$ 的 P 值等。

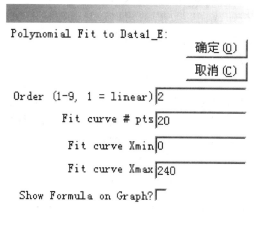

图1-6-6 多项式拟合

（8）数据分析

① 插值和外推。在当前曲线的数据点之间，估算出新的数据点，或延伸到曲线外。在"分析"菜单中提供了"插值/外推"功能，对话框如图1-6-7所示。"Make Curve Xmin"指插值运算最小的 X 值，"Make Curve Xmax"指插值运算最大的 X 值，这两项的缺省值就是当前曲线的最小和最大 X 值。当我们选择的 X 值超出缺省值时，将进行外推运算。"Make Curve # pts"指总的插值点数。插值运算结束后，在当前活动图层内绘制出插值曲线。

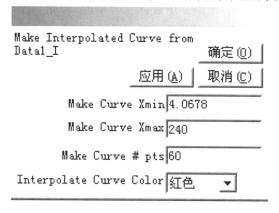

图1-6-7 插值和外推

② 微分。求当前活动图层数据曲线的导数。激活当前活动图层数据曲线，单击"数据"菜单中的"微分(NLSF1)"功能，Origin 将计算出该曲线上各点的导数值，并创建一个新的工作表(Derivaeivel)存放这些导数值。同时，Origin 将创建一个新的绘图窗口(DerivPlot1)，并在窗口内绘出微分曲线。

③ 积分。对当前激活的数据曲线用梯形法进行积分。积分结果如图1-6-8所示。其中 i 表示曲线的数据点范围；X 表示曲线 X 值范围；Area 表示曲线和 X 轴之间区域的面积，

即积分值；Peak at 表示曲线峰值位置；Width 表示曲线峰值宽度；Height 表示曲线尖峰至 X 轴高度（峰值）。

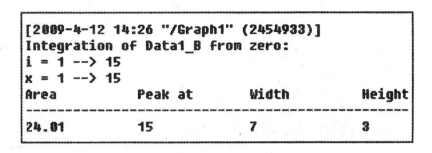

图 1 - 6 - 8　积分结果

④ 谱峰分析。Origin 也可对谱图进行分析。物理化学实验得到的许多谱图中常常"隐藏"着谱 y 对 x 的响应。例如：两个难分辨的组分，其组合色谱响应图往往不能明显看出两个组分的共同存在，谱图显示的可能是单峰而不是"肩峰"。微分谱图（$dy/dx - x$）比原谱图（$y - x$）对谱特征的细微变化反应要灵敏得多。因此，常常采用微分谱图对被隐藏的谱的特征加以区分。Origin 对曲线进行拟合，可以从拟合的曲线中得到许多的谱的参数，如谱峰的位置、半峰宽、峰高、峰面积等。有关谱峰分辨等更多的内容可参阅相关专业书籍及 Origin 帮助系统。

（9）图形的导出

激活绘图窗口，"编辑"菜单中"复制"绘图窗口图形，"粘贴"即可。

2. 应用实例

【例 1 - 5】　液体表面张力测定的数据处理。

某学生在某温度 T 下，通过实验测得正丁醇系列水溶液最大压差的实验数据如表 1 - 6 - 1 所示。

表 1 - 6 - 1　表面张力测定的实验数据

$c/(\mathrm{mol \cdot m^{-3}})$	$\Delta p_{max}/\mathrm{Pa}$	$\gamma/(\mathrm{N \cdot m^{-1}})$	$c/(\mathrm{mol \cdot m^{-3}})$	$\Delta p_{max}/\mathrm{Pa}$	$\gamma/(\mathrm{N \cdot m^{-1}})$
0	303. 7		120	242	
20	287. 3	0.07118	160	223	0.07118
60	255. 7		200	209	
100	247. 7		240	202. 7	

① 输入数据。启动 Origin 软件后，自动弹出名称为 Data1 的工作表格，在工作表格的 A（X）、B（Y）栏中分别输入溶液浓度 c 值及最大压差 Δp_{max} 值，如图 1 - 6 - 9 所示。

② 输入公式计算。在"列"菜单中单击"增加新列"，新增 C 列，单击 C 列表头在"列"菜单中选择"设置列值"，在"设置列值"的对话框中输入 C 列值的计算公式：Col(C) = Col(B) * 0.07118/303. 7，如图 1 - 6 - 10 所示。

③ 绘图。单击散点图绘制图标，弹出对话框如图 1 - 6 - 11 所示，选择 A 列为 X 轴数据、C 列为 Y 轴数据，单击"Add"将选择的数据添加到层 1（Layer1）列表中，单击"确定"后即绘出散点图。

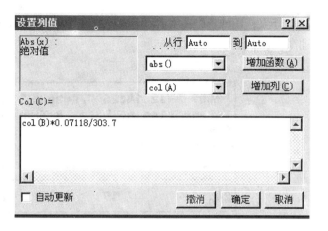

	A(X1)	B(Y1)
1	0	303.7
2	20	287.3
3	60	255.7
4	100	247.7
5	120	242
6	160	223
7	200	209
8	240	202.7

图 1 - 6 - 9　Origin 界面工作表

图 1 - 6 - 10　设置列值

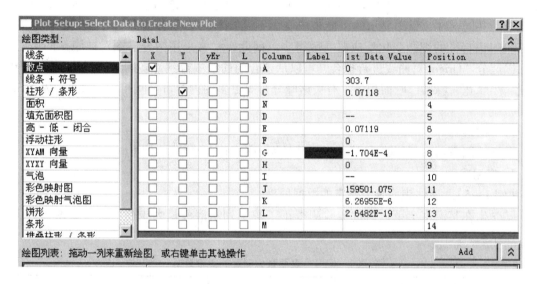

图 1 - 6 - 11　选择绘图数据源

④ 拟合。单击"工具"菜单中的"多项式拟合"，在弹出的对话框中 单击 "拟合"，即得如图 1 - 6 - 12 所示的表面张力 γ - 浓度 c 关系图。

⑤ 结果显示。多项式拟合的结果显示：如图 1 - 6 - 13 所示。

拟合的多项式公式为：$Y = 0.07039 - 1.52691 \times 10^{-4}X + 2.39537 \times 10^{-7}X^2$

相关系数 R：0.98516

标准偏差 SD：0.00121

曲线数据的点数 N：8

$R_2 = 0$ 的 P 值：<0.0001

⑥ 修饰。绘图完成任务后，为了得到较好的效果，常常需要对图形进行编辑修饰。如坐标轴的形式、坐标范围、标题、点的大小和形状、线条粗细等，均可通过双击图中相应位置打开的对话框来调整。

30

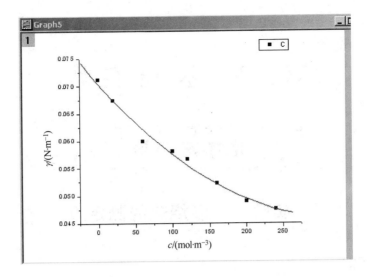

图 1-6-12　γ-c 关系图

```
-------------------------------------------------------
R-Square(COD) SD              N              P
-------------------------------------------------------
0.98516       0.00121        8              <0.0001
-------------------------------------------------------


[2011-1-23 12:53 "/Graph5" (2455584)]
Polynomial Regression for Data1_E:
Y = A + B1*X + B2*X^2

Parameter     Value          Error
-------------------------------------------------------
A             0.07039        9.34979E-4
B1            -1.52691E-4    1.87834E-5
B2            2.39537E-7     7.66858E-8
-------------------------------------------------------

R-Square(COD) SD              N              P
-------------------------------------------------------
0.98516       0.00121        8              <0.0001
-------------------------------------------------------
```

图 1-6-13　γ-c 关系图的结果显示

第二章　基础实验

化学热力学

实验一　燃烧热的测定

一、实验目的

1. 明确燃烧热的定义，了解恒压燃烧热和恒容燃烧热的差别及相互关系；
2. 了解量热法的基本原理和一般的测试方法；
3. 通过萘的燃烧热的测定，了解氧弹式量热计的原理、构造及使用方法。

二、实验原理

1. 燃烧热

根据热化学的定义，燃烧热是指 1mol 物质完全燃烧时所放出的热量。在恒容条件下测得的燃烧热称为摩尔恒容燃烧热（$Q_{v,m}$），在恒压条件下测得的燃烧热称为摩尔恒压燃烧热（$Q_{p,m}$）。依据热力学第一定律，$Q_{v,m}$ 等于化学反应的热力学能变化 $\Delta_r U_m$，$Q_{p,m}$ 等于化学反应的焓变 $\Delta_r H_m$。若将参加反应的气体和反应生成的气体都看做理想气体，则 $Q_{p,m}$ 与 $Q_{v,m}$ 之间具有以下关系：

$$Q_{p,m} = Q_{v,m} + \sum v_{B(g)} RT \qquad (2-1-1)$$

式中，$\sum v_{B(g)}$ 为反应物和生成物中气体的物质的量之差，R 为气体常数，T 为反应时的热力学温度。由上式可知，若测得某物质的 $Q_{v,m}$，即可计算出 $Q_{p,m}$。在热化学中，化学反应的热效应（包括燃烧热）通常是用 $Q_{p,m}$ 来表示的。本实验测萘的燃烧热，其燃烧反应为：

$$C_{10}H_8(s) + 12O_2(g) \longrightarrow 10CO_2(g) + 4H_2O(l)$$

2. 测量的基本原理

直接测定 $Q_{p,m}$ 或 $Q_{v,m}$ 的实验方法称为量热法。通常能直接测定的热效应，除了燃烧热外，还有中和热、溶解热、稀释热和物质的热容等。这些热数据属于基础热数据，常用于其他热力学量的计算，并对化工设计和实际生产都有重要的指导意义。

测量热效应的仪器称为量热计。量热计的种类很多，本实验选用氧弹量热计。实验采用 HR3000F 型电脑热量计，它是由 HR3000F 型数据处理仪和 HR3000F 氧弹量热计及电脑、打印机组成。装置连接如图 2-1-1 所示。

图 2-1-2 是 HR3000F 氧弹量热计的示意图，这种量热计常用于物质燃烧热的测定。在量热计的外面有一个套壳，套壳有些是恒温的，有些是绝热的。本实验采用外壳等温式量热计。

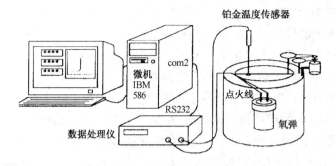

图 2－1－1　燃烧热测量实验装置示意图

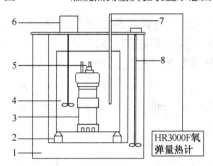

图 2－1－2　HR300F 氧弹量热计示意图

1—外筒，实验时充满水，通过搅拌器搅拌形成恒温环境；2—绝热定位圈；3—氧弹；4—水桶；
用以盛装量热介质；5—电极；6—水桶搅拌器；7—温度传感器探头；8—外筒搅拌器

图 2－1－3 是氧弹的结构。氧弹是一个具有良好密封性能，耐高压、抗腐蚀的不锈钢容器。为了保证试样在氧弹中完全燃烧，氧弹中应充以高压氧气或其他氧化剂，氧弹放置在盛放工作介质的水桶中，水桶是高度抛光的，以减少热辐射和空气的对流。

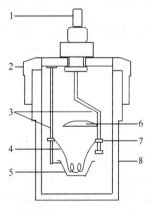

图 2－1－3　氧弹的结构

1—氧弹头，既是充气头又是放气头；2—氧弹盖；3—电极；
4—点火丝；5—燃烧皿；6—燃烧挡板；7—卡套；8—氧弹体

将被测物质放入充有一定压力氧气的氧弹中，充分燃烧，燃烧时放出的热量使氧弹及周围的介质温度升高，通过测定燃烧前后量热计温度的变化值，就可以求出该被测物质的燃烧热。由于系统是绝热的，其关系式如下：

$$- Q_\mathrm{V} a(1 + 0.0015) + 80\mathrm{J} = K \Delta t \qquad (2 - 1 - 2)$$

式中　　Q_V——被测物的恒容燃烧热，$\mathrm{J \cdot g^{-1}}$；

a ——被测物的质量，g；

80J——点火丝的燃烧热（18cm 长）；

0.0015——氮气燃烧后，生成硝酸，其生成热的修正系数；

Δt ——系统与环境无热交换时的真实温差，℃；

K ——称为量热计常数又称量热计的热容量，$J \cdot K^{-1}$。

从上式可以看出，要想求得被测试样的 Q_V，首先要求出量热计的热容量 K。

K 的求法：用已知燃烧热的物质（本实验用苯甲酸 $Q_V = -26426\ J \cdot g^{-1}$）燃烧，通过测其燃烧前后的 Δt，利用式（2 - 1 - 2）便可求出 K 值，本实验数据通过计算机处理，实验完成后直接给出 K 值。

本实验成功关键主要有两点：（1）试样必须完全燃烧。为此测定粉末试样时，必须将试样压成片状，以免冲气时冲散试样或者在燃烧时飞散开来，造成实验误差。（2）必须使燃烧后放出的热量几乎不与周围环境发生热交换。当一定量的待测物质在氧弹中完全燃烧时，放出热量使氧弹本身及其周围的工作介质（本实验用水）和量热计有关附件的温度升高，所以测定了燃烧前后温度的变化值，就可求算该试样的恒容燃烧热。

三、仪器及药品

仪器：HR3000F 型电脑量热计 1 套；万用电表 1 个；FA2004 电子天平 1 台；台秤 1 台；氧气钢瓶 1 只；氧气减压阀 1 只；压片机 1 台；1000mL、500mL、100mL 容量瓶各 1 个；点火丝。

药品：苯甲酸（AR）；萘（AR）。

四、实验步骤

1. 实验准备

依次开启 HR3000F 氧弹量热计（其使用参见第五章）中热量计数据处理仪和计算机的电源开关（关机则相反）。

双击电脑桌面上 hr3000f 图标，进入实验操作界面，预热 15min。

2. 实验步骤

（1）量热计热容量的测定

①试样准备。用台秤粗称苯甲酸 1g，消除压片时所用钢模上的铁锈、油污和尘土等，将苯甲酸倒入压片机的模子内，徐徐旋紧压片机的螺杆，直到将试样压成片状为止。注意：试样压得太紧，点火时难燃烧；压得太松，试样容易脱落。抽去模底的托板，再继续向下旋压，使钢模底板和试样一起脱落在一预先准备好的干净纸张上。将压模后的试样用镊子夹住，在纸上轻轻敲击几次，以除去试样表面的碎屑，然后用电子天平（其使用方法参见第五章）准确称量其质量，记为 W_1。

②氧弹准备。剪取 18cm 长的点火丝，在直径约 3mm 的玻璃棒上，将其缠绕成螺旋状，约 4 ~ 5 圈，将已洗净擦干的氧弹的盖子打开，将压好的试样放入燃烧皿中部，按图 2 - 1 - 4 所示绑紧点火丝。点火丝与试样的距离应小于 5mm 或相接触，但不能碰到燃烧皿，以免引起短路，致使点火失败，检查两电极杆是否旋紧，旋紧氧弹盖。用万用电表检查两电极是否通路（要求约 3 ~ 20Ω），若通路，即可充氧气。若电阻小于 3Ω 或大于 20Ω，必须检查原因，直到电阻符合要求为止。

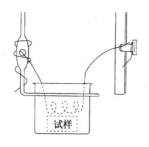

图2-1-4 点火丝安装法

③氧弹充气。将氧弹头上的螺丝及垫片取下，将连接氧气瓶(其使用参见第五章)的高压铜线管与氧弹头的充气口连接，并用板手拧紧，防止漏气。逆时针旋松氧气表的减压阀(其使用参见第五章)，打开氧气钢瓶的总阀门，然后顺时针微旋转减压阀，通过输氧管缓慢地通入氧气，使减压表的压力逐渐增大至2.5MPa，充氧时间60s。关闭钢瓶阀门，放掉氧气表中的余气，逆时针旋松(即关闭)减压阀。取下高压铜线管，将垫上垫片的螺丝旋紧在充气口上。充好氧气的氧弹再次用万用电表检查两电极是否通路(要求约3至20Ω)，若线路不通，逆时针旋松螺丝，需取下垫片，然后继续顺时针向下旋螺丝，泄去氧气重新绑紧点火丝；若通路，则可将氧弹放入水中检漏。若有气泡逸出，则说明氧弹漏气，要排除。

④调水温。将氧弹外壁擦干，放入干燥的量热计水桶中(注意先不要放水)，插上两电极(不分正负极)。取4000mL左右的自来水，用热水或冰块调节其温度，使其比量热计外桶中水的温度低1℃，用容量瓶准确量取2.6L已调好温度的水，倒入水桶中，盖好盖子。

⑤热容量测定。在实验操作界面上(见图2-1-5)，分别输入实验编号、实验内容(热容量)、测试公式(国标)、试样质量、发热量(26426)、点火丝热值(80)等内容，单击"存储设置"按钮，单击"开始实验"按钮开始实验。此时只有"中断实验"按钮处于激活状态，是黑色，其他按钮全部变灰，表示实验已经开始，按温升曲线窗口提示进行实验，"请将测温探头放入外筒"，2~3min后又提示"请将测温探头放入内筒"，直到温升曲线迅速上升，表明点火成功。当"开始实验"按钮被激活，再次变黑，表明此燃烧实验结束。

图2-1-5 热容量测定实验界面

⑥数据存储及打印　单击"存储设置"按钮，单击"数据打印"按钮，将量热计的热容量数据打印出来。单击"退出"退出。

⑦结束工作取出测温探头，取出氧弹，打开放气阀放出余气，拧开氧弹盖，检查试样燃烧效果。如果氧弹中试样未燃烧完全或内壁有炭黑，则表明实验失败。若无燃烧残渣，表示燃烧完全。将燃烧皿、氧弹擦洗干净，用洗球将其中水分吹出备用。倒掉量热计水桶中的水，将其擦干，待用。

（2）萘的燃烧热测定

①试样准备。用台秤粗称萘 0.7g，压片后用电子天平准确称量其质量。

②氧弹准备。

③氧弹充气步骤过程。

④调水温。与量热计热容量的测定相同。

⑤萘的燃烧热测定。在实验操作界面上（见图 2 - 1 - 6），分别输入实验编号、实验内容（发热值）、测试公式（国标）、试样质量、点火丝热值（80），热容量等内容，其他操作与量热计热容量的测定相同，直到萘的燃烧热测定完毕。

⑥数据存储及打印。

⑦结束工作。与量热计热容量的测定相同。

图 2 - 1 - 6　萘的发热值测定实验界面

3. 实验结束

实验完毕，关好电源，将燃烧皿擦洗干净，氧弹洗干净，量热计水桶的水倒掉擦干，整理实验台面。

五、数据计录及处理

实验温度＿＿＿＿＿＿℃；大气压＿＿＿＿＿＿kPa；环境温度＿＿＿＿＿＿℃；
苯甲酸的质量＿＿＿＿＿＿g；萘的质量＿＿＿＿＿＿g。

根据打印的实验结果，计算萘的标准摩尔燃烧热和标准摩尔生成热，并计算相对误差。

六、注意事项

1. 注意压片机上的标签，不可混用，防止药品污染。
2. 药片不可压得太紧或太松，装好药片的氧弹不可倾斜，防止药片从燃烧皿中滑出。
3. 点火丝不能接触燃烧皿，燃烧皿不能接触另一电极，两电极杆不可松动。
4. 两电极的电线要沿桶壁方向放置，以免在水桶中央凸起，与搅拌杆缠绕。
5. 实验结束一定要单击"退出"，不可单击"×"退出。
6. 实验温度取主期温度的平均值。
7. 试样应放在干燥器中干燥保存。
8. 如果试样为液体，则需将试样装入胶囊或安培瓶中进行测定。
9. 严格控制试样的称量范围，使标定量热计热容量和测定试样燃烧热时的温度范围基本相同，以消除温度计毛细管不均匀和不同温度时热容量有差异等因素引起的误差。
10. 在燃烧萘时，须再次调节水温。

七、思考题

1. 水桶中的水温为什么要选择比外筒水温低？低多少合适？为什么？
2. 如何用萘的燃烧热资料来计算萘的标准生成热。
3. 内桶中加入的自来水为什么要准确量取其体积？
4. 如何识别氧气钢瓶？如何正确使用氧气瓶？

八、文献参考值

萘在 298.2K 时的燃烧热 $Q_{P,m} = -5153.8 \text{kJ} \cdot \text{mol}^{-1}$。

实验二　溶解热的测定

一、实验目的

1. 用量热法测定 KNO_3 在水中的积分溶解热；
2. 掌握作图外推法求真实温差；
3. 掌握量热法的基本原理和测量方法。

二、实验原理

盐类的溶解通常包含两个同时进行的过程：一是溶质晶格的破坏，二是分子或离子的溶剂化。一般晶格的破坏为吸热过程，溶剂化作用为放热过程，溶解热是这两个过程热效应的总和。研究表明，温度、压力以及溶质和溶剂的性质、用量都对溶解热有影响。

溶解热可分为积分溶解热和微分溶解热。

积分溶解热是在标准压力和一定温度下，1mol 溶质溶于一定量的溶剂中所产生的热效应，在溶解过程中溶液的浓度是连续变化的，故又称为变浓溶解热。可以由实验直接测定。

微分溶解热是在标准压力和一定温度下，1mol 溶质溶于大量某浓度的溶液中所产生的热效应。在溶解过程中溶液的浓度只有微小变化或者可以视为不变，故又称为定浓溶解热。

需要通过作图来求。

由于实际使用的杜瓦瓶并不是严格的绝热系统，在测量过程中系统与环境存在微小的热交换，如传导热、辐射热、搅拌热等，因此不能直接读取 T，必须对测量值进行校正，以消除热交换的影响，求得真实温差 $\triangle T$。本实验采用雷诺图解法对测量数据进行校正，其方法如下：

将观测到的热量计温度对时间作图，得到一条溶解曲线，如图 2 - 2 - 1 所示。AB 段表示正式加入试样前一段时间（一般取 5min 为宜）体系与环境热交换所引起的温度线性变化；至 B 点时加入试样，温度从 B 点快速下降至 C 点溶解完全；CD 段表示溶解完毕后一段时间（对等取 5min）内体系与环境的热交换而引起的温度线性变化。

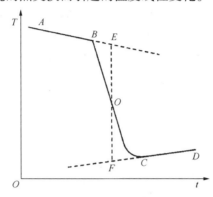

图 2 - 2 - 1　量热曲线雷诺图

取 BC 横坐标之中点 O 作垂线交 AB 与 CD 的延长线于 E、F 两点，则 EF 就可以近似地以为是真实温差 ΔT，即 $\Delta T = T_F - T_E$。

在绝热容器中测定积分溶解热的方法一般有两种：一是测温量热法，即先用标准物质测出热量计的热容，然后再测待测物质在溶解过程中的温度变化，从而求出待测物质的积分溶解热；二是电热补偿法，即先测定体系的起始温度，溶解过程中体系的温度随吸热反应进行而降低，再用电加热法使体系恢复到起始温度，根据所耗电能计算出热效应，从而算出溶解热。本实验采用量热法。

在恒压条件下，测定积分溶解热是在绝热的热量计（杜瓦瓶）中进行的，过程中吸收或放出的热全部由系统的温度变化反映出来。

首先标定量热系统的比热容 c（热量计和溶液温度升高 1℃ 所吸收的热量，单位 J·K^{-1}）。将某温度下已知积分溶解热的标准物质 KCl 加入热量计中溶解，用贝克曼温度计测量溶解前后量热系统的温度，并用雷诺作图法求出真实温度差 ΔT_S，若系统的绝热性能很好，且搅拌热可忽略时，由热力学第一定律可得如下公式：

$$\frac{m_S}{M_S}\Delta_{sol}H_{m,S}^{\ominus} + c\Delta T_S = 0 \qquad (2-2-1)$$

$$c = -\frac{m_S}{M_S} \cdot \frac{\Delta_{sol}H_{m,S}^{\ominus}}{\Delta T_S} \qquad (2-2-2)$$

式中，m_S 为标准物质 S(KCl) 的质量，kg；M_S 为摩尔质量，kg·mol^{-1}；$\Delta_{sol}H_{m,S}^{\ominus}$ 为标准压力和一定温度下 1molKCl 溶于 200mol 水中的积分溶解热，J·mol^{-1}；ΔT_S 为 KCl 溶解前后温度的变化值，K。不同温度下 KCl 的积分溶解热见表 2 - 2 - 1，25℃ 时 $\Delta_{sol}H_{m,S}^{\ominus} = 17.57$kJ·$mol^{-1}$。

表 2-2-1　不同温度下 $n_{H_2O}/n_{KCl}=200$ 时 KCl 的积分溶解热($kJ \cdot mol^{-1}$)

温度/℃	0	1	2	3	4	5	6	7	8	9
10	19.99	19.80	19.64	19.46	19.28	19.11	18.95	18.78	18.62	18.46
20	18.31	18.16	18.01	17.86	17.72	17.57	17.43	17.28	17.15	17.02

然后用待测物质 B 再做一次实验。则由式(2-2-3)可得待测物质的积分溶解热:

$$\Delta_{sol}H_{m,s}^{\ominus} = -c\Delta T_B \frac{M_B}{m_B} \qquad (2-2-3)$$

上述计算中包含了水溶液的热容都相同的假设条件。

三、仪器及药品

仪器:SWC-RJ 溶解热实验装置 1 套;电子天平 1 台;秒表 1 块;台秤 1 台;称量瓶 1 个;普通温度计 1 支;容量瓶(500mL)1 个。

药品:KCl(AR)和 KNO₃(AR)(均经 120℃烘干 2h,并经研磨至粒度 $\phi 0.5 \sim 1mm$)。

四、实验步骤

1. 称量

按 1molKCl 与 200mL 水(水量按 250mL 计算)的比例准确称量 KCl。

2. 测定热量计比热容 c

(1)系统温度测定

用容量瓶准确称量 250mL 蒸馏水加入杜瓦瓶中,盖好杜瓦瓶盖及加样孔塞。保持一定的搅拌速度,待体系的温度达平衡时,依次按下精密数字温度温差仪(其使用参见第五章的五)的"温差"、"采零"和"锁定"按钮。开始计时,读取温度温差仪上显示的读数,每分钟读一次,第 8min(此时已读 8 个数据)时关闭搅拌器(此时秒表不能停),取下加样孔塞,插入专用漏斗,立即将称量好的全部 KCl 倒入杜瓦瓶中,取下漏斗,重新塞上孔塞,开动搅拌器,立即读出一个数据并记下时间,到第 9min 时再读数,以后每 30s 读数一次,到温度上升后第 8min 为止。

(2)测溶解温度

关闭搅拌器,读出普通温度计在溶液中的温度作为溶解温度。

(3)倒掉溶液

连同感温探头一起拔下大橡皮盖,取出搅拌子,倒出水溶液于回收桶内,用少量蒸馏水润洗杜瓦瓶两次。

3. KNO₃ 溶解热的测定

按 1mol KNO₃ 与 400mL 水(水量按 250mL 计算)的比例准确称量 KNO₃。用 KNO₃ 代替 KCl,重复上述操作。

五、数据记录与处理

(1)将实验数据记录于表 2-2-2、表 2-2-3 中。

实验温度＿＿＿＿＿＿℃;大气压＿＿＿＿＿＿kPa;环境温度＿＿＿＿＿＿℃;

M_S ＿＿＿＿＿＿$kg \cdot mol^{-1}$;M_B ＿＿＿＿＿＿$kg \cdot mol^{-1}$。

表 2-2-2　溶解热测定实验数据

种类	盐的质量 m /g	量热计水的体积 V/mL	溶液温度 t/℃
KCl			
KNO₃			

表 2-2-3　溶解热测定温度-时间实验数据

KCl	时间/min	
	温度/℃	
KNO₃	时间/min	
	温度/℃	

表 2-2-4　溶解热测定实验结果

项目	T（溶解）/℃	ΔT（真实）/℃	c(水)/$(J \cdot g^{-1} \cdot K^{-1})$	c(量热计)/$(J \cdot g^{-1} \cdot K^{-1})$	$\Delta_{sol} H_{m,S}$ /$kJ \cdot mol^{-1}$
KCl					
KNO₃					

（2）分别将 KCl、KNO₃ 溶解过程中的数据作温度-时间曲线，用雷诺法求取真实温度差 ΔT_S 和 ΔT_B，按式（2-2-3）计算热量计的热容，填入表 2-2-4 中。

（3）按式（2-3-2）计算 KNO₃ 在实验终止温度下的积分溶解热 $\Delta_{sol} H_{m,S}$。

六、注意事项

1. 试样在称量前要进行研磨，确保试样充分溶解。

2. 实验过程中，秒表从计时开始，一直到实验完才可停表，中间不可停表。

3. 实验过程中要求绝热，尽量减少热损失。

七、思考题

1. 试分析实验中影响温差 ΔT 测量的各种因素，并提出改进意见？

2. 试从误差理论分析影响实验准确度的最关键因素是什么？

3. 为什么要对实验所用 KCl 及 KNO₃ 的粒度作规定？粒度过大或过小会给实验带来什么影响？

4. 温度对积分溶解热有无影响？

实验三　凝固点降低法测定摩尔质量

一、实验目的

1. 用凝固点降低法测定萘的摩尔质量；

2. 掌握用凝固点降低法测定溶质摩尔质量的原理；

3. 加深对稀溶液依数性的理解。

二、实验原理

物质的摩尔质量是了解物质的一个最基本且重要的物理化学数据，其测定方法有许多种。其中凝固点降低法测定物质的摩尔质量是一个简单而比较准确的测定方法，在溶液理论研究和实际应用方面都具有重要意义。

在一定压力下固体溶剂与溶液成平衡时的温度称为溶液的凝固点。在无固熔体形成时，稀溶液中溶剂的凝固点比纯溶剂的凝固点低，简称稀溶液的凝固点降低。此时，从溶液中析出的是纯固体溶剂，溶质不析出。凝固点降低是依数性的一种表现。稀溶液的凝固点降低值与溶液的质量摩尔浓度成正比。即

$$\Delta T_f = T_f^* - T_f = K_f b_B \qquad (2-3-1)$$

式中，T_f^* 为纯溶剂的凝固点，K；T_f 为稀溶液的凝固点，K；ΔT_f 为稀溶液的凝固点降低值，K；b_B 为溶液中溶质 B 的质量摩尔浓度，$mol \cdot kg^{-1}$；K_f 为凝固点降低系数，$K \cdot kg \cdot mol^{-1}$，它的数值仅与溶剂的性质有关。表 2-3-1 给出了部分溶剂的凝固点降低系数值。

表 2-3-1　几种溶剂的凝固点降低系数值

溶剂	水	乙酸	苯	环己烷	环己醇	萘	三溴甲烷
T_f^*/K	273.15	289.75	278.65	279.65	297.05	383.5	280.95
$K_f/(K \cdot kg \cdot mol^{-1})$	1.86	3.90	5.12	20	39.3	6.9	14.4

将 $b_B = m_B/(m_A M_B)$ 代入式（2-3-1）则

$$M_B = \frac{K_f \cdot m_B}{\Delta T_f \cdot m_A} \qquad (2-3-2)$$

式中，M_B 为溶质的摩尔质量，$kg \cdot mol^{-1}$；m_A 为溶剂的质量，kg；m_B 为溶质的质量，kg。若已知某溶剂的凝固点降低系数 K_f 值，通过实验测定此溶液的凝固点降低值 ΔT_f，即可通过式（2-3-2）计算溶质的摩尔质量 M_B。

需要注意的是，如果溶质在溶液中有解离、缔合、溶剂化和配合物形成等情况时，不能简单地运用式（2-3-2）计算溶质的摩尔质量。

通常测凝固点的方法是将已知浓度的溶液逐渐冷却，但冷却到凝固点，并不析出晶体，往往成为过冷溶液。然后由于搅拌或加入晶种促使溶液结晶，当晶体生成时，放出的凝固热补偿了热损失，使体系温度回升，当放热与散热达到平衡时，温度不再改变，此固液两相共存的平衡温度即为溶液的凝固点。本实验测定纯溶剂和溶液的凝固点之差。

纯溶剂的凝固点是指它的液相和固相平衡共存时的温度。若将纯溶剂逐步冷却，理论上其步冷曲线应如图 2-3-1（Ⅰ）所示，水平段对应的温度为凝固点。但实际过程中液体在开始凝固前常出现过冷现象，即温度降至凝固点以下一定值后才开始析出固体，同时由于放出的凝固热使体系的温度回升到液固相平衡温度，待液体全部凝固后温度再逐渐下降。其步冷曲线如图 2-3-1（Ⅱ）的形状。但过冷太厉害或寒剂温度过低，则凝固热抵偿不了散热，此时温度不能回升到凝固点，在温度低于凝固点时完全凝固，就得不到正确的凝固点。其步冷曲线如图 2-3-1（Ⅲ）的形状。

稀溶液的凝固点是液相混合物与溶剂的纯固相共存的平衡温度。若将溶液逐步冷却，其步冷曲线与纯溶剂不同，如图 2-3-1（Ⅳ）（Ⅴ）（Ⅵ）所示。由于随着固态纯溶剂从溶液中的不断析出，剩余溶液的浓度逐渐增大，因而剩余溶液与溶剂固相的平衡温度也在逐渐下

降，在步冷曲线上得不到温度不变的水平段，只出现折点，如图 2-3-1(Ⅳ)所示，图中转折点对应的温度应为溶液的凝固点。实际溶液冷却过程也出现过冷现象，若过冷现象不严重，则出现如图 2-3-1(Ⅴ)的形状，此时可将温度回升的最高值外推至与液相段相交点温度作为溶液的凝固点。若过冷严重，则出现如图 2-3-1(Ⅵ)的形状，测得的凝固点会偏低。

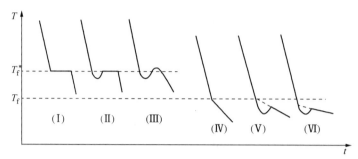

图 2-3-1 步冷曲线

也可以从相律来分析溶剂与溶液冷却曲线形状的不同。对纯溶剂两相共存时，自由度 $F = 1 - 2 + 1 = 0$，冷却曲线出现水平线段，其形状如图 2-3-1(Ⅱ)所示。对溶液两相共存时，自由度 $F = 2 - 2 + 1 = 1$，温度仍要下降，但由于溶剂凝固时放出凝固热，使得温度下降的速率减慢，图中步冷曲线的斜率变小，因此而出现折点。由于溶剂析出后，剩余溶液浓度变大，所以溶液浓度已不是起始浓度，而应大于起始浓度，显然回升的最高温度不是原浓度溶液的凝固点。理论上每次测定的凝固点应该一致，但实际上会有差异，因为体系温度可能不均匀，尤其是过冷过程不同，结晶析出量不一致时，回升的温度不尽相同。因此，在测定浓度一定的溶液的凝固点时，析出的固体越少，测得的凝固点才越准确。同时过冷程度应尽量减小，一般可采用在开始结晶时，加入少量溶剂的微小晶体作为晶种的方法，以促使晶体生成。因此溶液凝固点的精确测量，难度较大。在测量过程中一般可通过控制冷浴温度、搅拌速度等方法来控制过冷程度。

三、仪器及药品

仪器：SWC-LG$_B$凝固点实验装置 1 套；电脑及打印机 1 套；普通温度计(0℃~50℃)1支；电子天平(0.001g)1 台(共用)；KQ-C 型气流烘干器 1 台(共用)；移液管(25mL)1 支。

药品：环己烷(AR)；萘(AR)；碎冰。

四、实验步骤

1. 准备实验

(1)准备实验装置。如图 2-3-2 所示的是 SWC-LG$_B$凝固点测定装置图，其使用参见第五章。

(2)开机。打开电脑开关和凝固点实验装置的电源开关，此时装置"温度"显示初始状态(实时温度)，"温差"初始显示以 20℃为基础温度的温差值，即$(t - 20)$℃。预热 5min，使输出信号稳定。

(3)寒剂调配。将冰浴槽(保温不锈钢水桶)装入 1/3 体积自来水，2/3 体积碎冰，使冰

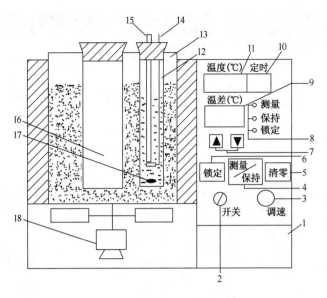

图 2 – 3 – 2　凝固点测定装置图

1—机箱；2—电源开关；3—磁力搅拌器调速旋钮；4—测量与保持状态的转换；5—温差清零键；
6—锁定键；7—定时设置按键；8—状态指示灯；9—温差显示窗口；10—定时显示窗口；
11—温度显示窗口；12—凝固点测定管；13—冰浴槽(保温筒)；14—手动搅拌器；
15—温度传感器；16—空气套管；17—搅拌磁子；18—磁力搅拌器

水混合物的液面距桶顶 3 cm 高度。然后放入凝固点实验装置中。

2. 溶剂凝固点的测定

(1)安装仪器。用移液管移取 30mL 环己烷放入干净的凝固点测定管中，同时，放入搅拌磁子，插入温度传感器，塞紧胶塞。注意，温度传感器应尽量处于测定管圆心位置，且温度传感器下顶端离凝固点测定管底部 5mm 为宜。速将凝固点测定管插入空气缓冲套管中，空气缓冲套管直接插入寒剂中，空气缓冲套管尽量靠近并对齐凝固点实验装置仪后部的"▼"处。

(2)调节搅拌速度。将凝固点实验装置右下角的调速旋钮先向左旋到最小，慢慢由左向右旋旋钮，同时贴近测定管听，直到听到旋转声为止。此时，溶剂(环己烷)缓缓降温。

(3)设置。双击桌面"凝固点实验数据采集处"图标 ，进入凝固点数据采集

系统界面，然后：

①点击电脑菜单如图 2 – 3 – 3 中所示的"设置"→"通讯口"选择通讯口，3 号机的同学选择"COM3"；4 号机的同学选择"COM4"，此时"通讯口"窗口处，显示 COM3(在凝固点实验装置上贴有几号机的标签)。

②点击"设置"→"采样时间"：1s。

③点击"设置"下拉菜单的"设置坐标系"，设置"纵坐标值"范围在 – 2.5 ~ 0℃，"时间坐标值"范围在 0 ~ 10min，点击"确定"。

④选中电脑下部的"实验进程"中选"溶剂凝固点Ⅰ"(即第一次测溶剂的凝固点，第二次就选)"溶剂凝固点Ⅱ"。

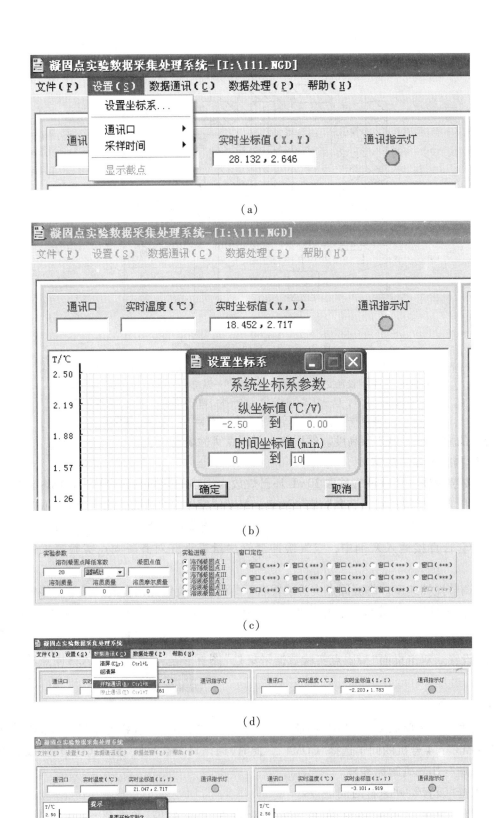

图 2 - 3 - 3 凝固点实验电脑面板图

44

⑤点击电脑菜单中"数据通讯"下拉菜单的"开始通讯"，弹出"是否开始实验"的对话框，此时注意千万不要点击"是"，等下面清零锁定后再点击。

(4)清零及锁定。观察凝固点实验装置的"温度显示窗口"，待溶剂(环己烷)的温度降至8.0℃左右时，即刻相继按"清零"键和"锁定"键。同时，点击(3)至⑤中凝固点数据采集系统界面的"是"开始实验。此时菜单下方的"通讯指示灯"亮，电脑上会自动记录温差与时间的关系。

注：例在8.002℃时按清零，此时表示以8.002℃为基温0，清零后，"温差显示窗口"显示"0"，锁定此记录的温度8.002℃为基温，仪器将不会改变基温。"温差显示窗口"显示的温差值＝温度显示窗口的温度 − 8.002℃。

(5)停止实验。实验8min后，点击"数据通讯"的下拉菜单的"停止通讯"。

(6)重复测定溶剂的凝固点。选中电脑下部"实验进程"中"溶剂凝固点Ⅱ"，取出凝固点测定管，用掌心捂住管壁片刻，使凝固点测定管内固体完全熔化后，再将测定管直接插入冰浴槽中，此时，"温度显示窗口"显示溶液的温度最好不超过10℃。将凝固点测定管插入空气缓冲套管中，重复步骤(3)中③、⑤操作。待温度差显示为0时，点击(3)中⑤凝固点数据采集系统界面的"是"开始实验。重复两次。

(7)分别选择曲线及计算溶剂凝固点。

分别点击"实验进程"中"溶剂凝固点Ⅰ、Ⅱ、Ⅲ"，并相应点击"数据处理"中"计算溶剂凝固点"，这时凝固点值栏中显示相应的凝固点值，比如：$T_f = -1.594$(实际是与设定基础温度的差值)。要求每两次的测定凝固点值偏差不超过0.006℃，否则需要重做，直到取得三次所测凝固点值达到要求为止。

如果在第n次"溶剂凝固点"测量中数据不理想，需要重新实验，则：

a. 点击打开不理想曲线，即点击"实验进程"中"溶剂凝固点n"。

b. 点击"数据通讯"中"清屏"，之后，重复步骤(6)操作步骤即可。

3. 溶液凝固点的测定

(1)选择实验内容。选中"实验进程"中"溶液凝固点Ⅰ"。

(2)设置。取出凝固点测定管，如前将管中固体完全熔融，取出(连同胶塞)温度传感器(避免溶剂损失)，精确称量0.1300g左右的萘放入管中，使其完全溶解。重复步骤2中(2)~(3)，(5)~(7)。但2(3)中③"纵坐标值"要设置为 − 3.5℃~0℃。2(7)①中要点击"数据处理"中的"溶液的凝固点"。注意不用再"清零及锁定"。

(3)重复测定溶液的凝固点。再重复精确测定溶液的凝固点2次。

(4)分别选择溶液凝固点曲线及计算溶液凝固点。分别点击"实验进程"中"溶液凝固点Ⅰ、Ⅱ、Ⅲ"。并相应点击"数据处理"中"计算溶液凝固点"。这时凝固点值栏中显示相应的凝固点值(实际是与设定基础温度的差值)。要求每两次的测定凝固点值偏差不超过0.006℃，否则需要重做，直到取得三次所测凝固点偏差不超过0.006℃的数据为止。即按2中(7)操作，只需将"溶剂凝固点"改"溶液凝固点"即可。

4. 数据处理

(1)输入参数。点击"实验参数"选择所用溶剂，并分别输入溶剂的质量(g)(用溶剂的体积和密度计算得到)和溶质的质量(g)(精确值)。

(2)计算溶质的摩尔质量。点击"数据处理"中"计算溶质摩尔质量"，随即'溶质摩尔质量'在"实验参数"中显示，单位为 $kg \cdot mol^{-1}$。

5. 数据保存及打印

点击电脑菜单中"文件"→"保存"到电脑桌面上。

点击电脑菜单中"文件"→"打印",打印出所要页数。

6. 实验结束

实验完毕后,关掉凝固点实验装置上"电源开关"。待两组同学均做完时,关闭电脑。清洗实验测试管,倒掉寒剂,清理实验台面。

五、数据记录及处理

1. 将所测实验数据填入表 2 – 3 – 2 中。

室温_____℃;大气压_____kPa;m_A_____kg;

m_B_____kg;K_f_____K·kg·mol^{-1}。

表 2 – 3 – 2　凝固点降低实验数据

试样	测量次数	T_f/K	$\bar{T}_f$/K	ΔT_f/K	M_B/(kg·mol^{-1})
溶剂	1				
	2				
	3				
溶液	1				
	2				
	3				

2. 打印出环己烷和溶液的冷却曲线(以温度读数为纵坐标,时间为横坐标)。得出环己烷和溶液的凝固点分别填入表 2 – 3 – 2 中。

3. 据表 2 – 3 – 2 中平均值之差求出凝固点降低值 ΔT_f。

4. 由环己烷的密度,计算所取环己烷的质量 m_A。

5. 由所得数据根据式(2 – 3 – 2),计算萘的摩尔质量,并计算与理论值的相对误差。

六、注意事项

1. 搅拌速度的控制是做好本实验的关键,每次测定应按要求的速度搅拌,并且测溶剂与溶液凝固点时搅拌条件要完全一致。

2. 寒剂温度对实验结果也有很大影响,过高会导致冷却太慢,过低则测不出正确的凝固点。实验过程发现寒剂中的冰熔融太多,冷却曲线降温太慢,可在测下一条曲线前加冰,正常情况下一般测三条曲线后按步骤 2 要求加一次冰。冰浴温度不低于溶液凝固点 3℃为宜。在高温高湿季节不宜做此实验,因为溶剂易吸水,水蒸气进入测量体系如同增加溶质的质点数,导致所测结果偏低。

3. 操作中每次将凝固点测定管取出来用手握住加热熔融晶体时,时间不要过长,最好是以晶体刚熔融为度,以免升温太高,再冷却需很长时间。

4. 实验中只需一次"清零"、"锁定",如多次"清零"、"锁定",前后实验的温差无法比较,实验需重做。若中途关机,必须重新"清零"、"锁定",实验重新开始。

5. 冰浴槽中寒剂的高度应超过凝固点测定管中待测液的高度。

七、思考题

1. 为了提高实验的准确度是否可用增加溶质浓度的方法增加 ΔT_f 值?
2. 冰浴温度过高或过低有什么不好?
3. 搅拌速度过快和过慢对实验有何影响?
4. 根据什么原则考虑加入溶质的量,太多或太少会有何影响?

八、文献参考值

环己烷的密度公式: $\rho_t = \rho_0 + \alpha t + \beta t^2 \times 10^{-3} + \gamma t^3 \times 10^{-6}$,相关系数值见表 2-3-3。

表 2-3-3　环己烷的密度公式中的系数

$\rho_0/(\text{g}\cdot\text{mL}^{-1})$	α	β	γ	温度适用范围/℃
0.797	-0.8879	-0.972	1.55	0~65

环己烷的 $T_f^* = 279.65\text{K}$, $M_{\text{萘}} = 128.11\text{g}\cdot\text{mol}^{-1}$ 。

实验四　液体饱和蒸气压的测定

一、实验目的

1. 用静态法测定不同温度下乙醇的饱和蒸气压;
2. 学会用克-克方程求在所测温度范围内的平均摩尔蒸发焓及正常沸点;
3. 掌握大气压计的原理及使用方法。

二、实验原理

在一定温度下,纯液体与其蒸气达平衡时的压力,称为该液体在此温度下的饱和蒸气压。在某温度及其平衡压力下,蒸发 1mol 纯液体所需要的热量,即为该温度下该纯液体的摩尔蒸发焓。

纯液体的饱和蒸气压与温度有一定的关系,温度升高,分子运动加剧,因而单位时间内从液面逸出的分子数增多,饱和蒸气压增大。当液体的饱和蒸气压等于外压时,该液体即可沸腾,此时的温度即为该液体在该外压下的沸点。外压不同时,液体的沸点也不同。我们把外压等于 101.3kPa 时沸腾温度定义为该液体的正常沸点。

液体的饱和蒸气压与温度的关系可用克劳修斯-克拉佩龙方程式来表示:

$$\frac{\text{d}\ln p}{\text{d}T} = \frac{\Delta_{\text{vap}}H_m}{RT^2} \qquad (2-4-1)$$

式中,p 为液体在温度 T 时的饱和蒸气压,Pa;$\Delta_{\text{vap}}H_m$ 为液体的摩尔蒸发焓,$\text{J}\cdot\text{mol}^{-1}$;$T$ 为热力学温度,K;R 为摩尔气体常数,$8.314\text{J}\cdot\text{mol}^{-1}\cdot\text{K}^{-1}$。在温度变化的范围不大时,$\Delta_{\text{vap}}H_m$ 可视为常数,当做平均摩尔蒸发焓。将式(2-4-1)积分得:

$$\ln p = -\frac{\Delta_{\text{vap}}H_m}{R} \cdot \frac{1}{T} + C \qquad (2-4-2)$$

式中,C 为积分常数。由式(2-4-2)可知,在一定温度范围内,测定不同温度下液体

47

的饱和蒸气压，以 $\ln p$ 对 $1/T$ 作图，可得一直线，从直线的斜率可以求出实验温度范围内液体的平均摩尔蒸发焓 $\Delta_{vap}H_m$，从直线上可读出大气压力下液体的沸点。

测定液体饱和蒸气压常用以下三种方法：

（1）静态法　该法是把待测物质放在一个密闭体系中，在不同温度下直接测量液体的饱和蒸气压，此法适用于蒸气压较大的易挥发液体。

（2）动态法　该法是在不同外界压力下直接测定被测物质的沸点（沸点所对应的外界压力就是液体的饱和蒸气压），从而得到液体在不同温度下的饱和蒸气压，该法适用于高沸点液体蒸气压的测定。

（3）饱和气流法　在一定的温度及压力下，使干燥的、一定流量的惰性气流缓慢通过液体待测物，使气体被待测液体的蒸气所饱和，然后测定所通过的混合气体中被测液体蒸气的含量，再根据道尔顿分压定律算出混合气体中蒸气的分压，即是被测液体在此温度下的饱和蒸气压。该法的缺点是不易获得真正的饱和状态，导致实验值偏低。

本实验采用静态法测定不同温度下乙醇的饱和蒸气压。本实验成功的关键要求体系一定要密闭。通常使用饱和蒸气压测定仪（其使用参见第五章）进行测定，其装置如图 2-4-1 所示。平衡管由 A 球和 U 形管 B、C 组成。A 球中盛有被测试样乙醇，U 形管内用乙醇作液封。将平衡管和抽气系统、压力计相连，在某一温度下，若 A 球液面上方纯粹是被测物质的蒸气，当 U 形管中两臂 B、C 液面处于同一水平时，则表示 B 管液面上的压强（A 球液面上的蒸气压）与加在 C 管液面上的外压相等，此时用压力计测量 C 管液面上的压力即可得到该液体的饱和蒸气压。此时，体系气、液两相平衡的温度称为该液体在此外压下的沸点。

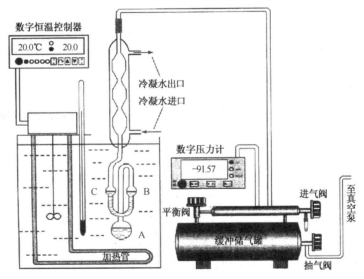

图 2-4-1　饱和蒸气压测量装置

图 2-4-1 中进气阀（针阀）连通大气；平衡阀（针阀）连通大小缓冲罐；抽气阀（针阀）连通罐体与真空泵。

三、仪器及药品

仪器：饱和蒸气压测定仪（缓冲压力罐、冷凝器、等压计、缓冲瓶）1 套；恒温槽（SYP玻璃恒温水浴和 SWQ-ⅠA 智能数字恒温控制器组成）1 套；DP-AF 精密数字压力计 1 台；

真空泵(或循环水式真空泵)1台。

药品：无水乙醇(AR)。

四、实验步骤

1. 装置仪器及药品

按图 2 - 4 - 1 接好测量仪器，将乙醇从等压计与冷凝管的接口处注入，使 A 球中装有 2/3 体积的液体，U 形管两臂 B，C 管也有约 2/3 左右的液体。从福丁式气压计(其使用参见第五章)读出 p(大气)并进行修正，实验前后各读一次取平均值。

2. 压力计"采零"

开启 DP - AF 精密数字(真空)压力计(其使用参见第五章)电源预热 2min，打开进气阀通大气(顺时为关，逆时为开)，按单位选择按钮至显示单位"kPa"待压力计示数稳定后，按"采零"键，以消除仪表系统的零点漂移，此时 LED 显"0000"。仪器采零后连接实验系统，此时压力计显示的压力值为表压，(系统压力 = 大气压力 + 表压)。

3. 检查系统密封性

先将泵前阀通大气(以防泵油倒吸污染实验系统)，接通真空泵电源，0.5min 后将泵前阀旋至与被测系统连通，接通冷凝水，关闭进气阀，打开抽气阀和平衡阀，系统开始抽气，压力减至约为 -100kPa 时，关抽气阀，并停止气泵工作。观察数字压力计示数，若数字下降值 <0.01kPa/4s，说明系统整体密封性能好。若压力计示数逐渐变小，则说明系统漏气，此时应对各接口进行检查，找出漏气原因，并设法消除。

关闭平衡阀，调节进气阀，缓慢使压力表读数上升为压力罐的 1/2(-50kPa 左右)，关闭进气阀，观察压力表示数，若数字下降值 <0.01kPa/4s，说明微调部分密封性能好。

4. 液体饱和蒸气压的测定

调节恒温槽(其使用参见第五章)的温度为 25℃时。关闭进气阀，打开抽气阀和平衡阀，继续抽气，压力减至约为 -95kPa 时再抽气 2~3min，关闭进气阀和平衡阀，并停止气泵工作。这时 B、C 两管液面不处于同一水平面，缓慢打开(垫一块毛巾)进气阀让系统通大气，注意防止空气倒灌入 A、B 管之间，(问题：如果空气倒灌入 A、B 管之间后怎么办?)当 B、C 两管液面处于同一水平，保持稳定 1min 左右，同时记录温度和表压，这时 A 球上方的蒸气压力和系统压力相等。打开平衡阀至 B、C 两管液面失去平衡，再次缓慢打开进气阀让系统通大气，重复以上操作，要求 2 次测量压力差小于 0.3kPa，说明所测压力为达气液平衡时的压力，同时准确记录下温度和表压。

调节水浴温度上升 5℃，重复以上操作至温度上升至 50℃ 左右为止。

5. 实验结束

将空气放入，使被测系统泄压至零(缓慢关闭平衡阀，打开进气阀)，取下等压计，关掉所有电源和水源。将盛样球洗净，晾干备用，整理好实验台。

五、数据记录及处理

1. 校正压力计读数。

2. 将所测实验数据填入表 2 - 4 - 1 中。

室温_____℃；始大气压：_____kPa；末大气压：_____kPa。

表2-4-1 乙醇液体饱和蒸气压测定实验数据

温度			压力表示数	乙醇液体饱和蒸气压	
$t/℃$	T/K	$(\frac{1}{T}) \times 10^3/K^{-1}$	p/kPa	p/kPa	$\ln p$

3. 用 $\ln p$ 对 $1/T$ 作图，求平均摩尔蒸发焓。

4. 从图中求出正常沸点。

5. 根据附录12计算乙醇在25℃时的饱和蒸气压与从 $\ln p - 1/T$ 图上读取的饱和蒸气压进行比较。

六、注意事项

1. 真空泵在开启或停止时，因系统内压力低，应当使泵与大气相通，以防油泵中的油倒流（切记：关泵前先通大气！！）

2. 本实验真空系统是两组共用同一个真空泵，实验中请认真地按正确的操作步骤进行。

3. 升温、降温时要随时注意调节进气阀，使系统压力与饱和蒸气压基本相等，这样才能保证不发生剧烈沸腾，不致于造成空气倒灌。

4. 当管A、B中液面平齐1min后立即读数，这时既要读恒温槽温度，还要读辅助温度计温度，同时还要读出数显压力计压力，并且要及时调节智能数字恒温控制器升温。因此，同组人员必须注意力集中，还要配合密切，严防实验事故的发生。

5. 抽气速度不要太快，以防止液封的溶液被抽干。

6. 实验过程中最重要的是排净等压计小球上面的空气，保证液面上空只含液体的蒸气分子（如果数据偏差在正常误差范围内或同一温度下两次测定误差小于0.3kPa，可认为空气已排净）。

七、思考题

1. 在实验过程中若放入空气过多，会出现什么情况？为什么一旦开始实验，空气就不能再进入管A和管B的上方？一旦空气进入管A和管B的上方怎么办？

2. 缓冲瓶有什么作用？

3. 克劳修斯—克拉佩龙方程在什么条件下才能用？

4. 在停止抽气时，若先拔掉电源插头会有什么情况出现？

八、文献参考值

乙醇25℃标准摩尔蒸发焓为42.59kJ/mol。

实验五　氨基甲酸铵的分解平衡

一、实验目的

1. 用等压法测定氨基甲酸铵的分解压力，计算分解反应的有关热力学函数；
2. 掌握低真空技术和测定平衡压力的静态法。

二、实验原理

氨基甲酸铵是合成尿素的中间产物，很不稳定，易分解。在一定温度下它的分解平衡可用下式表示：

$$NH_4CO_2NH_2(s) = 2NH_3(g) + CO_2(g)$$

在实验条件下可将气体按理想气体处理，则上式的标准平衡常数可表示为：

$$K^{\ominus} = \left(\frac{p_{NH_3}}{p^{\ominus}}\right)^2 \left(\frac{p_{CO_2}}{p^{\ominus}}\right) \qquad (2-5-1)$$

式中，p_{NH_3}，p_{CO_2} 分别表示 NH_3 和 CO_2 的平衡分压；$p^{\ominus}$ 为标准压力。设平衡总压为 p，则：$p_{NH_3} = \frac{2}{3}p$；$p_{CO_2} = \frac{1}{3}p$，代入式（2-5-1）

$$K^{\ominus} = \frac{4}{27}\left(\frac{p}{p^{\ominus}}\right)^3 \qquad (2-5-2)$$

因此，测得给定温度下的平衡压力后，即可由（2-5-2）式算出平衡常数 $K^{\ominus}$。

当温度变化不大时，测得不同温度下的 $K^{\ominus}$，可按式（2-5-3）。

$$\ln K^{\ominus} = -\frac{\Delta_r H_m^{\ominus}}{RT} + C \qquad (2-5-3)$$

求得实验温度范围内的 $\Delta_r H_m^{\ominus}$。

根据 $\Delta_r G_m^{\ominus} = -RT\ln K^{\ominus}$ 的关系式，可求得给定温度下的 $\Delta_r G_m^{\ominus}$。

已知 $\Delta_r H_m^{\ominus}$，可根据 $\Delta_r G_m^{\ominus} = \Delta_r H_m^{\ominus} - T\Delta_r S_m^{\ominus}$ 的关系式，求得 $\Delta_r S_m^{\ominus}$。

三、仪器及药品

仪器：分解压力测定仪（缓冲压力罐、冷凝器、等压计、缓冲瓶）1套；恒温槽（SYP玻璃恒温水浴和SWQ-ⅠA智能数字恒温控制器组成）1套；DP-AF精密数字压力计1台；真空泵（或循环水式真空泵）1台。

药品：氨基甲酸铵（AR）；液体石蜡。

四、实验步骤

1. 读取大气压力

从福廷式气压计（其使用参见第五章）读出 p（大气）并进行修正，实验前后各读一次取平均值。

2. 压力计"采零"

按图2-5-1、图2-5-2所示接好测量仪器，开启DP-AF精密数字（真空）压力计

（其使用参见第五章）电源预热 2min，打开进气阀通大气（顺时为关，逆时为开），按单位选择按钮至显示单位"kPa"待压力计示数稳定后，按"采零"键，以消除仪表系统的零点漂移，此时 LED 显"0000"。仪器采零后连接实验系统，此时压力计显示的压力值为表压（系统压力＝大气压力＋表压）。

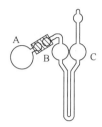

图 2 - 5 - 1　等压管构造图

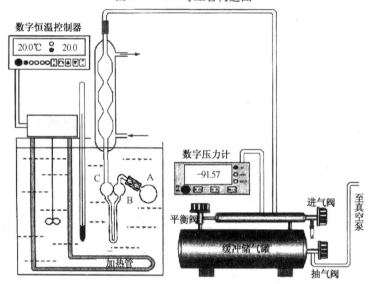

图 2 - 5 - 2　氨基甲酸胺分解平衡测量装置图

3. 检查系统密封性

先将泵前阀通大气（以防泵油倒吸污染实验系统），接通真空泵电源，0.5min 后将泵前阀旋至与被测系统连通，接通冷凝水，关闭进气阀，打开抽气阀和平衡阀，系统开始抽气，压力减至约为 - 100kPa 时，关抽气阀，并停止气泵工作。观察数字压力计示数，若数字下降值 ＜0.01kPa/4s，说明系统整体密封性能好。若压力计示数逐渐变小，则说明系统漏气，此时应对各接口进行检查，找出漏气原因，并设法消除。

关闭平衡阀，调节进气阀，缓慢使压力表读数上升为压力罐的 1/2（ - 50kPa 左右），关闭进气阀，观察压力表示数，若数字下降值 ＜0.01kPa/4s，说明微调部分密封性能好。

4. 装药品

确定不漏气后，取下等压管，将氨基甲酸铵粉末装入等压管盛样小球 A 中，用乳胶管将小球 A 与 U 形管连接，U 形管中加入液体石蜡作液封，将等压管小心与真空系统连接好。

5. 分解压力的测定

调节恒温槽（其使用参见第五章 5.10 及 5.11）温度至 25℃，当水浴温度恒定至 25℃时。关闭进气阀，打开抽气阀和平衡阀，继续抽气，压力减至约为 - 95kPa 时，再抽气 2 ~ 3min，关闭进气阀和平衡阀，并停止气泵工作。这时 B、C 两管液面不处于同一水平面，缓慢打开（垫一块毛巾）进气阀让系统通大气，注意防止空气倒灌入 A、B 管之间，（问题：如果空气倒灌入 A、B 管之间后怎么办？）当 B、C 两管液面处于同一水平，保持稳定 2min 左右，同时记录温度和表压。这时 A 球上方的气体的压力和系统压力相等。打开平衡阀至 B、C 两管液面失去平衡，再次缓慢打开进气阀让系统通大气，重复以上操作，要求 2 次测量压力差小于 0.3kPa，同时准确记录下温度和表压。

按步骤 5 继续测定 30℃、35℃、40℃、45℃、50℃的分解压力。

6. 实验结束

将空气放入，使被测系统泄压至零（缓慢关闭平衡阀，打开进气阀），取下等压管，关掉所有电源和水源。将盛样球洗净，晾干备用，整理好实验台。

五、数据记录与处理

1. 校正压力计读数。

2. 以校正后的大气压 p_0 计算分解压并用式(2－5－2)、式(2－5－3)计算 $K^\ominus$ 和 $\ln K^\ominus$，然后将所测实验数据填入表 2－5－1 中。

室温＿＿＿＿＿℃；始大气压：＿＿＿＿＿kPa；末大气压：＿＿＿＿＿kPa。

表 2－5－1　分解压力测定实验数据

温度			压力表读数	平衡压力	平衡常数	
$t/℃$	T/K	$(\frac{1}{T}) \times 10^3/K^{-1}$	p/kPa	p/kPa	$K^\ominus$	$\ln K^\ominus$

3. 以 $\ln K^\ominus$ 对 $1/T$ 作图，按式(2－5－3)由斜率求算该分解反应的 $\Delta_r H_m^\ominus$。

4. 按有关的热力学公式，计算 25℃时氨基甲酸铵分解反应的 $\Delta_r S_m^\ominus$ 和 $\Delta_r G_m^\ominus$。实验所需热力学数据参见表 2－5－2。

5. 将实验所测氨基甲酸铵的分解压与表 2－5－3 中数据比较，计算其相对误差。

六、注意事项

1. 真空泵停泵前先使泵的进气阀与大气相通，以防泵油倒吸污染实验系统。

2. 打开进气阀或平衡阀时一定要缓慢进行；关闭进气阀或平衡阀时一定要关紧，不能有泄露。

3. 测定后面几个温度的分解压时，不需再进行抽气，只需调空气使液面平齐即可。

4. 真空泵关掉后，抽气活塞需要一直关闭。

七、思考题

1. 在什么条件下才能用测总压的办法测定平衡常数？

2. 将空气缓缓放入系统时，如放入的空气过多，将有何现象出现？怎样克服？

3. 如何判定装样小球的空气已被抽净？

4. 温度对平衡常数有何影响？

八、文献参考值(表2-5-2，表2-5-3)

表2-5-2 实验文献热力学函数参考值(25℃)

项目	$NH_4CO_2NH_2(s)$	$NH_3(g)$	$CO_2(g)$
$\Delta_f H_m^\ominus/(kJ \cdot mol^{-1})$	-645.51	-46.141	-393.792
$\Delta_f G_m^\ominus/(kJ \cdot mol^{-1})$	-448.386	-16.497	-394.642
$S_m^\ominus/(J \cdot K^{-1} \cdot mol^{-1})$	133.565	192.476	213.788

表2-5-3 不同温度下氨基甲酸铵的分解压

温度/℃	25	30	35	40	45	50
$p_{分解}$/kPa	11.73	17.07	23.80	32.93	45.33	62.93

实验六 双液系的气-液平衡相图

一、实验目的

1. 绘制在标准压力下环己烷-乙醇体系的沸点组成图，并确定其恒沸点及恒沸组成；

2. 熟练掌握测定双组分液体沸点的方法及用折射率确定二组分物系组成的方法；

3. 掌握超级恒温槽、阿贝折射仪、气压计等仪器的使用方法。

二、实验原理

1. 气-液平衡相图

任意两个在常温时为液态的物质混合起来组成的体系称为双液系。根据两组分相互溶解度的不同，可分为完全互溶、部分互溶和完全不互溶三种情况。若两种液体能以任意比例相互溶解，称为完全互溶双液系，如环己烷-乙醇、正丙醇-乙醇体系都是完全互溶体系。若只能在一定比例范围内互溶，称为部分互溶双液系，例苯-水体系。

液体的沸点是指液体的蒸气压等于外界压力时的温度。在一定外压下，纯液体的沸点有其确定值。但双液系的沸点不仅与外压有关，而且还与双液系的组成有关。通常用几何作图的方法将双液系的沸点对其气相和液相的组成作图，所得图形叫双液系的沸点-组成图，即T(或t)-x图。

一个完全互溶双液系的沸点-组成图，表明在气、液两相平衡时，沸点和两相组成的关系，它对于了解这一体系的行为及精馏过程都有很大的实用价值。定压下，完全互溶双液系统的沸点-组成($t-x$)图分为三类，如图2-6-1所示，图中虚线表示溶液的沸点与气相组成关系的线，称为气相线。图中实线表示溶液的沸点与液相组成关系的线，称为液相线。

(1)混合液的沸点介于A、B两纯组分沸点之间的体系。如图2-6-1(a)所示。这类双液系可用精馏法从溶液中分离出两个纯组分。如乙醇－正丙醇系统，此时混合物的行为符合拉乌尔定律或对拉乌尔定律的偏差不大。

（2）有最高恒沸点体系。如图 $2-6-1$（b）所示。如氯仿－丙酮体系，在 $t-x$ 图上有一个最高点，此点称最高恒沸点，此时混合物的行为对拉乌尔定律产生最大负偏差。

（3）有最低恒沸点体系。如图 $2-6-1$（c）所示。如环己烷－乙醇体系，在 $t-x$ 图上有一个最低点，此点称最低恒沸点，此时混合物的行为对拉乌尔定律产生最大正偏差。

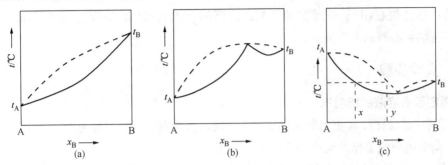

图 $2-6-1$　二组分完全互溶双液系统的相图

在最高沸点和最低沸点处，气相线与液相线相交，对应于此点组成的溶液，达到气－液两相平衡时，气相与液相组成相同，沸腾的结果只使气相量增加、液相量减少，沸腾过程中温度保持不变，这时的温度称为恒沸点，相应的组成称为恒沸组成。恒沸点和恒沸组成都随外压而变。对于具有恒沸点的双液系，用精馏的方法不能从混合物中同时分离出两个纯组分，只能同时得到一个纯组分和一个恒沸物。

为了测定双液系的 $t-x$ 图，需在气液达平衡时，同时测定双液系的沸点和气相、液相的平衡组成。

本实验是用回流冷凝法测定环己烷－乙醇体系的沸点－组成图。其方法是在大气压下利用沸点测定仪直接测定一系列不同组成混合物的气、液平衡温度（即沸点），并收集少量液相和气相冷凝液，分别用阿贝折射仪测定气相、液相的折射率，再从折射率－组成工作曲线上查得相应的组成，然后绘制 $t-x$ 图。

2. 沸点测定仪

测定沸点的装置叫沸点测定仪，各种沸点测定仪的具体构造虽各有特点，但其设计构思都集中在如何正确地测定沸点、便于取样分析及防止过热等方面。本实验所用沸点测定仪如图 $2-6-2$ 所示。这是一个带回流冷凝管的长颈圆底烧瓶。冷凝管底部有一凹形小槽，用以收集少量冷凝下来的气相试样。电流经变压器和粗导线通过浸入溶液中的电阻丝，这样可以减少溶液沸腾时的过热现象。测定时，温度计水银球要一半在液面下，一半在气相中，以便准确测出平衡温度。用弯头取样滴管从气相冷凝小槽中取样分析气相组成，用短滴管从侧磨口取样分析液相组成。

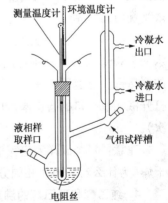

图 $2-6-2$　沸点测定仪

3. 混合物的组成分析

本实验不能直接测出气、液相组成，由于环己烷和乙醇的折射率相差较大，且它们液态混合物的折射率与其浓度呈线性关系，而折射率的测定又只需少量试样,所以,可用折射率 – 组成工作曲线来求得平衡体系的两相组成。

三、仪器及药品

仪器:沸点测定仪 1 套;超级恒温槽 1 台;阿贝折射仪 1 台;调压器 1 台;温度计(最小分度 0.1℃)1 支;弯头及短滴管各 5 支;移液管(1mL、10mL)各 1 支;量筒(30mL)1 个;烧杯(250mL)1 个;小滴瓶若干个。

药品:环己烷(AR);无水乙醇(AR);丙酮(AR);摩尔分数为 20% 、40% 、60% 、80% 的环己烷 – 乙醇标准溶液。

四、实验步骤

1. 测定标准溶液的折射率

(1)将超级恒温槽(其使用参见第五章)与阿贝折射仪(其使用参见第五章)间的循环水管接好。调节超级恒温槽的温度为 25℃(或 30℃)。

(2)分别用阿贝折射仪测量纯环己烷、纯乙醇和摩尔分数为 20% 、40% 、60% 、80% 的环己烷 – 乙醇标准液的折射率。

2. 安装沸点测定仪

将干燥的沸点测定仪按图 2 – 6 – 2 安装好,检查带有温度计的橡皮塞是否塞紧。加热用的电热丝要靠近底部中心,温度计的水银球不能接触电阻丝,离电热丝至少 0.8cm,而且每次更换溶液后,要保证测定条件尽量平行(包括水银温度计和电阻丝的相对位置)。

3. 测定乙醇和环己烷系列试样液的沸点及气、液相折射率

粗略配制环己烷摩尔分数 x 分别为 0.97、0.92、0.8、0.6、0.5、0.3、0.15、0.03 的乙醇溶液(或由老师预先配制),按一定浓度顺序依次从沸点仪支管中分别加入所要测定的溶液(30mL),调整温度计的位置,使液面在水银球中部为宜。加入沸石 2～3 粒,通冷凝水,通电加热,用调压器将电压控制在 20～50V 之间至沸腾,控制回流速度为 1 滴/1～2s。使蒸气在冷凝管中回流高度不宜太高,以 2cm 左右为好。凹形小槽中最初的冷凝液不能代表平衡时的气相组成,用弯头滴管将其滴回到蒸馏瓶中,并反复两三次。待温度稳定后再维持 1min 左右,使体系达到平衡,再记录沸点温度。然后停止加热,电压回零。用盛有自来水的 250mL 烧杯套在沸点测定仪底部,使体系冷却至与恒温槽温度相近。打开气相取样口的磨口塞,迅速用干燥弯头滴管吸取凹形小槽中的冷凝液,测其折射率(重复测三次)。再打开液相取样口的磨口塞,用另一支直形滴管吸取圆底烧瓶内的溶液测其折射率(重复测三次)。

注意:每个试样测定完毕,用移液管将混合物从液相取样口吸出,倒回回收瓶中,不必干燥(为什么?),再用相同方法分别测定其他溶液的沸点及对应的气 – 液两相的折射率。

4. 纯乙醇和环己烷的沸点测定

洗干净沸点测定仪,干燥后再分别测定纯乙醇和环己烷的沸点(或用公式 2 – 6 – 4 进行计算),读取福廷式气压计(其使用参见第五章)的大气压的数值。

5. 实验结束

回收试样,清洗仪器,注意关电,关水。

五、数据记录及处理

1. 数据记录

将所测实验数据填入表 2 - 6 - 1 和表 2 - 6 - 2 中。

室温_____℃；实验温度_____℃；大气压_____kPa。

表 2 - 6 - 1 环己烷 - 乙醇标准溶液的折射率

x（环己烷）	0	20%	40%	60%	80%	100%
n（折光率）						

表 2 - 6 - 2 环己烷 - 乙醇试样液沸点及组成

试样序号	近似 x（环己烷）	沸点 t/℃	折射率 n								x（环己烷）		
			气相				液相				气相	液相	校正后的沸点 t/℃
			1	2	3	平均	1	2	3	平均			
1	1		—	—	—	—	—	—	—	—	—	—	—
2	0.97												
3	0.92												
4	0.80												
5	0.70												
6	0.60												
7	0.50												
8	020												
9	0.03												
10	0		—	—	—	—	—	—	—	—	—	—	—

2. 沸点的校正及计算

①沸点的压力校正。液体在标准压力下沸腾的温度为其正常沸点。然而，通常外界压力并不恰好等于标准压力，因此，应对实验大气压 p_t 下测得的沸点温度 $t_测$ 作压力校正，根据特鲁顿规则和克劳修斯 - 克拉佩龙方程，可导出温度的压力校正公式为：

$$\Delta t_压/℃ = \left(\frac{273.15 + t/℃}{10}\right) \times \left(\frac{101.325 - p_t/kPa}{101.325}\right) \quad (2-6-1)$$

式中，$\Delta t_压$（℃）为由于压力不等于 101.325kPa 而带来的误差，t 为实验测得的沸点，℃；p_t 为所测室温下的大气压力值，kPa。

②沸点的露颈校正。由于全浸式温度计不能全部浸没在被测体系中，露出部分与被测体系温度不同，因此有必要对水银温度计作露茎校正（参见第四章第一节热化学的测量技术）。校正值计算公式为：

$$\Delta t_露 = Kh(t_测 - t_环) \quad (2-6-2)$$

式中，$K = 1.6 \times 10^{-4}$，是水银对玻璃的相对膨胀系数；h 为露出被量液体的温度计上的读数，℃；$t_环$ 为环境温度，℃；可用辅助温度计读出，其水银球置于测量温度计露茎的中部（即 h 的一半处），见图 2 - 6 - 3。

经压力校正和露颈校正后，得到校正后溶液的沸点计算公式为：

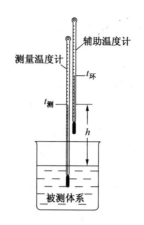

图 2 – 6 – 3　温度计的露出端修正图

$$t_{沸} = t_{测} + \triangle t_{压} + \triangle t_{露}\qquad(2-6-3)$$

按式(2 – 6 – 3)计算各环己烷 – 乙醇系列溶液校正后的沸点。

3. 压力的校正及计算

根据式 $p_{大气} = p_t(1 - 0.000163t)$ 对所测压力进行校正，计算出校正后的压力 $p_{大气}$。

4. 纯组分沸点的计算

如果纯乙醇和环己烷的沸点如果不用实验测定，也可以用下式计算：

$$\lg p = A - \frac{B}{t+C} + D\qquad(2-6-4)$$

式中，p 为校正后的大气压，单位：Pa；A、B、C 为物质的特性常数，其值见附录12；t 为温度，℃；D 为压力单位的换算因子，其值为 2.1249，单位 Pa：

5. 绘制 $n-x$ 图

根据表 2 – 6 – 1 中的数据，绘制作 $n \sim x$（环己烷）图，得到标准工作曲线。

6. 确定气液组成

将表 2 – 6 – 2 中环己烷 – 乙醇系列溶液的折射率数据，对照标准工作曲线，确定气液组成，并填入表 2 – 6 – 2 中。

7. 绘制环己烷 – 乙醇双液系 $t-x$ 图

根据表 2 – 6 – 2 中的数据，绘制环己烷 – 乙醇双液系 $t – x$ 图，从图中求出最低恒沸组成和恒沸温度。

8. 计算相对误差

从图中求出的恒沸温度与下述的文献参考值作比较，计算相对误差。

六、注意事项

1. 测定折射率时，动作应迅速，以避免试样中易挥发组分的损失，确保数据准确。

2. 电热丝不能露出液面，一定要浸在溶液中，方可加热，否则电热丝易烧断或有机物会燃烧起火。

3. 在每一份试样的蒸馏过程中，由于整个体系的成分不可能保持恒定，因此平衡温度会略有变化，特别是当溶液中两种组成的量相差较大时，变化更为明显。为此每加入一次试样后，只要待溶液沸腾，正常回流 1 ~ 2min 后，即可取样测定，不宜等待时间过长。

4. 要控制好液体的回流速度 1 滴/1 ~ 2s，不宜过快或过慢。

5. 每次取样量不宜过多,取样时毛细滴管一定要干燥,不能留有上次的残液,气相取样口的残液亦要擦干净。

6. 整个实验过程中,通过折射仪的水温要恒定,使用折射仪时,棱镜不能触及硬物(如滴管),擦拭棱镜用擦镜纸。

7. 只能在停止通电加热后,待温度降至实验温度左右才能取样分析。

8. 由于整个体系并非绝对恒温,气、液两相的温度会有少许差别,因此沸点仪中,温度计水银球的位置应一半浸在溶液中,一半露在蒸气中。

七、思考题

1. 作环己烷 – 乙醇标准液的工作曲线目的是什么?
2. 蒸馏瓶中残余的环己烷 – 乙醇试样液对下一个试样的测定有没有影响?
3. 如何判断已达气 – 液平衡?
4. 收集气相冷凝液的小槽容积过大对实验结果有无影响?

八、文献参考值

在 101.325kPa 下,恒沸物的最低恒沸组成 x(环己烷)=0.555,恒沸点 64.8℃。

实验七 二组分金属相图的绘制

一、实验目的

1. 用热分析法测绘 Bi – Sn 二元合金相图,了解其相图的基本特点;
2. 掌握热分析法测绘金属液 – 固平衡相图的原理和方法。

二、实验原理

多相体系处于相平衡时体系的某物理性质(如温度、压力)对体系的某一自变量(如组成)所作的图形称为相图,这种以体系所含物质的组成为自变量,温度为因变量所得到的 $T – x$ 图是常见的一种相图。相图能反映出在指定条件下相平衡体系存在的相数和各相的组成。二组分相图已经得到广泛的研究和应用,多应用于冶金、化工等行业。

根据相律
$$F = C - P + 2 \qquad\qquad (2-7-1)$$

式中,F 是自由度数;C 是组分数;P 是相数;2 指的是温度,压力这两个变量。由于对凝聚体系,受外界压力的影响颇小。因此以上的关系式变为
$$F = C - P + 1 \qquad\qquad (2-7-2)$$

因此对二组分体系,F 最大为 2。所以用温度 – 组成($T – x$)图就可以表示体系的状态与其组成之间的相互关系。

制作相图的方法很多,对凝聚相的研究(如固 – 液相,固 – 固相等)最常用的方法是借助相变过程中的温度变化而产生的热效应,观察这种热效应的变化情况以确定体系的相态变化,一般采用热分析及差热分析的方法。本实验采用热分析法绘制 Bi – Sn 二元金属的温度 – 组成图。

热分析法是相图绘制工作中常用的一种实验方法。其原理是将不同组成的二元金属加热

成均匀的熔融状态，然后让它缓慢冷却，并每间隔一定时间读取一次温度。以体系温度对时间作图得一曲线，称为步冷曲线或冷却曲线。曲线的转折点表征了某一温度下发生相变的信息，当熔融体系在均匀冷却过程中无相变化时，其温度将连续均匀下降得到一光滑曲线；当体系内发生相变时，则因体系产生的相变热与自然冷却时体系放出的热量相抵，冷却曲线出现转折或水平线段，转折点或水平段所对应的温度即为该组成二元金属的相变温度。由体系的组成和相变点的温度作为 $T-x$ 图上的一个点，众多实验点的合理连接就可得到了二元金属相图。

步冷曲线大致可以分为三种基本类型，如图 2-7-1 所示。

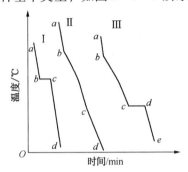

图 2-7-1　步冷曲线

图 2-7-1 中曲线（Ⅰ）表示纯物质的步冷曲线，当无相变发生（ab 段）时，冷却速率是比较均匀的，曲线为直线。从点 b 开始有固体析出，由相律可知 $F=1-2+1=0$，自由度为 0，曲线出现水平段，体系温度保持恒定（bc 段）。直到 C 点试样完全凝固，再继续冷却，由于固体无相变，温度均匀下降（cd 段），曲线又为直线。即单组分的液固两相平衡体系自由度为 0，熔点为定值。

曲线（Ⅱ）代表二元金属冷却生成固熔体的步冷曲线。把一个组成为 x 的二元金属液相进行冷却，ab 段与曲线（Ⅰ）相似。当冷却至 b 点时，即有固相（固熔体）析出，与前种情况不同，这时 $F=2-2+1=1$，体系还有一个自由度，温度将继续下降。这时由于固体凝固释放热效应抵消了系统部分自然散热，使曲线的斜率明显变小，在 b 处出现一个转折，一直到 c 点时液相消失，体系只有固熔体一相。此后再无相变，温度又均匀下降（cd 段），曲线为直线。

曲线（Ⅲ）仍是二元金属冷却的步冷曲线，但属于两固体完全不互溶或部分互溶的低共熔混合物系统。ab 段与上述相同，到 b 点时有固相析出，此时 $F=2-2+1=1$，体系自由度为 1，温度继续下降到 c 点。此时另一个固相同时析出，$F=2-3+1=0$，即自由度等于 0，体系温度保持恒定，曲线出现水平段（cd 段），此时的温度称为低共熔点温度。到了 d 点液相消失，只有两固相均匀冷却，温度又均匀下降（de 段）。

如果一个系统在冷却过程中相继发生几个相变过程，那么步冷曲线将是一条很复杂的曲线，要逐段进行分析。但其都是由以上三个基本类型步冷曲线组合而成。

对于组成一定的二元低共熔混合物系统，可以根据它的步冷曲线得出有固体析出的温度和低共熔点温度。对一系列不同组成的二组分系统进行测定，绘制步冷曲线，在步冷曲线上找出转折点和水平段的温度，然后在温度-组成坐标上确定相应组成的转折温度和水平段的温度，最后将转折点和恒温点分别连接起来，就得到了相图。图 2-7-2 是二元简单低共熔混合物（两纯固体完全不互溶）系统的步冷曲线绘制相图的例子。本实验测定 Bi-Sn 二元金属体系的合金相图属于此类型。

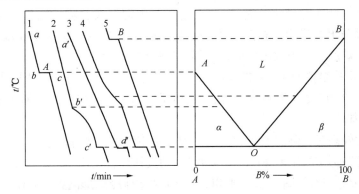

图2-7-2 步冷曲线与相图

用热分析法(步冷曲线法)绘制相图时，被测系统必须处于或接近相平衡状态，因此冷却速率要足够慢才能得到较好的结果。

三、仪器及药品

仪器：SWKY数字控温仪1台；KWL-08可控升降温电炉1台；炉膛保护筒1个；传感器1个；试样管5个。

药品：纯铅；纯锡；石墨粉等。

四、实验步骤

1. 试样的配制

用台秤称量，分别配制含Bi分别为0、25%、57%、75%、100%(质量分数)的铋、锡混合物各50g，分别置于不锈钢试样管中，用少量石墨粉覆盖试样，以防加热过程中试样接触空气而氧化，并贴上标签。

2. 测步冷曲线

(1)安装装置。按图2-7-3所示连接SWKY数字控温仪(其使用参见第五章)和KWL-08可控升降温电炉(其使用参见第五章)。

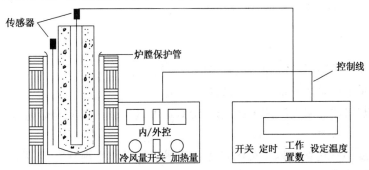

图2-7-3 金属相图实验装置示意图

(2)设定温度。预先将炉膛保护筒放进炉膛内，将盛有试样的试样管和传感器(PT100)放入保护筒内，将控温仪电源开关置于"开"，按"工作/置数"旋钮，使控温仪处于"置数"状态(指示灯亮)。"设定温度"为320℃。

(3)加热。将电炉的"加热量调节""冷风量调节"逆时针旋转到底(最小),将电炉置于"外控"状态(电炉只受控温仪控制)。打开电炉的电源开关,将控温仪调节到"工作"状态(指示灯亮)。系统开始升温,控温仪的"实时温度"窗口显示电炉的实际温度,达到设定温度并稳定后,从炉膛插孔内取出传感器,插入试样管内。

(4)冷却。将控温仪处于"置数"状态,按"定时"键,将置于蜂鸣器定时提醒的时间间隔设置为1min。调节"冷风量调节"旋钮,使体系冷却速度保持在5~8℃·min⁻¹(电压在5V以下),控制冷却速度。

说明:温度较高时,降温明显,但当炉温接近室温时,则降温效果不明显,为了使炉内降温均匀,需将"加热量调节"和"冷风量调节"两旋钮配合使用。

(5)记录。从300℃开始记录,纯Bi、纯Sn两试样冷却降温到200℃,其他各试样降温到120℃。

(6)重复。更换其他试样,重复步骤(2)~(5),依次测定所配试样的步冷曲线数据。

(7)结束。关闭电炉和控温仪电源。

五、数据记录及处理

1. 记录不同组成试样在冷却过程中的温度 – 时间对应数据。
2. 绘制步冷曲线。
3. 将步冷曲线中的转折点或平台温度及对应组成数据填入表2-7-1中。
室温_____℃;大气压_____kPa。

表 2 – 7 – 1　Bi – Sn 体系的步冷转折温度数据

w_{Bi}/%	0	25	57	75	100
第一折点温度/℃					
第二折点温度/℃					
平台温度/℃					

4. 根据表2-7-1中的数据,绘制Bi-Sn体系的相图,并在相图中标明各区域的相态。
5. 将步冷曲线转折点与标准相图的相变温度(如表2-7-2所示)进行对比,评价实验结果,并根据实验结果讨论各步冷曲线的降温速率控制是否得当。

六、注意事项

1. 试样上应覆盖适量石墨粉,以隔离空气,防止氧化。
2. 不要用手触摸炉体或被加热的试样管。
3. 电炉加热时注意温度应高出熔点近50℃,可以保证试样完全熔融及有时间调节降温速度。
4. 冷却速度不宜过快,以保证测量体系应尽量接近相平衡状态。保持5~8℃·min⁻¹,否则有可能看不到折点温度。

七、思考题

1. 为什么步冷曲线会出现折点?纯金属及金属混合物的转折点各有几个?步冷曲线的形状为何不同?不同组分最低共熔点的水平段长度为何不同?

2. 步冷曲线的斜率及水平段的长短与哪些因素有关？

3. 是否可以用加热曲线来作相图？

4. 对所作相图进行相律分析，指出最低共熔点、曲线、各区的相数和自由度？

八、文献参考值(表 2 – 7 – 2)

表 2 – 7 – 2　各物质熔点的标准数据

物质	Sn	Bi	含 Bi 57% 的 Bi – Sn 体系
熔点/℃	231. 9	271. 4	134

实验八　差热 – 热重分析

一、实验目的

1. 了解差热 – 热重分析的基本原理和方法；

2. 了解 ZRY – 1P 综合热分析仪的构造，掌握差热 – 热重分析的基本操作；

3. 用差热 – 热重综合分析仪测定 $CuSO_4 \cdot 5H_2O$ 的差热和热重曲线。

二、实验原理

差热、热重分析属于热分析技术，热分析法是在程序控制温度的条件下，测量物质的物理性质随温度的变化关系的一类技术。根据所测物理量的性质，热分析技术可以分为热重法(TG)、微分热重分析法(DTG)、差热分析法(DTA)、差示扫描量热法(DSC)、机械热分析法(TMA)、逸出气体分析法(EGA)等。因为它是一种以动态测量为主的方法，所以和静态法相比有快速、简便和连续等多种优点，所以这种技术现已广泛地应用于各个学科领域和工业生产中。热分析比较常用的方法有两种 – 热重法和差热法。

1. 热重分析

热重法(TG)是在程序控温下，测量加热过程中物质重量与温度或时间关系的一门分析技术。物质受热时，会发生分解、氧化、还原、蒸发、升华和其他质量的变化。热重法实验得到的热重分析曲线(TG 曲线)就是以试样的质量对温度 T 或时间 t 作图得到的曲线(见图 2 – 8 – 1)。通过分析 TG 曲线就可以知道试样的质量随温度变化的情况。还可以根据试样的质量变化，推测可能发生的反应。将热重分析曲线对温度或时间微分，得到微分热重曲线(DTG)。DTG 曲线提高了热重分析曲线的分辨率，可以比较准确地判断失重过程的发生和变化情况。TG 曲线以质量为纵坐标，从上向下表示质量减少；以温度(或时间)为横坐标，自左至右表示温度(或时间)增加。热重法的主要特点是定量性强，能准确地测量物质的变化及变化的速率。热重法的实验结果与实验条件有关。但在相同的实验条件下，同种试样的热重数据重现性一般较好。

2. 差热分析

差热分析法(DTA)是在程序控温下，测量试样与参比物之间的温度差随温度变化的一

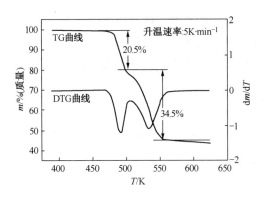

图 2 - 8 - 1 热重曲线

种技术。温度差随时间或温度的变化曲线，称为热谱图或称差热曲线。物质在加热或冷却过程中，当达到某一温度时，往往会发生熔化、升华、汽化、凝固、晶型转变、化合、分解、氧化、脱水、吸附、脱附等物理的和化学的变化，并伴随着有热量的变化，因而产生的热效应相当小，不足以引起体系温度有明显的突变，从而曲线顿、折并不显著，甚至根本显示不出来。在这种情况下，常将有物相变化的物质和一个参比(或称基准)物质(它在实验温度变化的整个过程中不发生任何物理变化和化学变化、没有任何热效应产生，如 Al_2O_3、MgO 等)在程序控温条件下进行加热或冷却，一旦被测物质发生变化，则表现为该物质与参比物之间产生温差，如图 2 - 8 - 2 所示，若试样没有发生变化它与参比物之间的温度相同，两者的温差 $\Delta T = 0$，在热谱图上显示水平段(ab)；当试样在某温度下有放热(或吸热)效应时，试样温度上升速率加快(或减慢)，由于传热速度的限制，试样就会低于(吸热时)或高于(放热时)参比物的温度，就产生温度差 ΔT 了，热谱图上就会出现放热峰(efg 段)或吸热峰(bcd段)，直至过程完毕、温度逐渐消失，曲线又复现水平段(gh 或 de 段)。图 2 - 8 - 2 中，示温曲线 b_1、c_1、d_1、f_1、g_1 表示试样实际温度随时间变化的情况，表示反应过程中均为等速升温。

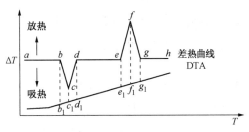

图 2 - 8 - 2 理想差热图

从差热曲线上峰的位置、方向、峰的面积和数目等可以得出，测定温度范围内试样发生变化所对应的温度、热效应的符号和大小以及变化的次数，从而确定物质的相变温度、热效应的大小，以鉴别物质和进行定性定量分析，并可得到某些反应的动力学参数，如活化能和反应级数等。通常用峰开始时所对应的温度(如图 2 - 8 - 2 中的示温曲线上的 b_1、c_1)作为相变温度。对很尖的峰可取峰的极大值所对应的温度(如图 2 - 8 - 3 所示)。但在实际测定时，由于试样与参比物的比热容、导热系数、粒度、装填情况等不可能完全相同，反应过程中试样可能收缩或膨胀，而两只热电偶的热电势也不一定完全相同，因而差热曲线的基线不一定与时间轴平行，峰前后的基线也不一定在同一直线上，会发生不同程度的漂移。这时可按图 2 - 8 - 4 所示，通过做切线的方法确定峰的起点、终点和峰面积。

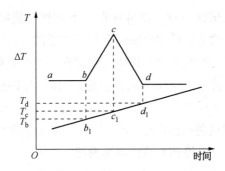

图 2 - 8 - 3　差热峰温度的确定

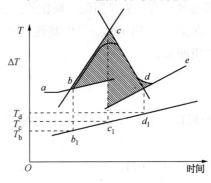

图 2 - 8 - 4　实际的差热曲线的校正

3. 热重分析 - 差热分析联用

单凭 TG 曲线、DTA 曲线有时不能解释反应的内在规律。如果 TG - DTA 连用，就可以同时测定试样在反应过程中发生的质量变化和热效应，从而更容易揭示反应的本质。

ZRY - 1P 综合热分析仪由热天平、加热炉、冷却风扇、微机控温、天平放大、微分、差热、接口、气氛控制等单元和计算机等组成，其构造如图 2 - 8 - 5 所示。

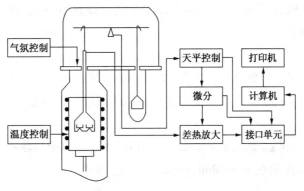

图 2 - 8 - 5　ZRY - 1P 综合热分析仪原理示意图

仪器的天平测量系统采用电子称量，在天平的横梁上端装有遮光板，挡在发光二极管和光敏三极管之间，横梁中间加磁钢和线圈。当天平一侧加入试样时，横梁连同线圈和遮光板发生转动，光敏三极管受发光二极管照射的强度增大，质量检测电路输出电流线圈的电流在磁钢的作用下产生力矩，使横梁回转，当试样质量产生的力矩与线圈产生的力矩相等时，天平平衡，则试样质量正比于电流，此电信号经放大、模/数转换等处理后输入计算机。在实验过程中，计算机不断采集试样质量，就可获得一条试样质量随温度变化的热重曲线 TG。质量信号输入微分电路后，微分电路输出端便会得到热重的一次微分曲线 DTG。

差热信号测量通过试样之架的点状平板热电偶实现，四孔氧化铝杆做吊杆，细软导线做差热输出信号引线。测试时将参比物（α-氧化铝粉）与试样分别放在两个坩埚内，加热炉以一定的速率升温，若试样无热反应，则与参比物的温度不变；若试样在某一温度范围发生吸热（或放热）反应，则试样温度将减速（或加速）上升，与参比物间的温差发生变化，把温差热电势放大后经实时采集，可以得到差热的峰形曲线。

$CuSO_4 \cdot 5H_2O$ 含有结晶水，所以 $CuSO_4 \cdot 5H_2O$ 在作 TDA 或 TG 分析时，在升温的过程中必然要失去结晶水，产生吸热效应和总质量损失。则在差热曲线上就显示出吸热峰，在热重曲线上显示出质量变化。本实验采用 ZRY-1P 差热-热重综合分析仪来分析测量 $CuSO_4 \cdot 5H_2O$ 的差热曲线和热重曲线。

三、仪器及药品

仪器：ZRY-1P 综合热分析仪 1 套；计算机控制与数据采集系统 1 套；氮气钢瓶及减压阀 1 套。

药品：$CuSO_4 . 5H_2O(AR)$；$Al_2O_3(AR)$。

四、实验步骤

1. 开启仪器

打开 ZRY-1P 综合热分析仪（其使用参见第五章）总电源，依次打开仪器的各个控制单元电源，调温控单元处于暂停状态（注意不要打开电炉电源）；调节仪器各单元面板上的参数。差热单元：量程开关放在 ±100；斜率开关在 5 挡。天平单元：量程开关放在 2mg；倍率开关放在 100 挡；微分单元：量程开关放在 5 挡。预热 30min，然后打开计算机，进入 ZRY-1P 应用软件窗口。

2. 前处理

松开加热炉，将炉中盛放试样的坩埚取出，倒出试样并擦净后放回原位。检查参比坩埚的氧化铝是否干净，若被污染，则换上装有氧化铝的新坩埚，否则不换，还原加热炉。

3. 通气

气氛控制单元：先调整氮气钢瓶输出压力为 0.2MPa，再把气氛控制单元的通气开关拨到 N_2 处，调整流量计流量在 $20 \sim 40mL \cdot min^{-1}$ 之间。

4. 调零

运行计算机的热天平控制程序，设置【采样】参数，同时观察设置参数与相应仪器控制面板是否一致，若不一致，改为一致。调节电减码使重量显示为零。单击【调零结束】，完成天平调零。

5. 称量

松开加热炉，在试样坩埚中加入适量试样，试样质量为 7~9mg 为宜，还原加热炉。待质量显示稳定后，输入显示的试样质量。

6. 设定控温程序

温控程序参数：起始温度为 0℃，终止温度为 500℃；升温速率为 10℃/min。升温速度的选择是非常重要的实验条件，若选择不当，直接影响图谱特征。升温速度过快，会使某些热效应小得峰不明显甚至丢掉；升温速度过慢，会使峰形变宽，在仪器噪声大的情况下，以至使某些小峰不易辨认。不同的物质，需要选择不同的升温速度，不可一概而论。

7. 运行程序

按下加热控制单元的绿色电炉【启动】按钮，绿灯亮；单击程序窗口的【Run】按钮（注意不可先按【Run】后启动电炉，否则会烧坏电炉！），实验开始。

8. 关机

采样结束后，单击"存盘返回"，再点击【Stop】，当仪器的输出电压显示在 10V 以下时按加热控制电源的红色电炉【停止】按钮（该操作顺序不能颠倒）。等待仪器温度控制单元红色 PV 显示温度低于 100℃时，才可关闭载气和风扇。按照步骤（2）取出试样坩埚，换上吸纳的空坩埚，还原加热炉。在计算机上退出所有控制程序，再关闭各单元电源及总电源。

五、数据记录及处理

1. 调入所存文件，分别作热重数据处理和差热数据处理。

2. 由图求算出各反应阶段的开始温度、峰顶温度、结束温度、峰面积、熔变；各阶段的失重百分率、失重斜率最大点温度、失重开始温度及失重结束温度。

3. 由峰的方向判断该变化过程是吸热还是放热。

4. 依据失重百分比，推断反应方程式。

六、注意事项

1. 试样取量要适当，本实验只需 10mg 左右，如取量太大，会使 TG 曲线偏离；试样的粒度要适中（一般在 200 目左右），并应和参比物的粒度保持一致，同时要求二者在试样管中的装填高度一致，以使二者的传热速度及热场保持一致。参比物要求纯度高，并且使用前要在适当的温度下处理。置于干燥器内保存，严防吸水及其他污染。若试样的热效应大，可使用参比物进行稀释。

2. 测温热电偶应置于试样、参比物的中心位置，一方由此引起的基线漂移，影响峰的对称性，严防热电偶和试样管壁接触及外露。

3. 当 TG 曲线和 TDA 曲线距离过近时，可用微分单元的调零调开，重新采样出图。图线的意义：红线 – T，紫线 – TDA，蓝线 – DTG，绿线 – TG。

4. 编程完毕后，先启动电炉再运行。

5. 合炉时应注意上口玻璃及中间炉子不要碰撞。

七、思考题

1. 影响差热分析实验结果的因素有哪些？如何防止？

2. 为什么差热分析中的温度必须从参比物中得到？

3. 为什么要控制升温速度？升温过快有何后果？过慢有何后果？

4. 在热重分析过程中，试样的质量为什么会发生变化？试样的质量有可能增加吗？

实验九　气相色谱法测定无限稀溶液的活度系数

一、实验目的

1. 了解气相色谱法测定无限稀溶液的活度系数的基本原理；
2. 用气相色谱法测定苯、环己烷和环己烯在邻苯二甲酸二壬酯中无限稀活度系数和摩尔溶解焓。

二、实验原理

测定非电解质溶液活度的经典方法，既费时间而且准确度也不高。气－液色谱的发展为测定活度系数提供了简单快速的新方法。

所有色谱技术均涉及两个相：固定相和流动相。实验所用色谱柱的固定相为邻苯二甲酸二壬酯(液相)，试样苯或环己烷进样后在气化室中气化，并与载气混合为气相。液体则涂渍在固体载体上，并一起填充到色谱柱中。

当载气将某一气体组分带过色谱柱时，视该组分与固定相相互作用的强弱，经过一定时间而流出色谱柱，其色谱流出曲线见图 2－9－1。保留时间为：

$$t_1' = t_s - t_0 \tag{2-9-1}$$

式中　　t_0——进样时间；

　　　　t_s——试样出峰时间。

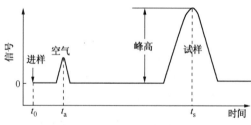

图 2－9－1　色谱流出曲线图

而校正保留时间为

$$t_i = t_s - t_a \tag{2-9-2}$$

式中　　t_a——随试样带入空气的出峰时间。

气相组分 i 的校正保留体积 V_i 为

$$V_i = t_i \bar{F} \tag{2-9-3}$$

式中　　$\bar{F}$——校正到柱温、柱压下的载气平均流速。

校正保留体积 V_i 与液相(1)体积的关系为

$$V_i = K V_L \tag{2-9-4}$$

$$K = \frac{c_i^L}{c_i^g} \tag{2-9-5}$$

式中　　K——分配系数；

V_L——液相体积；

c_i^L——试样 i 在液相中的浓度；

c_i^g——试样 i 在气相中的浓度。

由式(2-9-4)、式(2-9-5)可得

$$\frac{c_i^L}{c_i^g} = \frac{V_i}{V_L} \qquad (2-9-6)$$

假设气相符合理想气体行为，则

$$c_i^g = \frac{p_i}{RT_0} \qquad (2-9-7)$$

当色谱柱中进样量很少时，相对大量固定液而言，基本上符合无限稀释的条件，因而

$$c_i^L = \frac{\rho_L x_i}{M_m^L} \qquad (2-9-8)$$

式(2-9-7)、式(2-9-8)中，p_i——试样 i 的分压；ρ_L——纯液体的密度；M_m^L——纯液体的摩尔质量；x_i——试样 i 的摩尔分数；T_0——柱温。

当气、液两相平衡时，有

$$p_i = p_i^* \gamma_i^0 x_i \qquad (2-9-9)$$

式中 p_i^*——纯试样 i 的饱和蒸气压；

γ_i^0—— i 组分无限稀时的活度系数.

将式(2-9-7)~(2-9-9)代入式(2-9-6)，得

$$V_i = \frac{V_L \rho_L R T_0}{M_m^L p_i^* \gamma_i^0} = \frac{m_L R T_0}{M_m^L p_i^* \gamma_i^0} \qquad (2-9-10)$$

式中 m_L——色谱柱中液相质量。

将式(2-9-3)代入式(2-9-10)，可得

$$\gamma_i^0 = \frac{m_L R T_0}{M_m^L p_i^* \bar{F} t_i} \qquad (2-9-11)$$

这样，只要把准确称量的溶剂作为固定液涂渍在载体上装入色谱柱中，用被测溶质作为进样，测得上式右端的各变量，即可计算溶质在溶剂中的无限稀释活度系数 γ_i^0。

还需要对柱后流速进行压力、温度和扣除水蒸气压的校正，才能算出载气平均流速 $\bar{F}$。

$$\bar{F} = \frac{3}{2} \left[\frac{(p_b/p_0)^2 - 1}{(p_b/p_0)^3 - 1} \right] \left[\frac{p_0 - p_w}{p_0} \times \frac{T_0}{T_a} \times F \right] \qquad (2-9-12)$$

式中 p_b——柱前压力；

p_0——柱后压力(通常为大气压力)；

p_w——在 T_0 时水的蒸汽压；

T_a——环境温度(通常为室温)；

F——载气柱后流量。

固定液在实验过程中应防止流失，否则必须在实验后进行校正，或采用在柱前安装预饱和柱等措施。

比保留体积 V_i^0 是273K时每克固定液的调整保留体积，它与校正保留体积的关系为

$$V_i^0 = \frac{(273K) V_i}{T_0 m_L} \qquad (2-9-13)$$

将式(2-9-10)代入式(2-9-13)，得

$$V_i^0 = \frac{(273K)R}{M_m^L p_i^* \gamma_i^0} \qquad (2-9-14)$$

式(2-9-14)左右两边取对数

$$\ln V_i^0 = \ln \frac{273R}{M_m^L} - \ln p_i^* - \ln \gamma_i^0$$

对 $1/T$ 求导

$$\frac{\mathrm{d}\ln V_i^0}{\mathrm{d}(1/T)} = -\frac{\mathrm{d}\ln p_i^*}{\mathrm{d}(1/T)} - \frac{\mathrm{d}\ln \gamma_i^0}{\mathrm{d}(1/T)} \qquad (2-9-15)$$

由克劳修斯 - 克拉佩龙方程可得

$$\frac{\mathrm{d}\ln p_i^*}{\mathrm{d}(1/T)} = -\frac{\Delta_{vap}H_m}{R} \qquad (2-9-16)$$

式中　$\Delta_{vap}H_m$ ——纯组分 i 的摩尔蒸发焓。

由活度系数与温度的关系式可得

$$\frac{\mathrm{d}\ln \gamma_i^0}{\mathrm{d}(1/T)} = -\frac{H_i - \overline{H_i}}{R} \qquad (2-9-17)$$

式中　H_i ——纯组分的摩尔焓；

　　　$\overline{H_i}$ ——组分在溶液中的偏摩尔焓；

$H_i - \overline{H_i} = \Delta_{mix}H_m$ 即偏摩尔混合焓。

式(2-9-15)可写成

$$\frac{\mathrm{d}\ln(V_i^0/m^3 \cdot kg^{-1})}{\mathrm{d}(1/T)} = \frac{\Delta_{vap}H_m}{R} - \frac{\Delta_{mix}H_m}{R} \qquad (2-9-18)$$

如为理想溶液，则 $\gamma_i^0 = 1$，以 $\ln V_i^0$ 对 $1/T$ 作图，从直线斜率可求得纯溶质的摩尔蒸发焓。若为非理想溶液，从直线斜率可求得($\Delta_{vap}H_m - \Delta_{mix}H_m$)。溶质的溶解是其汽化的逆过程，根据

$$\Delta_{vap}H_m - \Delta_{mix}H_m = -\Delta_{xol}H_m \qquad (2-9-19)$$

式中　$\Delta_{xol}H_m$ ——溶质的偏摩尔溶解焓。

三、仪器及药品

仪器：气相色谱仪 1 台；10 μL 微量进样器 3 支；精密压力表 1 块；电动搅拌器 1 台；带软塞的锥形瓶(100mL)3 个；氢气钢瓶 1 只；秒表 1 个。

药品：纯苯(AR)；环己烷(AR)；环己烯(AR)；邻苯二甲酸二壬酯试剂；101 白色载体；乙醚。

四、实验步骤

1. 色谱柱的制备。用 40～60 目 101 白色载体制备邻苯二甲酸二壬酯色谱柱，柱内径 4mm，长 1m。

准确称取一定量的邻苯二甲酸二壬酯固定液于蒸发皿中，加适量乙醚溶剂以稀释固定液，按固定液与载体质量比为 25:100 来称取载体，倒入蒸发皿中浸泡，用吹风机吹热风使乙醚蒸发干。

柱制备好后，在50℃的条件下通载体气老化4h。

2. 采用热导池检测器，载气为氢气，将色谱仪调整到下述操作条件：柱温40℃；气化温度160℃；检测室内温度80℃；载气流速80mL/min；桥电流150mA；衰减1。为准确测定柱前压力，在色谱柱前接一U形汞压计。

3. 开动色谱仪，待基线稳定后(约1~2h)进行取样分析，为保证所取气样是与液相成平衡的蒸气，取样前试样在电磁搅拌器上搅拌约5min，以使各试样总压皆相等。用10 μL进样器准确取苯0.2 μL，取好液样后再吸入空气0.5 μL，然后进样。用停表测定空气峰最大值至苯峰最大值之间的时间，即为 t_i。

4. 用环己烷和环己烯进样，重复上述操作，对每一试样至少重复三次。

5. 如时间允许，可改变柱温进行实验(温度可选为40℃、45℃、50℃、55℃)。

6. 实验完毕后，先关闭电源，待检测室和层析室接近室温时再关闭气源。

五、数据处理

1. 将测得的数据和计算结果列成表格。

2. 利用测定结果，计算苯、环己烷和环己烯在邻苯二甲酸二壬酯中的无限稀活度系数。

3. 以 $\ln V_i^0$ 对 $1/T$ 作图，求苯、环己烷和环己烯蒸气在邻苯二甲酸二壬酯中的偏摩尔溶解焓。

六、注意事项

1. 气相色谱法用于溶液热力学研究，不仅较常规方法简便、快捷，而且在常规方法测量困难的稀溶液或无限稀浓度区域更加显现出优越性。

2. 对两组分体系来说，色谱法适于将难挥发的组分作为固定相，在实验温度下有足够蒸汽压的组分作为进样。如果作为固定相的组分有一定的挥发性，则宜在进样器之前装一涂有相同固定液的短柱作为预饱和器，并在色谱柱中填较大颗粒的载体，以减少压力降，防止在色谱柱后段因减压膨胀而汽化，引起固定液流失。这样就可扩大色谱法测活度系数的适用范围。

3. 在进行色谱实验时，必须严格按照操作规程。实验开始，首先要通气，然后再打开色谱仪的电源，实验结束时，一定要先关闭电源，待层析室、检验室的温度接近室温时，再关闭载气，以防烧坏热导池器件。

七、思考题

1. 如果固定液也是挥发性较高的物质，本法是否还适用？

2. 实验结果说明苯、环己烷和环己烯在邻苯二甲酸二壬酯的溶液中对拉乌尔定律是正偏差还是负偏差？它们中哪一个活度系数较小？为什么会小？

3. 是否可以进混合样，以便一次测得它们各自的保留时间？

4. 本实验是否满足无限稀条件？

电化学

实验十 离子迁移数的测定——希托夫法

一、实验目的

1. 加深对离子迁移数概念的理解，掌握希托夫法测定离子迁移数的原理及方法；
2. 了解库仑计的使用；
3. 测定 $AgNO_3$ 水溶液中 Ag^+ 的迁移数。

二、实验原理

通电于电解质溶液，在溶液中则发生离子迁移现象，正离子向阴极移动，负离子向阳极移动。正、负离子共同承担导电任务。由于正负离子的迁移速率不同，因此各自所带的电量也必然不同，每种离子所带的电量与通过溶液的总电量之比称为该离子在此溶液中的迁移数。离子迁移数常用 t 表示，量纲为1。离子迁移数与浓度、温度、溶剂的性质有关。

离子迁移数的测定方法有希托夫法、界面移动法和电动势法。本实验采用希托夫法。

希托夫法是根据电解前后阴极区及阳极区的电解质数量的变化来计算离子的迁移数。设想在两个惰性电极之间有想象的平面，将所讨论的电解质溶液分为阳极区、中间区及阴极区三个部分。假定未通电前，各部分均含有 $6mol1-1$ 型电解质，即 6mol 阳离子和 6mol 阴离子，如图 2-10-1 中(a)所示，图中每个 + 、 - 号分别用代表 1mol 正、负离子。

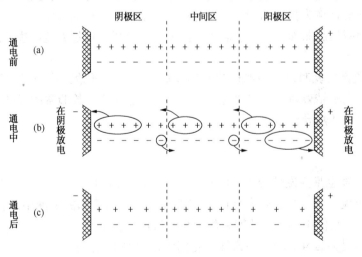

图 2-10-1 离子的迁移现象

当通入 4mol 电子(4F)的电量时，椐法拉第定律，阳极上有 4mol 负离子被氧化析出，阴极上有 4mol 正离子被还原析出。如图 2-10-1 中(b)所示，溶液中的正负离子同时发生电迁移，共同承担 4mol 电子电量的运输任务，由于正负离子的运动速度不同，溶液中正负离子迁移的电量也不相同。设正离子迁移速率是负离子的三倍，$v_+ = 3v_-$，则在溶液中的任一截面上，将有 3mol 的正离子通过截面向阴极移动，有 1mol 的负离子通过截面向阳极移动。

通电结束，如图 2 - 10 - 1 中(b)所示，阳极区迁出 3mol 阳离子，电解质减少了 3mol，阴极区迁出了 1mol 阴离子，电解质减少了 1mol。中间区溶液的浓度不变。

当溶液中只有一种阳离子和一种阴离子时，

$$t_+ = \frac{Q_+}{Q_+ + Q_-} = \frac{\text{阳离子迁出阳极区物质的量}}{\text{发生电极反应的物质的量}} \qquad (2 - 10 - 1)$$

$$t_- = \frac{Q_-}{Q_+ + Q_-} = \frac{\text{阴离子迁出阴极区物质的量}}{\text{发生电极反应的物质的量}} \qquad (2 - 10 - 2)$$

$$t_+ + t_- = 1 \qquad (2 - 10 - 3)$$

由以上分析可知，电极反应和离子迁移，都会改变两个极板附近电解质的浓度。利用这一特点，测定通电前后电极附近电解质浓度的变化，可计算离子的迁移数。

希托夫法的实验装置如图 2 - 10 - 2 所示，设两电极均为银电极，电解质溶液为硝酸银，$n_{前}$ 为电解前阳极区存在 Ag^+ 的物质的量，$n_{后}$ 为电解后阳极区存在 Ag^+ 的物质的量，$n_{电}$ 为电解过程中阳极溶解而生成的 Ag^+ 的物质的量，$n_{迁}$ 为电解过程中迁出阳极区的 Ag^+ 的物质的量。则有

$$n_{后} = n_{前} + n_{电} - n_{迁} \qquad (2 - 10 - 4)$$

而 $n_{后}$、$n_{前}$、$n_{电}$ 均可由实验测出，故 $n_{迁}$ 可由下式算出：

$$n_{迁} = n_{前} + n_{电} - n_{后} \qquad (2 - 10 - 5)$$

$$t_{Ag^+} = \frac{n_{迁}}{n_{电}} \qquad (2 - 10 - 6)$$

$$t_{NO_3^-} = 1 - t_{Ag^+} \qquad (2 - 10 - 7)$$

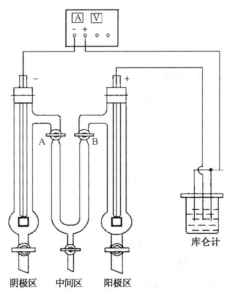

图 2 - 10 - 2　希托夫法测定离子的迁移数装置

三、仪器和试剂

仪器：希托夫迁移管 1 套；铜库仑计 1 支；直流稳压电源(0 ~ 100mA)1 台；锥形瓶

（150mL）3 只；10mL 移液管（25mL，5mL）各 2 支；碱式滴定管 1 支。

试剂：0.1000mol·L^{-1}AgNO$_3$溶液；0.1000mL·L^{-1}NH$_4$SCN；乙醇；铁铵矾指示剂。

四、实验步骤

1. 按图 2-10-2 所示连接电路，用 0.1000mol·L^{-1}AgNO$_3$溶液洗涤希托夫迁移管 3 次，然后在迁移管中装入该溶液，小心清除迁移管中的气泡（因为气泡在电解过程中将扰动溶液），并把两支银电极插入。

2. 将铜库仑计的阴极取下，用蒸馏水洗净再用乙醇淋洗并吹干，在电子天平上称重得 m_1，再装入库仑计中。往库仑计中加入特别配制的硫酸铜溶液（100mL 溶液中含有 10gCuSO$_4$，5mL1：1HNO$_3$，2~3mLH$_2$SO$_4$，0.5g 尿素）。调节电流在 10mA 左右。

3. 通电 1~2h 后，关闭电源，并立即关闭活塞 A，B，使三室隔开，以免扩散。取出库仑计中的铜阴极，用蒸馏水冲洗后，用无水乙醇淋洗并吹干，然后称重得 m_2。

4. 迅速取阴、阳极区的 AgNO$_3$溶液各 25mL 分别放入已称重的两个锥形瓶中，称重。

5. 取中间区的 AgNO$_3$溶液 25mL 和原始 AgNO$_3$溶液 25mL，分别称重并分析其浓度。若中间区溶液浓度与原始溶液浓度相差太大，则要重做实验。

6. 向上述已称重的阴、阳两极区溶液中，分别加入 5mL 的 6mol·L^{-1}HNO$_3$溶液和 1mL 的硫酸铁铵饱和溶液，用 0.1000mL·L^{-1}NH$_4$SCN 溶液滴定，至溶液呈淡红色，用力振荡使颜色不退为止。

五、数据记录和处理

1. 将所测实验数据填入表 2-10-1 和表 2-10-2 中。

室温：_____℃；实验温度：_____℃；大气压：_____kPa。

表 2-10-1 库仑计阴极实验数据

	迁移前	迁移后
库仑计阴极质量/g		

表 2-10-2 阴极及阳极溶液实验数据

	阴极区	阳极区
锥形瓶质量/g		
（锥形瓶质量＋溶液质量）/g		
溶液质量/g		
消耗 NH$_4$SCN 的体积/mL		

2. 根据法拉第定律和库仑计中铜阴极的增重，计算总电量 Q。

$$Q = 2F(m_2 - m_1)/M_{Cu} \qquad (2-10-8)$$

式中，F 为法拉第常数（96485C·mol^{-1}）；M_{Cu} 为铜的摩尔质量。

3. 根据阳极区溶液的质量及分析结果，计算出阳极区溶液中的 AgNO$_3$ 的物质的量及溶剂质量。

4. 根据原始溶液的质量及分析结果，计算出与阳极区同等质量溶剂相当的 AgNO$_3$ 的物质的量。

5. 计算 Ag$^+$ 和 NO$_3^-$ 的迁移数。

六、注意事项

1. 迁移管中不能有气泡。
2. 中间区溶液的浓度若发生明显变化实验应重做。
3. 通电时，迁移管应避免振动。

七、思考题

1. 为什么要对阴极区的溶液称重？
2. 在通电情况相同时，希托夫管的容积是大好还是小好？
3. 影响本实验的因素有哪些？
4. 通电前后中间区浓度如发生改变，为什么要重复做此实验？

八、文献参考值

298.15K 时 $AgNO_3$ 水溶液中阳离子的迁移数如表 2 – 10 – 3 所示。

表 2 – 10 – 3　298.15K 不同溶度的 $AgNO_3$ 水溶液中银离子的迁移数

c/mol · L^{-1}	0.01	0.05	0.10
t_{Ag^+}	0.465	0.466	0.468

实验十一　电导测定及应用

一、实验目的

1. 学会电导率仪的使用方法；
2. 测定弱电解质的电导率，计算其解离度 a 和电离平衡常数 $K_c^\ominus$；
3. 测定强电解质的电导率，计算其无限稀释摩尔电导率 Λ_m^∞。

二、实验原理

电导是电阻的倒数，是表示物质导电能力的物理量，通常用 G 表示。单位为西门子，用 S 表示。

$$G = \frac{1}{R} \qquad (2-11-1)$$

电导率是电阻率的倒数，表示单位长度、单位面积的导体所具有的电导。对电解质而言，其电导率表示相距单位长度、单位面积的两平行板电极间充满电解质溶液时的电导。以 κ 表示，单位为 S · m^{-1}。

摩尔电导率表示相距为单位长度的两极板间含有 1mol 电解质时溶液的电导。以 Λ_m 表示，单位为 S · m^2 · mol^{-1}。

$$\Lambda_m = \frac{\kappa}{c} \qquad (2-11-2)$$

式中，c 为溶液中溶质的物质量浓度，mol · m^{-3}。

$\varLambda_{\mathrm{m}}$ 随浓度而变，但其变化规律对强弱电解质是不同的。

（1）对强电解质的稀溶液，有

$$\varLambda_{\mathrm{m}} = \varLambda_{\mathrm{m}}^{\infty} - \mathrm{A}\sqrt{c} \tag{2-11-3}$$

式中，A 为经验常数；$\varLambda_{\mathrm{m}}^{\infty}$ 为电解质溶液在 $c \approx 0$ 时的摩尔电导率，称为无限稀释溶液的摩尔电导率，可见，以 $\varLambda_{\mathrm{m}}$ 对 $\sqrt{c}$ 作图应得一直线，其外推至 $c = 0$ 处即为 $\varLambda_{\mathrm{m}}^{\infty}$。

（2）弱电解质的 $\varLambda_{\mathrm{m}}$ 与 $\sqrt{c}$ 不呈直线关系，其 $\varLambda_{\mathrm{m}}^{\infty}$ 不能用外推法得到。但可用 Kohlrausch 离子独立移动定律求得，对电解质 $\mathrm{M}_{\nu_{+}}\mathrm{A}_{\nu_{-}}$，有

$$\varLambda_{\mathrm{m}}^{\infty} = \nu^{+}\varLambda_{\mathrm{m},+}^{\infty} + \nu^{-}\varLambda_{\mathrm{m},-}^{\infty} \tag{2-11-4}$$

式中，$\varLambda_{\mathrm{m},+}^{\infty}, \varLambda_{\mathrm{m},-}^{\infty}$ 分别为阴，阳离子的无限稀释的摩尔电导率；ν_{+}, ν_{-} 分别表示 1mol 电解质电离时产生正、负离子的摩尔数。因此，弱电解质的 $\varLambda_{\mathrm{m}}^{\infty}$ 可从强电解质的 $\varLambda_{\mathrm{m}}^{\infty}$ 求得。例如，弱电解质 HAC 的 $\varLambda_{\mathrm{m}}^{\infty}$ 可按下式求得：

$$\varLambda_{\mathrm{m}}^{\infty}(\mathrm{HAC}) = \varLambda_{\mathrm{m}}^{\infty}(\mathrm{HCl}) + \varLambda_{\mathrm{m}}^{\infty}(\mathrm{NaAC}) - \varLambda_{\mathrm{m}}^{\infty}(\mathrm{NaCl}) = \varLambda_{\mathrm{m}}^{\infty}(\mathrm{H}^{+}) + \varLambda_{\mathrm{m}}^{\infty}(\mathrm{AC}^{-})$$

25℃时离子的无限稀释摩尔电导率查附录 27 可求得。

对 1－1 型弱电解质（如 HAC）在溶液中电离达平衡时，其标准电离常数 $K_c^{\ominus}$ 与浓度 c 和电离度 α 之间有如下关系

$$K_c^{\ominus} = \frac{\alpha^2}{1-\alpha} \times \frac{c}{c^{\ominus}} \tag{2-11-5}$$

对弱电解质来说，$\varLambda_{\mathrm{m}}$，$\varLambda_{\mathrm{m}}^{\infty}$ 可近似看成是由部分电离与全部电离产生的离子的摩尔电导率，所以弱电解质的电离度 α 可表示为

$$\alpha = \frac{\varLambda_{\mathrm{m}}}{\varLambda_{\mathrm{m}}^{\infty}} \tag{2-11-6}$$

将式（2－11－6）代入式（2－11－5）中，得

$$K_c^{\ominus} = \frac{\varLambda_{\mathrm{m}}^2}{\varLambda_{\mathrm{m}}^{\infty}(\varLambda_{\mathrm{m}}^{\infty} - \varLambda_{\mathrm{m}})} \times \frac{c}{c^{\ominus}} \tag{2-11-7}$$

即

$$\frac{c\varLambda_{\mathrm{m}}}{c^{\ominus}} = \frac{K_c^{\ominus}(\varLambda_{\mathrm{m}}^{\infty})^2}{\varLambda_{\mathrm{m}}} - K_c^{\ominus}\varLambda_{\mathrm{m}}^{\infty} \tag{2-11-8}$$

测定一系列不同浓度溶液的电导率，以 $\dfrac{c\varLambda_{\mathrm{m}}}{c^{\ominus}}$ 对 $\dfrac{1}{\varLambda_{\mathrm{m}}}$ 作图，其直线的斜率为 $K_c^{\ominus}(\varLambda_{\mathrm{m}}^{\infty})^2$，若已知 $\varLambda_{\mathrm{m}}^{\infty}$ 值，就可求算 $K_c^{\ominus}$。

三、仪器及试剂

仪器：DDS－11A 电导率仪 1 台（或 DDS－11 电导仪）；超级恒温槽 1 套；铂黑电极 1 只；电导池 1 个；容量瓶(50mL) 8 个；移液管 25mL 1 个；移液管 50mL 1 个。

试剂：$0.0100\mathrm{mol} \cdot \mathrm{L}^{-1}$ KCl 溶液；$0.100\mathrm{mol} \cdot \mathrm{L}^{-1}$ HAC 溶液；二次蒸馏水。

四、实验步骤

1. 配制 KCl 溶液

于 50mL 容量瓶中配制浓度为原始标准 KCl 溶液（$0.0100\mathrm{mol} \cdot \mathrm{L}^{-1}$）浓度的 1/2、1/4、

1/8、1/16 的溶液 4 份。

2. 配制 HAC 溶液

于 50mL 容量瓶中配制浓度为原始标准 HAC 溶液（0.100mol·L⁻¹）浓度的 1/2、1/4、1/8、1/16 的溶液 4 份。

3. 调节超级恒温槽的温度

调节超级恒温槽（其使用参见第五章）的温度至（25.0±0.1）℃或（30.0±0.1）℃，按图 2 - 11 - 1 所示使恒温水流经电导池夹层。

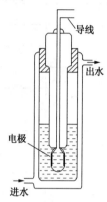

图 2 - 11 - 1　电导池

4. DDS - 11A 电导率仪（或 DDS - 11 电导仪）

其使用参见第五章的相关内容。

5. 测定 KCl 系列溶液的电导率

用蒸馏水淌洗电导池和铂电极三次（注意不要直接冲洗电极，以保护铂黑），再用待测的 KCl 溶液洗涤三次后，将待测 KCl 溶液倒入电导池中恒温 15min，用 DDS - 11A 电导率仪测 KCl 溶液的电导率，要求每种浓度重复测三次。

按照浓度从稀到浓的顺序，测定各种不同浓度 KCl 溶液的电导率。

6. 测定蒸馏水的电导率

倾去电导池中的 KCl 溶液，用蒸馏水洗净电导池和铂电极，然后注入蒸馏水，恒温后测其电导率值，重复测三次。

7. 测定 HAC 系列溶液的电导率

倾去电导池中的蒸馏水，将电导池和铂电极用少量待测 HAC 溶液洗涤 2~3 次，最后注入待测 HAC 溶液。恒温后，测其电导率值，每种浓度重复测三次。

按照浓度从稀到浓的顺序，测定各种不同浓度 HAC 溶液的电导率。

8. 实验结束

电极要浸在蒸馏水中，关闭电导率仪和超级恒温槽。

五、数据记录及处理

1. 将所测实验数据填入表 2 - 11 - 1，表 2 - 11 - 2 中。

室温_____℃；实验温度_____℃；大气压_____kPa；$\kappa_水$_____S·m⁻¹。

表 2-11-1　不同浓度 KCl 溶液电导率

$\dfrac{c(\text{KCl}) \times 10^{-3}}{\text{mol} \cdot \text{m}^{-3}}$	次数	$\dfrac{\kappa_{\text{KCl}}}{\text{S} \cdot \text{m}^{-1}}$	$\dfrac{\overline{\kappa_{\text{KCl}}}}{\text{S} \cdot \text{m}^{-1}}$	$\dfrac{\Lambda_{\text{m}}}{\text{S} \cdot \text{m}^{2} \cdot \text{mol}^{-1}}$	$\dfrac{\sqrt{c}}{\text{mol}^{1/2} \cdot \text{m}^{-3/2}}$
0.0100	1				
	2				
	3				
0.0050	1				
	2				
	3				
0.0025	1				
	2				
	3				
0.00125	1				
	2				
	3				
0.000625	1				
	2				
	3				

表 2-11-2　不同浓度 HAC 溶液电导率

$\dfrac{c(\text{HAC}) \times 10^{-3}}{\text{mol} \cdot \text{m}^{-3}}$	次数	$\dfrac{\kappa_{\text{HAC}}}{\text{S} \cdot \text{m}^{-1}}$	$\dfrac{\overline{\kappa_{\text{HAC}}}}{\text{S} \cdot \text{m}^{-1}}$	$\dfrac{\Lambda_{\text{m}}}{\text{S} \cdot \text{m}^{2} \cdot \text{mol}^{-1}}$	$\dfrac{\Lambda_{\text{m}}^{-1}}{\text{S}^{-1} \cdot \text{m}^{-2} \cdot \text{mol}}$	$\dfrac{c\Lambda_{\text{m}}}{\text{S} \cdot \text{m}^{-1}}$
0.100	1					
	2					
	3					
0.050	1					
	2					
	3					
0.025	1					
	2					
	3					
0.0125	1					
	2					
	3					
0.00625	1					
	2					
	3					

2. 在实验温度下，以 Λ_{m} 为纵坐标，$\sqrt{c}$ 为横坐标，作 $\Lambda_{\text{m}} \sim \sqrt{c}$ 图，将 $\Lambda_{\text{m}} \sim \sqrt{c}$ 外推至 $\sqrt{c}$ 为

0，求出 KCl 的 Λ_m^∞，将 KCl 的实验 Λ_m^∞ 与理论值进行了比较，并计算相对误差。

3. 写出 KCl 溶液的摩尔电导率与浓度的关系式，如下：

$$\Lambda_m = \Lambda_m^\infty - A\sqrt{c}$$

4. 在实验温度下，以 $\dfrac{c\Lambda_m}{c^\ominus}$ 对 $\dfrac{1}{\Lambda_m}$ 作图，其直线的斜率为 $K_c^\ominus(\Lambda_m^\infty)^2$，求出 HAC 的 Λ_m^∞、α 及 $K_c^\ominus$。将 HAC 的实验 $K_c^\ominus$ 与理论 $K_c^\ominus$ 进行比较，并计算相对误差。

六、注意事项

1. 弱电解质的电导率应等于电解质溶液的电导率减纯水的电导率，即

$$\kappa_{真} = \kappa_{测} - \kappa_{水}$$

2. 电导率仪不用时，应把铂黑电极浸在蒸馏水中，以免干燥致使电极表面老化和使所吸附的电解质脱附。

3. 温度对电导率影响较大，所以测量必须在同一温度下进行。

4. 测定纯水的电导率时，应迅速测量，以减少溶入二氧化碳和氨等杂质带来的误差。

5. 测定前，必须将电极和电导池洗净，并用滤纸将电极上的水吸干，但不能用滤纸擦拭电导电极的铂黑。

6. 初次对电导率仪进行调试时，应当先把范围选择器调至最大量程位置，以选择一个合适的档位进行测量，这样既能测量准确又能保护仪器不被损坏。且每测量一个溶液，电导率仪都要进行一次仪器校正。

七、思考题

1. 为什么要测定纯水的电导率？

2. 为什么测定溶液的电导率时要用交流电？

3. 强、弱电解质溶液的摩尔电导率与浓度的关系有何不同？

4. 为什么强电解质溶液的摩尔电导率随溶液浓度的减少而增大？

八、文献参考值

25℃时，$\Lambda_{H^+,m}^\infty = 0.03498 \text{S} \cdot \text{m}^2 \cdot \text{mol}^{-1}$

$\Lambda_{AC^-,m}^\infty = 0.00409 \text{S} \cdot \text{m}^2 \cdot \text{mol}^{-1}$

$\Lambda_{K^+,m}^\infty = 0.007352 \text{S} \cdot \text{m}^2 \cdot \text{mol}^{-1}$

$\Lambda_{Cl^-,m}^\infty = 0.007634 \text{S} \cdot \text{m}^2 \cdot \text{mol}^{-1}$

HAC 溶液 $K_c^\ominus = 1.76 \times 10^{-5}$

30℃时，$\Lambda_{H^+,m}^\infty = 0.03743 \text{S} \cdot \text{m}^2 \cdot \text{mol}^{-1}$

$\Lambda_{AC^-,m}^\infty = 0.0044172 \text{S} \cdot \text{m}^2 \cdot \text{mol}^{-1}$

$\Lambda_{K^+,m}^\infty = 0.008164 \text{S} \cdot \text{m}^2 \cdot \text{mol}^{-1}$

$\Lambda_{Cl^-,m}^\infty = 0.00824 \text{S} \cdot \text{m}^2 \cdot \text{mol}^{-1}$

实验十二　原电池热力学

一、实验目的

1. 掌握对消法测定电池电动势的原理和方法；
2. 了解通过原电池电动势的测定求算化学反应的热力学函数的原理；
3. 熟悉 SDC－ⅡA 型数字电位差综合测试仪的使用方法。

二、实验原理

将化学能转变成电能的装置称为原电池，简称电池。若这种能量的转换是以热力学可逆方式进行的，则称为可逆电池。此时电池两极间的电势差可达最大值，称为该电池的电动势 E。

可逆电池应满足如下的条件：（1）电池在充放电时，电池反应必须可逆，亦电极、电池反应均可逆。（2）电池中不允许存在任何不可逆的液接界。（3）通过电池的电流应为无限小，保证电池的充、放电过程必须在平衡态下工作。

可逆电池电动势的测量在物理化学研究中具有重要意义，应用也十分广泛。如测量标准电极电势、化学反应的平衡常数、电解质溶液的离子活度系数、难溶盐的活度积、溶液的 pH 值以及化学反应的某些热力学函数的改变量（ $\Delta_r G_m$ ， $\Delta_r S_m$ ， $\Delta_r H_m$ ）等。

电池电动势不能直接用伏特计来测量，因为电池与伏特计相接后，便构成了回路，电路中有电流通过，电池中便会发生化学反应，电极被极化，溶液的浓度会改变，电池电动势不能保持稳定。且电池本身也有内阻，伏特计所测数据只是两电极间的电势差，而不是电池电动势。

利用补偿法（对消法）可以使电池在无电流通过（或电流无限小）时，测得两电极的电势差，即为电池的电动势。

当原电池存在两种电解质界面时，便产生一种称为液体接界电势的电动势，使得电池不能满足可逆电池的条件，减少液体接界电势的办法常用盐桥。

1. 对消法测量电动势的原理

电位差计是按照对消法测量原理而设计的一种平衡式电学测量装置，能直接给出待测电池的电动势（以 V 表示）。对消法是用一个方向相反，数值相等的外电势来抵消原电池的电动势，使连接两电极的导线上 $I \rightarrow 0$，这时所测出的 E 就等于被测电池的电动势 E。图2－12－1是对消法测量电池电动势原理图。

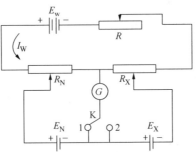

图 2 – 12 – 1　对消法测量电池电动势的原理图

E_W—工作电池；E_X—待测电池；E_N—标准电池；G—检流计；R—调节电阻；

R_x—待测电池电动势补偿电阻；K—转换电键；R_N—标准电池电动势补偿电阻

当换向开关 K 扳向"1"一方时，通过调节 R 使 G 中电流为零，此时产生的电位降 V 与标准电池的电动势 E_N 相抵消，也就是说大小相等而方向相反。校准后的工作电流 I 为某一定值 I_0。

当换向开关 K 扳向"2"一方时，在保证校准后的工作电流 I_0 不变，即固定 R 的条件下，调节电阻 R_x，使得 G 中电流为零。此时产生的电位降 V 与待测电池的电动势 E_x 相抵消。

其公式为

$$E_X = \frac{R_X}{R_N} E_N \qquad (2-12-1)$$

如果知道 $\dfrac{R_X}{R_N}$ 和 E_N，就能求出未知电池电动势 E_X。

2. 化学反应的 $\Delta_r G_m$，$\Delta_r S_m$，$\Delta_r H_m$ 的计算

原电池图式的书写习惯是左边为负极，右边为正极。负极即阳极发生氧化反应，正极即阴极发生还原反应。

电池除可作为电源外，还可用来研究构成此电池的化学反应的热力学性质。对恒温恒压下的可逆电池而言：

$$\Delta_r G_m = -zEF \qquad (2-12-2)$$

$$\Delta_r S_m = zF \left(\frac{\partial E}{\partial T} \right)_p \qquad (2-12-3)$$

$$\Delta_r H_m = \Delta_r G_m + T\Delta_r S_m \qquad (2-12-4)$$

式中，z 为电极反应式中得失电子的物质的量；F 为法拉第常数，$F = 96485\text{C} \cdot \text{mol}^{-1}$；$E$ 为电池的电动势，V；$\left(\dfrac{\partial E}{\partial T} \right)_p$ 为该电池电动势的温度系数 V $\cdot$ K^{-1}，表示恒压下电池电动势随温度的变化，通过测定恒压下电池在不同温度下的电动势 E，由 E–T 数据作 E–T 曲线，从曲线的斜率可求任意温度下的电池电动势的温度系数 $\left(\dfrac{\partial E}{\partial T} \right)_p$。

3. 溶液 pH 值的测定

可逆电池电动势等于电池两个电极电势之差。

$$E = E_+ - E_- \qquad (2-12-5)$$

式中，E_+、E_- 分别为正、负极的电极电势，由电极的能斯特方程计算而得。对任意一个给定电极，其电极反应的通式为：

$$氧化态 + ze^- \rightarrow 还原态$$

式中，z 为进行上述电极反应所需电子的物质的量。则电极电势的能斯特方程为

$$E = E^\ominus - \frac{RT}{ZF} \ln \frac{\alpha_{还原态}}{\alpha_{氧化态}} \qquad (2-12-6)$$

式中，$E^\ominus$ 为该电极的标准电极电势。

醌氢醌（$Q \cdot H_2Q$）电极是一种氢离子指示电极，主要用于溶液 pH 值的测定。$Q \cdot H_2Q$ 为醌（$C_6H_4O_2$，以 Q 表示）与氢醌[$C_6H_4(OH)_2$，以 H_2Q 表示]等摩尔混合物，醌氢醌为深褐色固体粉末，微溶于水。被溶解部分能完全分解为等量的醌和氢醌。

$$C_6H_4O_2 \cdot C_6H_4(OH)_2 \Longrightarrow C_6H_4O_2 + C_6H_4(OH)_2$$

氢醌是弱有机酸，按下式解离，其解离度很小。

$$C_6H_4(OH)_2 \Longrightarrow C_6H_4O_2^{2-} + 2H^+$$

$C_6H_4O_2^{2-}$ 和 $C_6H_4O_2$ 间可发生氧化还原反应:

$$C_6H_4O_2^{2-} \rightleftharpoons C_6H_4O_2 + 2e^-$$

醌氢醌电极的电极反应为:

$$C_6H_4O_2 + 2H^+ + 2e^- \rightarrow C_6H_4(OH)_2$$

其电极电势为

$$E_{Q \cdot H_2Q} = E_{Q \cdot H_2Q}^{\ominus} - \frac{RT}{2F}\ln\frac{\alpha_{H_2Q}}{\alpha_{H^+}^2 \alpha_Q} \tag{2-12-7}$$

由于醌氢醌是醌和氢醌的等分子复合物,在水中溶解度很小,所以在溶液中醌和氢醌的浓度相等且很低,故可认为 $\alpha_{H_2Q} = \alpha_Q$,则:

$$E_{Q \cdot H_2Q} = E_{Q \cdot H_2Q}^{\ominus} - \frac{RT}{F}\ln\frac{1}{\alpha_{H^+}} = E_{Q \cdot H_2Q}^{\ominus} - \frac{2.303RT}{F}pH \tag{2-12-8}$$

通常将待测 pH 值的溶液用醌氢醌饱和后,再插入一辅助电极(一般为 Pt 电极)就构成了 Q·H$_2$Q 电极。Q·H$_2$Q 电极与一个参比电极(一般为甘汞电极)相连构成如下电池:

$$(-)Hg(l) - Hg_2Cl_2(s) \mid \text{饱和 KCl 溶液} \parallel \text{待测 pH 溶液}(H^+), QH_2Q \mid Pt(s)(+,$$

其电池电动势为:

$$E = E_+ - E_- = E_{Q \cdot H_2Q} - E_{\text{饱和甘汞}} \tag{2-12-9}$$

将式(2-12-8)代入,则

$$E = E_{Q \cdot H_2Q}^{\ominus} - \frac{2.303RT}{F}pH - E_{\text{饱和甘汞}} \tag{2-12-10}$$

$$pH = \frac{E_{Q \cdot H_2Q}^{\ominus} - E - E_{\text{饱和甘汞}}}{\frac{2.303RT}{F}} \tag{2-12-11}$$

其中,

$$E_{Q \cdot H_2Q}^{\ominus}/V = 0.6994 - 7.4 \times 10^{-4}(t/℃ - 25) \tag{2-12-12}$$

$$E_{\text{饱和甘汞}}/V = 0.24240 - 7.6 \times 10^{-4}(t/℃ - 25) \tag{2-12-13}$$

应当注意:醌氢醌电极不能用于碱性溶液。因为醌氢醌在碱性溶液中易氧化,当 pH > 8.5 时,由于氢醌大量电离,使 $\alpha_{H_2Q} \neq \alpha_Q$,从而使测量结果产生很大偏差。

三、仪器及试剂

仪器:恒温槽(SYP 玻璃恒温水浴和 SWQ - ⅠA 智能数字恒温控制器组成)1 套;SDC - ⅡA 型数字电位差综合测试仪(或 UJ - 25 型电位差计)1 台;标准电池 1 个;饱和甘汞电极 1 支;银电极 1 支;铂电极 1 支;银 - 氯化银电极 1 支;盐桥 2 个。

试剂:醌氢醌;饱和 KCl 溶液;未知 pH 值溶液;0.1000mol·kg^{-1} 的 HCl 溶液; 0.1000mol·kg^{-1} 的 AgNO$_3$ 溶液。

四、实验步骤

1. 实验准备

(1)接通 SDC - ⅡA 型数字电位差综合测试仪(其使用参见第五章)的电源,面板图如图 2 - 12 - 2 所示,打开面板上电源开关(ON),预热 15min。

(2)接通恒温槽(其使用参见第五章)电源,调节恒温槽温度为 25℃,误差为 ±0.1℃。

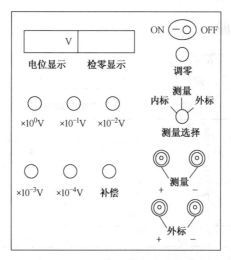

图 2-12-2 SDC-ⅡA 型数字电位差综合测试仪

（3）按下面的电池图式将电池 1 和电池 2 准备好，要放置 15min 左右，待电极和溶液界面达到平衡后方可测量电动势。

电池 1：

$-)Ag(s)\mid AgCl(s)\mid HCl(0.1000mol\cdot kg^{-1})\parallel AgNO_3(0.1000mol\cdot kg^{-1})\mid Ag(s)(+$

将 0.1000mol·kg⁻¹ 的 AgNO₃ 溶液倒入小烧杯 1 中（1/3 杯），然后插入银电极组成电池的正极，将 0.1000mol·kg⁻¹ 的 HCl 溶液倒入小烧杯 2 中（1/3 杯），然后插入银－氯化银电极组成电池的负极（注意电极下部的胶囊要取下），两电极中间插入盐桥，电池 1 准备完毕，将电池 1 放入恒温槽中进行恒温 15min。

电池 2：

$-)Hg(l)-Hg_2Cl_2(s)\mid$ 饱和 KCl 溶液 $\parallel$ 待测 pH 溶液 $(H^+),QH_2Q\mid Pt(s)(+$

将未知溶液倒入小烧杯 3 中（1/3 杯），再加入少量（约绿豆大小）的醌氢醌粉末，搅拌使之充分溶解达饱和，且保持溶液中有少量固体，然后插入铂电极组成电池的正极。将饱和 KCl 溶液倒入小烧杯 4 中（1/3 杯），然后插入甘汞电极组成电池的负极，两电极中间插入盐桥，电池 2 准备完毕，电池 2 放在室温即可。

2. 标准电池的校正（以外标为基准进行测量）

参见第五章。

3. 按理论值计算各电池的电动势

测定每组电池电动势之前，要将电位差综合测定仪上的电势读数（V）调整到电动势的计算值附近后，再进行精密测量。

4. 测量电池 1 在不同温度时的电池电动势

用 SDC-ⅡA 型数字电位差综合测试仪（或 UJ-25 型电位差计其使用参见第五章）在 25℃-35℃ 间选择 5 个温度，测量电池 1 在这 5 个温度下的电动势。每个温度的电动势测量三次，要求相邻两次的测量值之差在 0.0005V 之内，否则隔 2min 后重测。

5. 测量电池 2 的电动势

测量电池 2 在室温下的电动势，操作步骤与电池 1 相同。

6. 实验完毕

关上各仪器电源，将电极和盐桥用蒸馏水洗净擦干放好。

五、数据记录及处理

1. 将所测实验数据填入表 2 - 12 - 1 中。

室温_____℃；大气压_____kPa。

表 2 - 12 - 1　E - T 实验数据表

	t/℃	T/K	E/V			
			1	2	3	平均
电池 1						
电池 2						

2. 将电池 1 的电动势 E 对 T 作图，由所得 $E - T$ 曲线分别求得 25℃ 和 35℃ 的电动势 E 及温度系数 $(\partial E/\partial T)_p$，并分别计算该电池反应在 25℃ 和 35℃ 时的 $\Delta_r G_m$，$\Delta_r S_m$，$\Delta_r H_m$。

3. 据式（2 - 12 - 12），式（2 - 12 - 13），求出室温下的 $E_{Q_g \cdot H_2Q}^\ominus$ 和 $E_{饱和甘汞}$。再利用式（2 - 12 - 11）求出室温下该待测溶液的 pH 值。

4. 将计算结果与文献值（学生自己通过查文献求出此化学反应在 298K 时的 $\Delta_r G_m$，$\Delta_r S_m$，$\Delta_r H_m$，待测溶液的 pH 值由老师给出）进行比较，计算相对误差。

六、注意事项

1. 连接仪器时，防止将正负极接错。

2. 标准电池在使用中要避免振动及倒置。

3. 电池在恒温时不要与测试线的电钳相接，要断开，防止通电时间过长，引起电极的极化，导致测量结果有误差。

4. 测量过程中若"检零指示"显示溢出符号"OU.L"，说明"电位指示"显示的数值与被测电池电动势相差过大。调节"$10^0 \sim 10^{-4}$"五个旋钮，当差值减少到一定程度时就会正常显示数字了。

5. 盐桥内不能有气泡。

6. 电池 2 中醌氢醌加入量不能太多或太少，应使其处于饱和态，一般以溶液呈淡黄色、液面上有少量醌氢醌粉末为宜。

7. 测完每个 E 值后，一定要读取恒温槽中温度计的读数，作为实验温度。

七、思考题

1. 盐桥有什么作用？选用作盐桥的物质应有什么原则？

2. 参比电极应具备什么条件？它有什么作用？

3. 为什么用伏特表不能准确测定电池电动势？

4. 可逆电池应满足什么条件？

实验十三　阳极极化曲线的测定

一、实验目的

1. 掌握恒电位法测定金属极化曲线的基本原理和测试方法；
2. 了解极化曲线的意义和应用；
3. 掌握恒电位仪的使用方法。

二、实验原理

1. 金属的钝化

为了探索电极过程机理及影响电极过程的各种因素，必须对电极过程进行研究，其中极化曲线的测定是重要方法之一。在研究可逆电池的电动势和电池反应时，电极上几乎没有电流通过，每个电极反应都是在接近于平衡状态下进行的，因此电极反应是可逆的。但当有电流明显通过电池时，电极的平衡状态被破坏，电极电势偏离平衡值，电极反应处于不可逆状态，而且随着电极上电流密度的增加，电极反应的不可逆程度也随之增大。由于电流通过电极而导致电极电势偏离平衡值的现象称为电极的极化，描述电流密度与电极电势之间关系的曲线称作极化曲线，如图 2 – 13 – 1 所示。

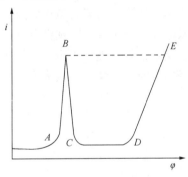

图 2 – 13 – 1　极化曲线

在以金属作阳极的电解池中通过电流时，通常将发生阳极的电化学溶解过程，如阳极极化不大，阳极过程的速度随电势变正而逐渐增大，这是金属的正常溶解。

但对某些金属，当电极电势正移到某一数值时，其溶解速率达到最大，而后其阳极溶解速率反而随着电势变大而大幅降低，这种现象称为金属的钝化。处于钝化状态的金属溶解速度很小，这在金属防腐及作为电镀的不溶性阳极时，正是人们所需要的。而在另外的情况如化学电源、电冶金和电镀中的可溶性阳极，金属的钝化就非常不利。

利用阳极钝化，使金属表面生成一层耐腐蚀的钝化膜来防止金属腐蚀的方法，称为阳极保护。

2. 极化曲线的测定

测定极化曲线实际上是测定有电流流过电极时电极电势与电流的关系，极化曲线的测定可以用恒电流和恒电位两种方法。

恒电流法是控制通过电极的电流密度（或电流），测定各电流密度时的电极电势，从而得到极化曲线。由于在同一电流密度下，碳钢电极可能对应有不同的电极电势，因此用恒电流法不能完整地描述出电流密度与电势间的全部复杂关系。

恒电位法是将研究电极的电势恒定地维持在所需的数值，然后测定相应的电流密度，从而得出极化曲线。在实际测量中，常用的恒电位方法有静态法和动态法两种。

静态法是将电极电势较长时间地维持在某一恒定值，同时测量电流密度随时间的变化直到电流基本上达到某一稳定值。如此逐点测量在各个电极电势下的稳定电流密度，以得到完整的极化曲线。

动态法是控制电极电势以较慢的速度连续地改变或扫描，测量对应电极电势下的瞬时电流密度，并以瞬时电流密度值与对应的电势作图就得到完整的极化曲线。改变电势的速度或扫描速度可根据所研究体系的性质而定。一般说来，电极表面建立稳态的速度越慢，电势改变也应越慢，这样才能使所得的极化曲线与采用静态法测得的结果接近。

从测量结果的比较看，静态法测量的结果虽然接近稳定值，但测量时间太长。有时需要在某一个电位下等待几个甚至几十个小时，所以在实际测量中常采用动态法。本实验用的是动态法，利用恒电位仪，采用手动逐点调电极电势，测量其相对稳定的电流值。

实验采用三电极(研究电极、参比电极、辅助电极)体系测定金属(碳钢)电极的阳极极化曲线(即测量研究电极电势随电流密度的变化曲线)。测量原理如图 2-13-2 所示，被研究的电极称为工作电极或研究电极，与研究电极构成电流回路的电极称为辅助电极，研究电极与辅助电极构成电解池，辅助电极的面积通常要比研究电极大，以降低该电极上的极化。参比电极是测量研究电极电势的比较标准，与研究电极组成原电池。参比电极应是一个电极电势已知且稳定的可逆电极，该电极的稳定性和重现性要好。为减少电极电势测试过程中的溶液电位降，通常两者之间以鲁金毛细管相连。鲁金毛细管应尽量但也不能无限制靠近研究电极表面，以在降低溶液电位降的同时，避免对电极表面的电力线分布造成屏蔽效应。

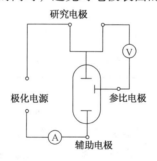

图 2-13-2　三电极法

通常将研究电极接地，研究电极和电源的正极相接，进行氧化反应，随着阳极极化，研究电极的电极电势正向移动。电极电势是以标准氢电极为基准来表示的，电位仪显示的电势是参比电极相对于研究电极的电势。

阳极极化曲线可直接由电位仪显示的电势与测量电流密度作图得到。测定阳极极化曲线的目的在于确定阳极保护的可能性及所需的主要参数。由实验所得的阳极极化曲线如图 2-13-1 所示，从 A 点开始，随着电势向正方向移动，电流密度也随之增加，电势超过 B 点后，电流密度随电势增加迅速减至最小，这是因为在金属表面产生了一层电阻高，耐腐蚀的钝化膜。B 点对应的电势称为临界钝化电势，对应的电流称为临界钝化电流。电势到达 C 点以后，随着电势的继续增加，电流却保持在一个基本不变的很小的数值上，该电流称为维钝电流，直到电势升到 D 点，电流才又随着电势的上升而增大，表示阳极又发生了氧化过程，

86

可能是高价金属离子产生，也可能是水分子放电析出氧气。AB 段称为活性溶解区；BC 段称为过渡钝化区；CD 段称为稳定钝化区；DE 段称为过钝化区。

3. 恒电位仪

恒电位仪是一种电化学测试仪器，可广泛应用于电极过程动力学、电镀、金属腐蚀、电化学分析及有机电化学合成等方面的研究。在恒电位方式工作时，它使电化学体系的两个电极(研究电极和参比电极)之间的电位保持恒定，或者准确地随着给定的指令信号变化，而不受到研究电极电流变化的影响。恒电位仪的面板如图 2-13-3 所示。

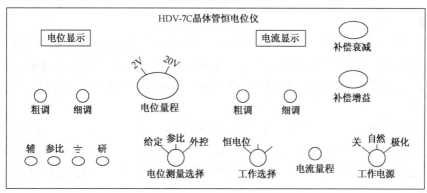

图 2-13-3　HDV-7C 晶体管恒电位仪

三、仪器及试剂

仪器：HDV-7C 晶体管恒电位仪 1 台；饱和甘汞电极(参比电极)1 个；铂电极(辅助电极)1 个；碳钢电极($1.0cm^2$)(研究电极和电解使用)2 个；H 形电解池 1 套；秒表 1 块；带鲁金毛细管的盐桥 1 个；游标卡尺 1 个；250mL 烧杯 3 个；零号砂纸。

试剂：饱和 KNO_3 溶液；25% 氨水被(NH_4)HCO_3 饱和的溶液；0.5mol/L 的 H_2SO_4 溶液。

四、实验步骤

1. 电极处理

先用零号砂纸将碳钢电极粗磨，再用金相砂纸擦至镜面光亮，以除去其表面的氧化膜，用丙酮去除表面油污，再放入蒸馏水中清洗，用滤纸擦干，放入熔融的石蜡中均匀蜡封，取出，稍干后，将碳钢电极的一面下部留下 $1cm^2$ 面积不封石蜡，用刀片切去，用棉签沾丙酮擦洗没蜡封的地方，备用。

向 50mL 小烧杯中注入 30mL 0.5mol/L 硫酸溶液，以一铁板为阳极，研究电极为阴极，控制电流密度为 $5mA \cdot cm^{-2}$，电解 10min，以除去电极氧化膜(注意两电极不能接触上)。最后用蒸馏水洗净备用，不用时可浸在无水乙醇中。

2. 测量准备

向 100mL 小烧杯中注入 37mL 蒸馏水加入 2 药勺(NH_4)HCO_3 晶体，搅拌 10min，制成饱和溶液，然后再加入 13mL 的氨水，混匀，倒入 H 型电解池中，先后插入研究电极和铂电极，分别与恒电位仪的"研究"、"辅助"端相接。加 75mL 饱和的 KCl 倒入另一小烧杯，插入饱和甘汞电极，接入"参比"端。架入盐桥，盐桥的鲁金毛细管小嘴距研究电极约 2mm。恒电位测定连接示意如图 2-13-4 所示。

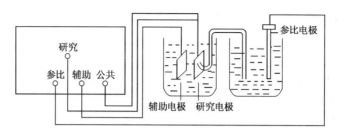

图 2 - 13 - 4　恒电位测定连接示意

3. 测量

用恒电位仪(其使用参见第五章)使研究电极从开路电势为起点开始极化来进行测量。适当地转动恒电势"粗调"和"细调",每次改动 50mV,记录一次相应的电流值,时间间隔可为 2~3min。使电势向正方向移动到 1V,记下相应的电势和电流值。直到 O_2 在阳极上大量析出为止。

注意:电压量程是 2V 时的有效数字多比 20V 时多一位,电流量程是 2mA 比 20mA 时多一位,当用低档量程时,出现数字闪烁时,说明此数已超出量程,要及时调换高一档的量程。为避免电流表超载打针,在调电位时应把电流量程调到 20mA 档,读电流时再选择适当的低档量程。

4. 实验完毕

将电源开关打向"关",关掉恒电位仪电源,再取出电极,清洗仪器。

五、数据记录及处理

1. 将实验数据填入表 2 - 13 - 1 中
实验温度＿＿＿＿＿℃;大气压＿＿＿＿＿kPa;环境温度＿＿＿＿＿℃;
电极面积＿＿＿＿＿cm^2;自腐蚀电势＿＿＿＿＿V。

表 2 - 13 - 1　碳钢阳极极化曲线测定的实验数据

E(显示)/V	
i/mA	
E(显示)/V	
i/mA	

2. 以极化电流密度为纵坐标,给定电压为横坐标,绘出碳钢在碳酸氢铵溶液中的钝化曲线。

3. 求出实验条件下碳钢电极的致钝电势、致钝电流密度和维钝电势范围及维钝电流密度。

4. 计算金属的腐蚀速率 r,一般以每单位表面积(m^2),在单位时间内(h)金属的失重(g)来表示,即:

$$r(g \cdot m^{-2} \cdot h^{-1}) = (3.6 \times 10^7)i\frac{M}{zF} \qquad (2-13-1)$$

在此实验中,i 以维钝电流密度代替,$A/(C \cdot m^2)$;M 为金属的摩尔质量,g/mol;z 为金属离子的价数,F 为法拉第常数(其值为 96485C $\cdot$ mol^{-1})。

六、注意事项

1. 电解时直流稳压电源右下角档置于 CC 挡。

2. 将研究电极置于电解池时，要注意与鲁金毛细管之间的距离每次应保持一致。研究电极与鲁金毛细管应尽量靠近，但管口离电极表面的距离不能小于毛细管本身的直径。

3. 测量时电流量程按需要分别调到 2mA 和 20mA 挡。

4. 每次做完测试后，应在确认恒电位仪或电化学综合测试系统在非工作的状态下，将电源开关打向"关"，关闭电源，取出电极。

5. 碳钢电极必须进行活化处理，处理后要求其自腐蚀电势在 $-0.8V$ 左右，否则要重新处理研究电极。

6. 数据用 Excel 软件处理。

七、思考题

1. 比较恒电流法和恒电位法测定极化曲线有何异同，并说明原因。

2. 测定阳极钝化曲线为何要用恒电位法？

3. 做好本实验的关键有哪些？

4. 极化曲线测定时，为什么要使盐桥尖端与研究电极表面接近？

八、参考文献值

40℃时碳钢在饱和$(NH_4)HCO_3$(工业品)溶液中的致钝电流密度为 $240A \cdot m^{-2}$，维持钝化电流密度为 $0.08A \cdot cm^{-2}$，钝化区间和致钝电位分别是 $0 \sim +8.5V$ 和 $-0.5V$(相对于饱和甘汞电极)。

实验十四　$E-pH$ 曲线的测定

一、实验目的

1. 测定 $Fe^{3+}/Fe^{2+}-EDTA$ 络合体系的 $E-pH$ 曲线，掌握测定原理和 pH 计的使用方法；

2. 熟悉能斯特方程及应用；

3. 了解 $E-pH$ 曲线图的意义和应用。

二、实验原理

标准电极电势的概念被广泛应用于解释氧化 - 还原体系之间的反应。但是很多氧化还原反应的发生都与溶液的 pH 值有关。此时，电极电势 E 不仅随溶液的浓度和离子强度而变化，还要随溶液的 pH 值而变化。如果指定溶液的浓度，则电极电势只与溶液的 pH 值有关。在一定浓度的溶液中，改变其酸碱度，同时测定电极电势 E 和溶液的 pH 值，然后以电极电势 E 对 pH 作图，得到 $E-pH$ 曲线，称作 $E-pH$ 图。

$E-pH$ 图由比利时化学家普尔拜克斯提出的，最早应用于金属腐蚀研究。电极电势的大小反映物质氧化还原能力的强弱，从而可知反应进行的条件，对可能发生的反应进行判断。

$E-pH$ 图能表明反应自发进行的条件，指明物质在水溶液中稳定存在的区域和范围，为分离、电解、湿法冶金工业、化学工程、金属防腐等领域提供热力学依据。

本实验讨论的是 Fe^{3+}/Fe^{2+} – EDTA 络合体系,该体系在不同 pH 时,其络合的产物不同。以 Y^{4-} 代表 EDTA 的酸根离子,可分为三个不同的 pH 区间来讨论电极电势的变化。

(1)低 pH 时,体系的电极反应为

$$FeY^- + H^+ + e^- \rightarrow FeHY^-$$

则根据能斯特方程,其电极电势为

$$E = E^{\ominus} - \frac{RT}{F}\ln\frac{a_{FeHY^-}}{a_{FeY^-}a_{H^+}} \tag{2-14-1}$$

$$E = E^{\ominus} - \frac{RT}{F}\ln\frac{\gamma_{FeHY^-}}{\gamma_{FeY^-}} - \frac{RT}{F}\ln\frac{b_{FeHY^-}}{b_{FeY^-}} - \frac{2.303RT}{F}pH \tag{2-14-2}$$

式中,$E^{\ominus}$ 为标准电极电势,V;a 为活度,量纲为一;$a = \gamma \cdot b/b^{\ominus}$($\gamma$ 是活度系数,量纲为一,b 为溶液的质量摩尔浓度,$mol \cdot kg^{-1}$。

令 $b_1 = \frac{RT}{F}\ln\frac{\gamma_{FeHY^-}}{\gamma_{FeY^-}}$,则式(2-14-2)可写为

$$E = (E^{\ominus} - b_1) - \frac{RT}{F}\ln\frac{b_{FeHY^-}}{b_{FeY^-}} - \frac{2.303RT}{F}pH \tag{2-14-3}$$

当溶液的离子强度和温度一定时,b_1 为常数,若 $\frac{b_{FeHY^-}}{b_{FeY^-}}$ 不变,则 E 与 pH 呈线性关系。

(2)在特定的 pH 范围内,Fe^{3+} 和 Fe^{2+} 分别与 EDTA 生成稳定的络合物 FeY^- 和 FeY^{2-},其电极反应为

$$FeY^- + e^- \rightarrow FeY^{2-}$$

电极电势为

$$E = E^{\ominus} - \frac{RT}{F}\ln\frac{a_{FeY^{2-}}}{a_{FeY^-}} \tag{2-14-4}$$

$$E = E^{\ominus} - \frac{RT}{F}\ln\frac{\gamma_{FeY^{2-}}}{\gamma_{FeY^-}} - \frac{RT}{F}\ln\frac{b_{FeY^{2-}}}{b_{FeY^-}} \tag{2-14-5}$$

令 $b_2 = \frac{RT}{F}\ln\frac{\gamma_{FeY^{2-}}}{\gamma_{FeY^-}}$,则式(2-14-5)可写为

$$E = (E^{\ominus} - b_2) - \frac{RT}{F}\ln\frac{b_{FeY^{2-}}}{b_{FeY^-}} \tag{2-14-6}$$

当溶液的离子强度和温度一定时,b_2 为常数,在此 pH 范围内,该体系的电极电势只与 $b_{FeY^{2-}}/b_{FeY^-}$ 的值有关,而与溶液 pH 无关。当 EDTA 过量时,生成的络合物的浓度可近似看做配制溶液时铁离子的浓度,即 $b_{FeY^{2-}} \approx b_{Fe^{2+}}$,$b_{FeY^-} \approx b_{Fe^{3+}}$。当 $b_{Fe^{2+}}$ 和 $b_{Fe^{3+}}$ 的比值一定时,则电极电势 E 为一定值,曲线呈现一平台。

(3)高 pH 时,体系的电极反应为

$$Fe(OH)Y^{2-} + e^- \rightarrow FeY^{2-} + OH^-$$

电极电势为

$$E = E^{\ominus} - \frac{RT}{F}\ln\frac{\alpha_{FeY^{2-}} \cdot \alpha_{OH^-}}{a_{Fe(OH)Y^{2-}}} \tag{2-14-7}$$

稀溶液中水的活度积 K_W 可看做水的离子积,又根据 pH 定义,则式(2-14-7)可写为

$$E = E^{\ominus} - \frac{RT}{F}\ln\frac{\gamma_{FeY^{2-}}K_W}{\gamma_{Fe(OH)Y^{2-}}} - \frac{RT}{F}\ln\frac{b_{FeY^{2-}}}{b_{Fe(OH)Y^{2-}}} - \frac{2.303RT}{F}pH \qquad (2-14-8)$$

令 $b_3 = \dfrac{RT}{F}\ln\dfrac{\gamma_{FeY^{2-}}K_W}{\gamma_{Fe(OH)Y^{2-}}}$，则式(2-14-8)可写为

$$E = (E^{\ominus} - b_3) - \frac{RT}{F}\ln\frac{b_{FeY^{2-}}}{b_{Fe(OH)Y^{2-}}} - \frac{2.303RT}{F}pH \qquad (2-14-9)$$

当溶液的离子强度和温度一定时，b_3 为常数。当 EDTA 过量时，生成的络合物的浓度可近似看作配制溶液时铁离子的浓度，即 $b_{FeY^{2-}} \approx b_{Fe^{2+}}$，$b_{Fe(OH)Y^{2-}} \approx b_{Fe^{3+}}$。当 $b_{Fe^{2+}}$ 和 $b_{Fe^{3+}}$ 的比值一定时，则电极电势 E 与 pH 呈线性关系其斜率为 $-\dfrac{2.303RT}{F}$。

图 2-14-1 是 Fe^{3+}/Fe^{2+} - EDTA 络合体系 [c_{EDTA}^0 均为 0.15 mol·L^{-1}] 的一组 E-pH 曲线。图中每条曲线都分为三段，中段是水平线，称为电势平台区；在低 pH 和高 pH 时则都是斜线。图 2-14-1 所标的电极电势都是相对于饱和甘汞电极的值。其中 I ~ IV 4 条曲线对应各组分的浓度如表 2-14-1 所示。

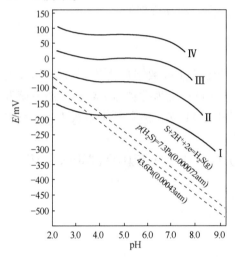

图 2-14-1　Fe^{3+}/Fe^{2+} - EDTA 络合体系 E-pH 曲线

表 2-14-1　各组分的浓度值

曲线	$c_{Fe^{3+}}^0/(mol \cdot L^{-1})$	$c_{Fe^{2+}}^0/(mol \cdot L^{-1})$	$c_{Fe^{3+}}^0/c_{Fe^{2+}}^0$
I	0	9.9×10^{-2}	
II	6.2×10^{-2}	3.1×10^{-2}	2
III	9.6×10^{-2}	6.0×10^{-4}	160
IV	10.0×10^{-2}	0	

E-pH 曲线在工业分析中有重要用途。天然气中含有 H_2S，它是有害物质。利用 Fe^{3+}-EDTA 溶液可将天然气中的 H_2S 氧化为元素硫除去，溶液中的 Fe^{3+}-EDTA 络合物被还原为 Fe^{2+}-EDTA 络合物；通入空气又可使 Fe^{3+}-EDTA 络合物被氧化为 Fe^{3+}-EDTA 络合物，使溶液得到再生，不断循环使用。其反应式为

$$2FeY^- + H_2S \xrightarrow{\text{脱硫}} 2FeY^{2-} + 2H^+ + S\downarrow$$

$$2FeY^{2-} + \frac{1}{2}O_2 + H_2O \xrightarrow{\text{再生}} 2FeY^- + 2OH^-$$

在用 EDTA 络合铁盐法脱除天然气中的硫时，Fe^{3+}/Fe^{2+} - EDTA 络合体系的 E-pH 曲线

可以帮助人们选择较合适的脱硫条件。例如，低含硫天然气 H_2S 含量均为 $0.1 \sim 0.6 g/m^3$，在25℃时相应的 H_2S 分压为 $7.3 \sim 43.6 Pa$，根据其电极反应

$$S + 2H^+ + 2e^- = H_2S(g)$$

在25℃时电极电势 E 与 H_2S 的分压 p_{H_2S} 及 pH 的关系为

$$E = -0.072 - 0.0296 \lg \frac{p_{H_2S}}{p^{\ominus}} - 0.591 pH \tag{2-14-10}$$

在图 2-14-1 中以虚线标出这三者的关系。由 E-pH 图可见，对任何一定 $c^0_{Fe^{3+}}/c^0_{Fe^{2+}}$ 比值的脱硫液而言，此脱硫液的电极电势（在电势平台区内）与式（2-14-10）得到的电势 E 之差值，随着 pH 的增大而增大，到平台区的 pH 上限时，两电极电势差值最大，超过此 pH 时，两电极电势差值不再增大。这一事实表明，任何一个一定 $c^0_{Fe^{3+}}/c^0_{Fe^{2+}}$ 比值的脱硫液在它的电势平台区的上限时，脱硫的热力学趋势达到最大；超过此 pH 后，脱硫趋势保持定值而不再随 pH 增大而增大。由此可知，根据图 2-14-1，从热力学角度看，用 EDTA 络合铁盐法脱除天然气中的 H_2S 时，脱硫液的 pH 值选择在 6.5 ~ 8 之间，或者高于 8［但不能大于 12，否则会有 $Fe(OH)_3$ 沉淀出来］都是合理的。

三、仪器及药品

仪器：数字电位差综合测试仪（或数字压力表）1 台；数字酸度计 1 台，超级恒温槽 1 台；电子天平（0.01g）1 台（共用）；磁力搅拌器 1 台；恒温玻璃五颈瓶 250mL 1 只；pH 复合电极（玻璃电极和 Ag-AgCl 电极）1 支；饱和甘汞电极 1 支；铂电极 1 支；温度计 1 支；量筒 100mL；氮气钢瓶。

药品：EDTAD；$(NH_4)Fe(SO_4)_2 \cdot 12H_2O$（AR）；$(NH_4)_2Fe(SO_4)_2 \cdot 6H_2O$（AR）；NaOH（AR）。

四、实验步骤

1. 仪器装置

仪器装置如图 2-14-2 所示。pH 复合电极、甘汞电极和铂电极分别插入反应器的 3 个孔内，反应器的夹套通以恒温水，测量体系的 pH 采用酸度计（其作用参见第五章），测量体系的电势采用数字电位差综合测试仪（其作用参见第五章）。用电磁搅拌器搅拌。

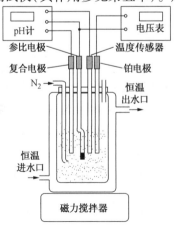

图 2-14-2　E-pH 测定装置图

2. 复合电极使用前的处理及注意事项

新的或长期未用的复合电极，使用前必须用 $3mol \cdot L^{-1}$ 的 KCl 溶液浸泡 24h。使用完毕后应清洁干净，然后将电极头套于含有 $3mol \cdot L^{-1}$ 的 KCl 溶液的保护套中。

应注意电极管中是否有外参比液，如果太少则应添加以 AgCl 饱和的 $3mol \cdot L^{-1}$ 的 KCl 溶液。

应避免将复合电极长期浸泡在蒸馏水、含蛋白质的溶液和酸性氟化物的溶液中，严禁与有机硅油脂接触。

3. 配制溶液

预先分别配制下列溶液各 50mL。

（1） $4mol \cdot L^{-1}$ 的 HCl；

（2） $2mol \cdot L^{-1}$ 的 NaOH；

（3） $0.1mol \cdot L^{-1}(NH_4)Fe(SO_4)_2$（配制前需加 2 滴 $4mol \cdot L^{-1}$ 的 HCl）；

（4） $0.1mol \cdot L^{-1}(NH_4)_2Fe(SO_4)_2$（配制前需加 2 滴 $4mol \cdot L^{-1}$ 的 HCl）；

（5） $0.5mol \cdot L^{-1}EDTA$（配制时需加 $1.5g \cdot L^{-1}$ 的 NaOH）。

然后按下列次序将试剂加入玻璃五颈瓶中，30mL $0.1mol \cdot L^{-1}$ 的 $(NH_4)Fe(SO_4)_2$ 水溶液、30mL $0.1mol \cdot L^{-1}$ 的 $(NH_4)_2Fe(SO_4)_2$ 水溶液、50mL $0.5mol \cdot L^{-1}$ 的 EDTA 水溶液、40mL 蒸馏水，并迅速通入氮气。

4. E 和 pH 测定

调节超级恒温槽（其使用参见第五章）的温度至实验所需温度如 $25.0 \pm 0.1℃$，并将恒温水通入反应器的恒温水套中，开动电磁搅拌器，待磁子旋转稳定后，再插入复合电极，然后用滴管从反应器的一个孔缓慢滴加 $2mol \cdot L^{-1}$ 的 NaOH 溶液，调节溶液的 pH 值至 7.5 ~ 8，此时溶液为褐红色（加碱时要防止局部生成 $Fe(OH)_3$ 而产生沉淀），分别从数字电位差综合测试仪或数字电压表和酸度计中直接读取数据并记录。随后用滴管滴加 $4mol \cdot L^{-1}$ 的 HCl 溶液调节 pH 值，每次 pH 的改变值约为 0.2，待数值稳定后记录相应的电压数值。逐一进行测定，直至溶液的 pH 为 3 左右。然后按上述方法用 $2mol \cdot L^{-1}$ 的 NaOH 调节溶液的 pH 至 8 左右，并同时记录有关数据。

5. 实验结束

取出 pH 复合电极，用蒸馏水冲洗干净后装入含有 $3mol \cdot L^{-1}$ 的 KCl 溶液的保护套中，关闭所有仪器。

五、数据记录及处理

1. 将所测实验数据填入表 2 - 14 - 2 中。

室温_____℃；实验温度_____℃；大气压_____kPa；$E_{(饱和甘汞电极)}$ = _____V。

表 2 - 14 - 2　不同 pH 时的电压值

pH								
E 电池/V								
E 电极/V								
pH								
E 电池/V								
E 电极/V								
pH								
E 电池/V								
E 电极/V								

2. 记录测得的 pH 和对应电动势 E，根据电动势 E 和饱和甘汞电极的电极电势计算相应的电极电势。

3. 绘制 $E-pH$ 曲线，并由 $E-pH$ 曲线确定 FeY^- 和 FeY^{2-} 稳定存在的 pH 范围。

六、注意事项

1. 加入 Fe^{2+} 溶液前要通入氮气，排出电解池中的空气，并在实验过程中保持通氮气，以免 Fe^{2+} 被氧化。

2. 加入 NaOH 溶液时应逐滴缓慢加入，并控制适宜的搅拌速率，防止由于局部浓度不均匀而生成 $Fe(OH)_3$ 沉淀。

七、思考题

1. Fe^{3+}/Fe^{2+} – EDTA 络合体系在电势平台区、低 pH 和高 pH 时，体系的基本电极反应及其所对应的电极电势计算公式的具体形式，并指出各项的物理意义？

2. 玻璃电极与氢电极相比有何优点？使用时注意事项是什么？

3. 影响实验测量精确度的因素有哪些？

实验十五　氟离子选择电极的测试及应用

一、实验目的

1. 了解氟离子选择电极的基本结构及组成；
2. 掌握用氟离子选择电极测定氟离子浓度的基本原理；
3. 学会氟离子选择电极和离子计的使用方法。

二、实验原理

氟离子选择电极是一种测定水溶液中氟离子浓度的化学传感器。目前已广泛应用于水质、环境、生物、医学、材料、大气及食品等行业。氟离子选择电极由切成 $1\sim2\text{mm}$ 厚的 LaF_3 单晶片作为电化学活性物质，$Ag-AgCl$ 电极为内参比电极，内充 $0.1\text{mol}\cdot\text{L}^{-1}\text{NaF}$ 和 $0.1\text{mol}\cdot\text{L}^{-1}\text{NaCl}$ 作为内参比溶液。结构如图 $2-15-1$ 所示。氟电极能斯特响应范围为 $1\sim1\times10^{-6}\text{mol}\cdot\text{L}^{-1}$，检测下限可达 $1\times10^{-7}\text{mol}\cdot\text{L}^{-1}$。

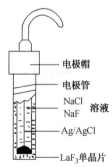

图 2 – 15 – 1　氟离子选择电极

当氟电极与被测 F^- 的溶液接触时，F^- 可吸附在膜表面上并与膜上 F^- 进行交换，通过扩散进入膜相。而膜相中的 F^- 也可扩散进入溶液相,这样在晶体膜与溶液上建立了双电层,产生相界电势,即膜电势。在一定条件下,其电极电势 E 与被测溶液中氟离子活度之间有以下关系:

$$E_{(F^-)} = E_{(F^-)}^{\ominus} - \frac{RT}{F}\ln a_{F^-} \qquad (2-15-1)$$

以氟电极为指示电极,饱和甘汞电极(SCE)为参比电极,两者在被测溶液中组成可逆电池:

$Hg(l) - Hg_2Cl_2(s) | 饱和 KCl 溶液 | 待测溶液 | LaF_3 单晶膜 | NaF, NaCl, AgCl | Ag$

上述可逆电池的电动势为:

$$E_{(F^-)} = E_{(F^-)}^{\ominus} - \frac{RT}{F}\ln a_{F^-} - E_{(SCE)} \qquad (2-15-2)$$

令 $E^{\ominus} = E_{(F^-)}^{\ominus} - E_{(SCE)}$,则

$$E_{(F^-)} = E^{\ominus} - \frac{RT}{F}\ln a_{F^-} \qquad (2-15-3)$$

甘汞电极电势在测定中保持不变,氟电极电势在测定中随溶液中氟离子的活度而改变。加入总离子强度调解缓冲液(TISAB)后,则

$$E_{(F^-)} = E^{\ominus'} - \frac{RT}{F}\ln c_{F^-} \qquad (2-15-4)$$

$E^{\ominus'}$ 与活度系数有关,还与传感膜片制备工艺、温度等有关,只有活度系数恒定,并在一定温度下才可视为常数。由上式可见,在一定条件下,电池电动势与试液中氟离子浓度的对数呈线性关系。只要测定不同浓度的 E 值,并将 E 对 $\ln C_{F^-}$(或 pC_{F^-})作图,就可了解氟电极的性能,并可确定其测量范围。

测定氟含量时,温度、pH 值、离子强度、共存离子均影响测定的准确度。电极使用最适宜的溶液 pH 值范围为 5.0 ~ 5.5。pH 值过低,易形成 HF 或 HF_2^-,影响 F^- 的活度;pH 值过高,易引起单晶膜中 La^{3+} 水解,影响电极的响应。因此,为了保证测定准确度,需向标准溶液和待测试样中加入 TISAB。其中,柠檬酸 – 柠檬酸钠缓冲溶液以缓冲控制溶液的 pH 值;柠檬酸盐还可消除 Al^{3+}、Fe^{3+}、Th^{4+} 等对 F^- 的干扰,NaCl 保持离子强度不变。

本实验采用标准曲线法,通过不同浓度的标准液作出 E 对 $\ln C_{F^-}$ 的标准曲线,即可由待测液测出的 E,从标准曲线上求出待测液的 F^- 浓度。

三、仪器及试剂

仪器:PXJ – lB 数字式离子计 1 台;磁力搅拌器 1 台;氟离子选择电极 1 支;饱和甘汞电极 1 支;1000mL 容量瓶 1 个、100mL 容量瓶 8 个;移液管(10mL、50mL)各 1 支。

试剂:$0.1000\text{mol} \cdot L^{-1}$ 标准贮备液:准确称取分析纯 NaF(120℃ 烘 1h)0.4199g 溶于 100mL 容量瓶中,用蒸馏水稀释至刻度,摇匀。

总离子强度调节剂(TISAB):称取氯化钠 58g,柠檬酸钠 10g,溶于 800mL 蒸馏水中,再加入冰醋酸 57mL,用 40% NNaOH 溶液调节到 pH = 5.0,然后稀释至 1L。

四、实验步骤

1. 氟电极的准备

氟电极在使用前浸泡在 $10^{-6}\text{mol} \cdot L^{-1}$ NaF 溶液中活化约 30min。用蒸馏水清洗数次直至

测得的电位值约为 $-300\mathrm{mV}$(此值各支电极不同)。若氟电极暂不使用,宜于干存。

2. 绘制标准曲线

由 $0.1000\mathrm{mol} \cdot \mathrm{L}^{-1}$ 标准 NaF 溶液配制一系列含 F^- 为 10^{-2}、10^{-3}、10^{-4}、10^{-5}、$10^{-6}\mathrm{mol} \cdot \mathrm{L}^{-1}$ 的 NaF 标准溶液各 100mL,其中各含 10mL TISAB 溶液。

将适量标准溶液(浸没电极即可)分别倒入 50mL 烧杯中。放入磁搅拌子,插入氟电极和饱和甘汞电极(事先洗净并擦干),连接线路,在离子计上按由稀至浓顺序测定对应不同 F^- 浓度溶液的电位值 E(为什么?)。

以测得的 E 为纵坐标、以 F^- 浓度的对数为横坐标作标准曲线。

测量完毕后将电极用蒸馏水清洗至测得的电势值约 $-300\mathrm{mV}$ 左右待用。

3. 试样中氟的测定

试样用自来水或牙膏均可。

若用牙膏,用小烧杯准确称取约 1g 牙膏,然后加水溶解,加入 10mL TISAB,煮沸 2min,冷却并转移至 100mL 容量瓶中,用蒸馏水稀释至刻度,摇匀,待用。

若用自来水,可直接在实验室取样。准确移取自来水样 50mL 于 100mL 容量瓶中,加入 10mLTISAB,用蒸馏水稀释至刻度,摇匀,待用。

将试样溶液全部倒入小烧杯中,插入电极,在搅拌条件下待电势稳定后读取电势值 E_x,重复三次。

4. 清洗电极

测定结束后,用蒸馏水清洗至电势值与起始空白电势值(约 $-300\mathrm{mV}$)相近,擦干;收入电极盒中保存。

五、数据记录及处理

1. 将所测实验数据填入表 2-15-1 及表 2-15-2 中。

室温_____℃;实验温度:_____℃;大气压_____kPa;$E_{\mathrm{SCE}} = $ _____V。

表 2-15-1 不同 c_{F^-} 标准溶液的电势测定值

$c_{\mathrm{F}^-}/$ (mol · L^{-1})	E/V				$\ln c_{\mathrm{F}^-}$
	1	2	3	平均	
10^{-2}					
10^{-3}					
10^{-4}					
10^{-5}					
10^{-6}					

表 2 - 15 - 2   不同试样溶液的电势测定

| 试样 m/g | 试样 V/mL | $c_x/$ $(mol \cdot L^{-1})$ | E_x/V | | | | $\ln c_{F^-}$ |
			1	2	3	平均	

2. 以电位的平均值 E 对 $\ln c_{F^-}$（或 $p c_{F^-}$）作图，绘制标准曲线。

用除首尾两点外的各点画直线，得到标准曲线，从标准曲线上根据实验数据点与直线的符合程度确定该氟电极的大致测量范围。

3. 由实验测量牙膏试样溶液（或自来水）电位的平均值 E_x，在标准曲线中查得试样溶液中 F^- 浓度 c_x（$mol \cdot L^{-1}$）。

4. 按下式计算牙膏中 F^- 含量：

$$w_{F^-}(\%) = \frac{c_x \times V}{1000 \times W} \times 100\% \qquad (2-15-5)$$

式中，c_x 为标准曲线上查得的试样溶液中 F^- 含量，$mol \cdot L^{-1}$；V 为试样溶液的体积，mL；W 为试样质量，g。

六、注意事项

1. 测量时浓度应由稀至浓，每次测定后应用蒸馏水清洗电极和搅拌磁子，并用滤纸擦干。

2. 绘制标准曲线要测定一系列标准溶液，应将电极清洗至空白电势值，然后再测定试样溶液的电势值。

3. 测定过程中每次更换溶液时，离子计的"测量"键应置于断开处。

4. 测定标准溶液和试样溶液时，搅拌速度应一致，且以中速为宜。

七、思考题

1. 写出离子选择电极的电极电势完整表达式。

2. 为什么在标准溶液和试样溶液中加入总离子强度调节剂（TISAB），其中各组分起何作用？

3. 有时可利用氟离子选择电极测定不含 F^- 的溶液中 La^{3+} 浓度或 Al^{3+} 浓度，试分析其测定原理，并导出电极对 La^{3+} 的电势响应公式。

化学动力学

实验十六　丙酮碘化反应的速率方程

一、实验目的

1. 测定酸作催化剂时丙酮碘化反应的级数、速率系数及反应的活化能；
2. 学会用孤立法确定反应级数的方法；
3. 学习分光光度计的使用。

二、实验原理

大多数化学反应均是由若干个基元反应组成的复杂反应。这类反应的反应速率与反应物浓度间的关系不能用质量作用定律来确定，只能在一定条件下通过实验来求得。若有多种物质参加反应，可以采用孤立法确定各反应组分的分级数，即先改变一种物质的浓度而其他物质的浓度保持不变，求出反应对该物质的反应分级数。依次类推，就可以确定反应对各种物质的反应分级数，从而建立反应速率方程。

在酸性条件下，丙酮的碘化反应是一个复杂反应，该反应的化学方程式为：

$$CH_3COCH_3 + I_2 \longrightarrow CH_3COCH_2I + H^+ + I^-$$

此反应中 H^+ 作为催化剂，又是反应产物之一，所以这是一个自催化反应。其反应的速率方程可写为：

$$r = -\frac{dc_{I_2}}{dt} = kc_A^{\alpha} c_{I_2}^{\beta} c_{H^+}^{\gamma} \tag{2-16-1}$$

式中，A 表示丙酮；r、$-\dfrac{dc_{I_2}}{dt}$ 表示碘化反应的速率；k 表示反应速率系数；c_A、c_{I_2}、c_{H^+} 分别表示丙酮、碘、氢离子的浓度；α、β、γ 分别表示丙酮、碘、氢离子的反应分级数。

如果进行两次实验，两次实验中都保持 I_2 和 H^+ 的初始浓度相同，只改变 CH_3COCH_3 的初始浓度，分别测定在同一温度下的反应速率，则

则它们初始速率之比为

$$\frac{r_2}{r_1} = \frac{kc_A^{\alpha}(2)}{kc_A^{\alpha}(1)} = \left[\frac{c_A(2)}{c_A(1)}\right]^{\alpha} \tag{2-16-2}$$

$$\alpha = \frac{\lg(r_2/r_1)}{\lg\left(c_A 2/c_A(1)\right)} \tag{2-16-3}$$

同理可求出 β、γ：

$$\gamma = \frac{\lg(r_3/r_1)}{\lg(c_{H^+}(3)/c_{H^+}(1))} \tag{2-16-4}$$

$$\beta = \frac{\lg(r_4/r_1)}{\lg(c_{I_2}(4)/c_{I_2}(1))} \tag{2-16-5}$$

由此可见，只需要做四次实验，就可以求得 CH_3COCH_3、I_2、H^+ 的分级数 α、β、γ。

由于反应并不停留在丙酮的一元碘代阶段，会进一步发生多元碘代，所以采取初始速率法，测试开始反应一段时间的反应速率。

由于本实验酸浓度较低，事实上丙酮的碘化反应对碘是零级的，即 $\beta = 0$。如果反应物碘是少量的，而丙酮与酸是过量的，那么反应速率可视为常数，直到碘全部消耗。这是因为当碘完全反应完毕时，丙酮和酸的浓度基本保持不变。在这种情况下，反应速率与碘的浓度无关，因而直到全部碘消耗完毕以前，速度是常数。即

$$r = -\frac{dc_{I_2}}{dt} = kc_A^\alpha c_{H^+}^\gamma \qquad (2-16-6)$$

积分得

$$c_{I_2} = -rt + B \qquad (2-16-7)$$

碘溶液在可见光区有吸收，而本体系中的其他物质如盐酸、丙酮、碘化丙酮和氢化钾都在可见光区没有吸收，所以可以通过分光光度法测定碘对可见光的吸收，从而转化为碘溶液的浓度减小来跟踪反应的进程。

由朗伯-比尔定律可知，在某指定波长下，碘溶液对单色光的吸收符合下列关系式：

$$A = -\lg T = -\lg \frac{I}{I_0} = k'lc_{I_2} \qquad (2-16-8)$$

式中，A 为吸光度；T 为透光率；I 为某指定波长的光透过碘溶液后的光强度，I_0 为通过蒸馏水后的光强；l 为比色皿的光路长度；k' 为摩尔吸光系数。将式 2-16-7 代入式 2-16-8 中，可得

$$\lg T = k'lrt + B' \qquad (2-16-9)$$

以 $\lg T$ 对时间 t 作图得一条直线，由直线的斜率 m 即可求出丙酮碘化反应的反应速率 r，如下式：

$$r = m/k'l \qquad (2-16-10)$$

为了求得 $k'l$，据式（2-16-8）可以测定一系列已知浓度的碘溶液的透光率，以 $\lg T$ 对溶液浓度 c_{I_2} 作图得到工作曲线，这是一条直线，其斜率即为 $-k'l$。

由式（2-16-3）、式（2-16-4）分别求出 CH_3COCH_3、H^+ 的分级数后，结合浓度和反应速率数据，利用 2-16-1 式就可以计算得到反应速率系数。

在保持 H^+ 不变的情况下，测得两个不同温度 T_1，T_2 下反应的速率系数 k_1，k_2，根据阿累尼乌斯方程（2-16-11）可求得反应的活化能 E_a。

$$\ln \frac{k_2}{k_1} = \frac{E_a}{R}\left(\frac{1}{T_1} - \frac{1}{T_2}\right) \qquad (2-16-11)$$

三、仪器及试剂

仪器：722 型分光光度计 1 套；超级恒温槽 1 套；秒表 1 个；碘瓶（100mL）1 个；碘瓶（50mL）9 个；移液管（5mL，25mL）各 3 支；移液管（10mL）1 支。

试剂：HCl 标准溶液（1.000mol/L）；I_2 标准溶液（0.0100mol/L）；CH_3COCH_3 标准溶液（2.000mol/L）。

四、实验步骤

1. 调温

调节超级恒温槽(其使用参见第五章)的温度为$(25 \pm 0.1)℃$,将盛有蒸馏水的碘瓶进行恒温10min以上。

2. 调零

开启722型分光光度计(其使用参见第五章),预热5min,进行零点调节,调节722型分光光度计的波长到560nm。

3. 调透光率

用恒温的蒸馏水淌洗比色皿(光径长度为3.0cm)3次,装入恒温蒸馏水,用光量调节器将微电计光点调到消光值为0(透光率100%)的位置上。

4. 测定不同c_{I_2}的透光率T

用移液管分别吸取2、4、6、8、10mL的碘标准溶液,注入已编号(5~9号)的5个50mL的碘瓶中,用蒸馏水稀释至刻度,充分混合后放入恒温槽中恒温。先用5号碘瓶中的碘溶液洗涤比色皿3次,再用该溶液将比色皿注满,测量透光率。重复测定3次,取其平均值。同法依次测量6、7、8、9号碘瓶中的溶液透光率。每次测定前都必须用蒸馏水校正透光率,使之处于"100"。

5. 测定不同反应体系的$T-t$数据

取4个(编号为1~4号)洁净、干燥的50mL碘瓶,用移液管按表2-16-1的用量,依次移取碘标准溶液、HCl标准溶液和蒸馏水,塞好瓶塞,将其充分混合。另取一个洁净、干燥的100mL碘瓶,注入浓度为2.000mol/L的CH_3COCH_3标准溶液约60mL,然后将它们一起置于恒温槽中恒温10min。取出1号碘瓶,用移液管加入恒温的CH_3COCH_3标准溶液10mL,迅速摇匀,用此溶液淌洗比色皿3次后注满该溶液,同时按下秒表开始计时,测定其透光率。每隔1min读一次透光率,直到取得10~12个数据为止。用同样的方法分别测定2、3、4号溶液在不同反应时刻的透光率。每次测定之前,用蒸馏水将透光率校正至"100"刻度处。

表2-16-1 反应物的用量配比

碘瓶	I_2标准溶液/mL	HCl标准溶液/mL	蒸馏水/mL	CH_3COCH_3标准溶液/mL
1	10	5	20	15
2	10	10	15	15
3	10	5	25	10
4	5	5	30	10

6. 调节恒温槽温度

将恒温槽的温度调节为$(35 \pm 0.1)℃$,重复上述步骤3~5,测定另一温度下的实验数据。

五、数据记录及处理

1. 将实验所测得的数据填入表2-16-2和表2-16-3中。

实验温度T _____ K; 大气压强p _____ kPa; 恒温槽温度T _____ K。

CH_3COCH_3标准溶液浓度 _____ mol/L; I_2标准溶液浓度 _____ mol/L;

HCl 标准溶液浓度＿＿＿＿＿＿mol/L。

表 2 - 16 - 2　透光率与 c_{I_2} 关系实验数据

碘瓶编号		5	6	7	8	9
标准溶液 c_{I_2} /(mol·L^{-1})						
稀释后的 c_{I_2} /(mol·L^{-1})						
$\lg T$	1					
	2					
	3					
	平均值					

表 2 - 16 - 3　透光率与时间关系实验数据

碘瓶编号 \ t/min	1	2	3	4	5	6	7	8	9	10	11	12
1												
2												
3												
4												

2. 用表 2 - 16 - 2 中的数据，以 $\lg T$ 对碘溶液浓度 c_{I_2} 作图，求所得直线的斜率 m，即为 $k'l$。

3. 用表 2 - 16 - 3 的数据，分别以 $\lg T$ 对时间 t 作图，得四条直线，求出各条直线的斜率 m_1、m_2、m_3 和 m_4；然后根据式(2 - 16 - 10)分别计算反应速率 r_1、r_2、r_3 和 r_4。

4. 根据式(2 - 16 - 3)、式(2 - 16 - 4)，计算 CH_3COCH_3 和 H^+ 的分级数 α 和 γ。

5. 参照表 2 - 16 - 1 的用量，分别计算 1、2、3 和 4 号碘瓶中 HCl 和 CH_3COCH_3 的初始浓度；再根据式(2 - 16 - 6)分别计算四种不同初始浓度的反应速率系数 k，并求其平均值，建立丙酮碘化的反应速率方程式。

6. 将 25℃ 及 35℃ 时测得的 k 值，代入式(2 - 16 - 11)求出丙酮碘化反应的活化能 E_a。

六、注意事项

1. 反应要在恒温条件下进行，各反应物在混合前必须恒温。

2. 碘液见光易分解，所以从溶液配制到反应测定应选在阴暗处进行，且动作要迅速。

3. 由于计算 k 时要用到丙酮和盐酸溶液的初始浓度，因此所用的丙酮及盐酸溶液需准确配制。

七、思考题

1. 在本实验中，CH_3COCH_3 溶液与 I_2、HCl 溶液一旦混合，反应即开始，而反应时间却在洗涤比色皿 3 次后并将反应液注满比色皿中才开始计时，这样操作对实验结果有无影响？为什么？

2. 影响本实验结果准确度的因素有哪些？

3. 本实验中是否证明了此反应对碘为零级？

$\alpha = 1$，$\beta = 0$，$\gamma = 1$

$k' = 180 \, \text{mol}^{-1} \cdot \text{L} \cdot \text{cm}^{-1}$

25℃丙酮碘化反应 k 为 $2.86 \times 10^{-5} \text{L} \cdot \text{mol}^{-1} \cdot \text{S}^{-1}$；$1.72 \times 10^{-3} \text{L} \cdot \text{mol}^{-1} \cdot \text{min}^{-1}$；

35℃丙酮碘化反应 k 为 $8.8 \times 10^{-5} \text{L} \cdot \text{mol}^{-1} \cdot \text{S}^{-1}$；$5.28 \times 10^{-3} \text{L} \cdot \text{mol}^{-1} \cdot \text{min}^{-1}$；

活化能为 $86.2 \, \text{kJ} \cdot \text{mol}^{-1}$。

实验十七　旋光法测定蔗糖水解反应的速率系数

一、实验目的

1. 根据物质的光学性质研究蔗糖水解反应，测定其反应速率系数和半衰期；
2. 了解反应物浓度与反应体系旋光度之间的关系；
3. 掌握旋光仪的使用方法。

二、实验原理

偏振光：一般光源发出的光其光波在与光传播方向垂直的一切可能方向上振动，这种光称为自然光，而只在一个固定方向有振动的光称为偏振光。

旋光性：当偏振光通过某些介质时，有的介质对偏振光没有作用，即透过介质的偏振光仍在原方向上振动，而有的介质却能使偏振光的振动方向发生旋转，这种能旋转偏振光的振动方向的性质叫旋光性。旋光度表示系统旋光性质的量度，旋光度用 α 表示。

蔗糖溶液在酸性介质中可水解生成葡萄糖和果糖。反应如下：

$$C_{12}H_{22}O_{11} + H_2O \xrightarrow{H^+} C_6H_{12}O_6 + C_6H_{12}H_6$$
$$\text{蔗糖} \qquad\qquad\qquad \text{葡萄糖} \quad \text{果糖}$$

纯水中此反应的速率极慢，通常需要在 H^+ 催化作用下进行，该反应为二级反应。但在水解反应中，水是大量的，虽然有部分水分子参加了反应，但与溶质浓度的改变相比可以认为它的浓度是恒定的，而且 H^+ 起催化作用，其浓度也保持不变，故反应速率只与蔗糖浓度有关，可视为一级反应，其速率方程为：

$$-\frac{dc}{dt} = kc \qquad\qquad (2-17-1)$$

积分上式得
$$\ln c = -kt + \ln c_0 \qquad\qquad (2-17-2)$$

式中，k 为反应速率系数；c 为时间 t 时的反应物浓度；c_0 为反应物的初始浓度。当 $c = \frac{1}{2}c_0$ 时，时间 t 可用 $t_{\frac{1}{2}}$ 表示，即为反应的半衰期，$t_{\frac{1}{2}}$ 与反应速率系数的关系为：

$$t_{\frac{1}{2}} = \frac{\ln 2}{k} = \frac{0.693}{k} \qquad\qquad (2-17-3)$$

由式（2-17-2）不难看出：只要测得不同反应时刻对应的反应物浓度，就可用 $\ln c$ 对 t 作图得到一条直线，由直线斜率求得反应速率系数 k。然而，反应是在不断进行，要快速分析出不同时刻反应物的浓度是困难的。

在本实验中，蔗糖及其水解产物都具有旋光性，且它们的旋光能力不同，故可利用系统在反应过程中旋光度的变化来度量反应的进程。

测定物质旋光度所用的仪器称为旋光仪。溶液的旋光度与溶液中所含旋光物质的旋光能力，溶剂性质、溶液浓度、试样管长度、光源波长和温度等因素有关。

$$\alpha = [\alpha]_\lambda^t \cdot L \cdot c \cdot M \qquad (2-17-4)$$

式中，$[\alpha]_\lambda^t$ 为比旋光度，其物理意义是温度为 $t(20℃)$，波长为 $l(D)$（表示钠黄光，波长 $l = 589nm$）的偏振光通过 $1dm$ 厚，每立方厘米中含有 $1g$ 旋光性物质的溶液时产生的旋光角。可以度量物质的旋光能力，λ 为所用光源的波长，一般用钠光的 D 线，其波长为 $5.89 \times 10^{-7}m$；t 为测定温度（℃），L 为试样管长度，c 为旋光物质的摩尔浓度，M 为旋光物质的摩尔质量。

由式（2-17-4）可以看出，当其他条件不变时，旋光度与物质浓度成正比，即

$$\alpha = Kc \qquad (2-17-5)$$

式中，$K = [\alpha]_\lambda^t \cdot L \cdot M$，为比例系数。与旋光物质的本性、试样管长度、温度等有关。

反应物蔗糖是右旋物质，其比旋光度 $[\alpha]_D^{20} = +66.6°$，产物中葡萄糖也是右旋物质，其 $[\alpha]_D^{20} = +52.5°$，果糖是左旋物质，其 $[\alpha]_D^{20} = -91.9°$，但其旋光能力比葡萄糖大，因此，总体看产物混合物是左旋的，因此，随水解反应的进行，右旋角不断减小，当反应终了时，体系将经过零变成左旋。因此可以利用体系在反应过程中旋光度的改变来跟踪反应的进程。

设 α_0、α_t 和 α_∞ 分别表示反应在起始时刻、t 时刻和无限长时体系的旋光度。反应在相同条件下进行，旋光度与浓度成正比，而且溶液的旋光度为各组成旋光度之和。则

$$\alpha_0 = K_反 c_0 \qquad （蔗糖尚未转化，t=0） \qquad (2-17-6)$$
$$\alpha_\infty = K_生 c_0 \qquad （蔗糖全部转化，t=\infty） \qquad (2-17-7)$$

式中，$K_反$，$K_生$ 分别为反应物与生成物的比例常数；c_0 为反应物的起始浓度，亦是生成物的最后浓度。t 时刻的蔗糖的浓度为 c

$$\alpha_t = K_反 c + K_生 (c_0 - c) \qquad (2-17-8)$$

由式（2-17-6）~式（2-17-8），可导出

$$c_0 = \frac{(\alpha_0 - \alpha_\infty)}{K_反 - K_生} = K(\alpha_0 - \alpha_\infty) \qquad (2-17-9)$$

$$c = \frac{(\alpha_t - \alpha_\infty)}{K_反 - K_生} = K(\alpha_t - \alpha_\infty) \qquad (2-17-10)$$

将式（2-17-9）、式（2-17-10）代入式（2-17-2）可得

$$\ln(\alpha_t - \alpha_\infty) = -kt + \ln(\alpha_0 - \alpha_\infty) \qquad (2-17-11)$$

以 $\ln(\alpha_t - \alpha_\infty)$ 对时间 t 作图可得一条直线，由直线的斜率即可求得反应速率系数 k。

三、仪器及药品

仪器：WZZ-2S 数字式旋光仪 1 台；恒温槽 1 台；烧杯（150mL）2 个；洗耳球 1 个；秒表 1 块；容量瓶（50mL）1 个；锥形瓶（100mL）2 个；移液管（25mL）2 支。

药品：蔗糖（AR）；HCl 溶液（4mol·L^{-1}）。

四、实验步骤

1. 调节恒温槽（其使用参见第五章）的温度在（30±0.1）℃。

2. 溶液配制与恒温

称取 10g 蔗糖于烧杯中，加蒸馏水溶解，移至 50mL 容量瓶定容至刻度，将蔗糖溶液注入一锥形瓶中，另用移液管吸取 25mL 浓度为 4mol·L^{-1} 的 HCl 溶液注入另一锥形瓶中，将两个锥形瓶用玻璃塞或橡皮塞盖好后，置于 30±0.1℃ 的恒温槽中恒温 10~15min。

3. 旋光仪的零点校正

其使用参见第五章。

4. 测量

(1) α_t 的测定　将恒温后的两个锥形瓶取出，将 HCl 溶液倾倒至蔗糖溶液中。混合一半时按秒表记时，然后将两锥形瓶互相倾倒 2~3 次，使溶液混合均匀。旋光管内腔用少量溶液淌洗 2~3 次，向其中注满溶液并使其呈凸液面，取玻璃盖片沿管口轻轻推入盖好，再旋紧套盖，勿使漏液或有较大气泡产生。旋紧套盖时注意用力适当，若用力过大，易压碎玻璃盖片，或使玻璃片产生应力，影响旋光度。若管中液体有微小气泡，可将其赶至管一端的凸肚部分。用干布或滤纸擦干旋光管表面，用镜头纸擦净两端玻璃片，将旋光管放入旋光仪试样室的试样槽中，盖上仪器面盖。将装好溶液的旋光管擦净及两端玻璃片，置于旋光仪试样室的试样槽内，待面板上的"1"灯亮时，面板上的示数恒定，此时先记录反应时间，再记录旋光度值。反应前期速度较快，可每 5min 测一次，以后由于反应物浓度降低使反应速度变慢，可以每 10min 测一次，测至 60min 即可。实验测量参考时间可从混合计时起，5min，10min，15min，20min，30min，40min，50min，60min 各测一次。

注意：每两次测量中间要将旋光管放在恒温槽中恒温，旋光管放入旋光仪测量前必须用布将水擦干。

(2) α_∞ 的测定　有两种方法：

① 将测量步骤 (1) 中的剩余混合液置于 55℃ 的水浴中加热 30min，以加速水解反应，然后冷却至实验温度，测其旋光度，此值即可认为是 α_∞。

② 将剩余混合液在室温下保持 48h，重新恒温至实验温度，测其旋光度，此值即 α_∞。

5. 实验结束

实验结束后切记将旋光管内外用蒸馏水洗净，擦干，防止酸对旋光管和仪器的腐蚀。

五、数据记录和处理

1. 将实验数据记录于表 2-17-1 中。

室温＿＿＿＿＿＿℃；大气压＿＿＿＿＿＿kPa；反应温度：＿＿＿＿＿＿℃；

c_{HCl}：＿＿＿＿＿＿mol·L^{-1}；　α_∞：＿＿＿＿＿＿。

表 2-17-1　旋光度测定实验数据

t/min			
$\alpha_t/(°)$			
$\alpha_t-\alpha_\infty/(°)$			
$\ln(\alpha_t-\alpha_\infty)$			

2. 以 $\ln(\alpha_t-\alpha_\infty)$ 对 t 作图。

3. 由直线的斜率求出蔗糖水解反应的速率系数，并计算半衰期 $t_{1/2}$。

六、注意事项

1. 开机后"测量"键只需按一次，注意如果误按该键，液晶无显示，可再按一次"测量"键，液晶重新显示，此时需重新校零，然后再将待测液重新放入旋光仪试样室的试样槽内中进行测量。

若液晶已有数字显示，则不需按"测量"键，当放入试样时，它会自动显示数值。

2. 若有空气留在旋光管内，须将空气赶到旋光管凸肚内。

3. 旋光管中的毛玻璃千万别掉了，且用手拿它时，要拿其侧面，否则会使其粘上油污，影响测量结果。

4. 旋扭旋光管上的螺旋时，不要用力太大，否则会引起附加旋光值。

七、思考题

1. 蔗糖水解反应速率系数和哪些因素有关？

2. 为什么可用蒸馏水来校正旋光仪的零点？求速率系数时，所测旋光度是否必须进行零点校正？

3. 为什么配蔗糖溶液可以用粗天平称量？

4. 反应开始时，为什么将盐酸溶液倒入蔗糖溶液中，而不是相反？

5. 氢离子浓度对反应速率系数测定是否有影响？

八、文献参考值

$c_{HCl} = 4 mol \cdot L^{-1}$ ；$k_{298.2} = 17.455 \times 10^{-3} min^{-1}$ ；$k_{308.2} = 75.97 \times 10^{-3} min^{-1}$ 。

实验十八　电导法测定乙酸乙酯皂化反应的动力学参数

一、实验目的

1. 了解二级反应的特点，学会用图解计算法求二级反应的速率系数；

2. 掌握电导率仪的使用方法；

3. 掌握用电导率仪测定乙酸乙酯皂化反应的速率系数和活化能的方法。

二、实验原理

乙酸乙酯皂化反应是个二级反应，其反应方程式为：

$$CH_3COOC_2H_5 + NaOH \longrightarrow CH_3COONa + C_2H_5OH$$

当乙酸乙酯与氢氧化钠溶液的起始浓度 a 相同时，设反应时间为 t 时，反应所产生的 CH_3COO^- 和 C_2H_5OH 的浓度为 x 。若逆反应可忽略，则不同时刻反应物和产物的浓度为

$$CH_3COOC_2H_5 + OH^- \rightarrow CH_3COO^- + C_2H_5OH$$

$t = 0$	a	a	0	0
$t = t$	$a - x$	$a - x$	x	x
$t = \infty$	$\rightarrow 0$	$\rightarrow 0$	$\rightarrow a$	$\rightarrow a$

则反应速率的速率方程可表示为

105

$$-\frac{\mathrm{d}(a-x)}{\mathrm{d}t} = \frac{\mathrm{d}x}{\mathrm{d}t} = k(a-x)^2 \qquad (2-18-1)$$

式中，k 为反应速率系数。将上式积分得

$$\frac{x}{a(a-x)} = kt \qquad (2-18-2)$$

起始浓度 a 为已知，因此只要由实验测得不同时间 t 时的 x 值，以 $\frac{x}{a-x}$ 对 t 作图，若所得为一直线，证明是二级反应，并可以从直线的斜率求出其速率系数 k。

不同时间 t 时反应组分的浓度可用化学分析法测定，也可用物理法（如电导法）测定，本实验采用电导法测定其 x 值。

在乙酸乙酯皂化反应中，参加导电的离子有 OH^-、Na^+ 和 CH_3COO^-，由于反应体系是稀的水溶液，可认为 CH_3COONa 是全部电离的，因此，反应前后 Na^+ 的浓度不变，随着反应的进行，一定量的电导率大的 OH^- 离子变化成等量的电导率小的 CH_3COO^- 离子，使溶液导电能力明显下降，致使溶液的电导率逐渐减小。另外，在稀溶液中，每种强电解质的电导率 k 与溶液的浓度成正比，而且溶液的总电导率等于组成溶液的电解质的电导率之和。因此可用电导率仪测量皂化反应进程中电导率随时间的变化，从而达到跟踪反应物浓度随时间变化的目的。

设反应起始时（$t=0$）体系的电导率为 κ_0，溶液的电导率全由 NaOH 贡献，如果在稀溶液下反应，则

$$\kappa_0 = A_1 a \qquad (2-18-3)$$

反应终结时（$t=\infty$）体系的电导率为 κ_∞，溶液的电导率全由 CH_3COONa 贡献，生成物的浓度也为 a，同样有

$$\kappa_\infty = A_2 a \qquad (2-18-4)$$

当时间为 t 时，OH^- 离子的浓度为 $a-x$，CH_3COO^- 的浓度为 x，此时溶液的电导率为 κ_t，由二者共同贡献。

$$\kappa_t = A_1(a-x) + A_2 x \qquad (2-18-5)$$

式中，A_1，A_2 是与温度、溶剂、电解质 NaOH 及 CH_3COONa 的性质有关的比例常数。由式（2-18-3）~（2-18-5）可得到

$$x = \frac{\kappa_0 - \kappa_t}{\kappa_t - \kappa_\infty} a \qquad (2-18-6)$$

代入式（2-18-2）得

$$\kappa = \frac{1}{at} \frac{\kappa_0 - \kappa_t}{\kappa_t - \kappa_\infty} \qquad (2-18-7)$$

移项整理得

$$\kappa_t = \frac{1}{\kappa a} \frac{\kappa_0 - \kappa_t}{t} + \kappa_\infty \qquad (2-18-8)$$

以 κ_t 对 $(\kappa_0 - \kappa_t)/t$ 作图可得一直线，其斜率等于 $1/ka$，由此可求出某温度下的反应速率系数 κ。

由于二级反应的半衰期 $t_{1/2} = 1/ka$，正好就是直线的斜率，可求出反应的半衰期 $t_{1/2}$。

测量两个不同温度 T_1 和 T_2 下的反应速率系数 k_1 和 k_2，由阿累尼乌斯方程可计算出该反应的活化能 E_a 值。

$$\ln \frac{k_2}{k_1} = \frac{E_a}{R}\left(\frac{T_2 - T_1}{T_1 T_2}\right) \qquad (2-18-9)$$

三、仪器及药品

仪器：恒温槽(玻璃恒温水浴和智能数字恒温控制器组成)1 套；DDS-11A 电导率仪 1 台；试液混合器 1 个；秒表 1 个；移液管 10mL，20mL 各 1 个；容量瓶 250mL；大试管 1 个；直形电导池 1 个；铂黑电极 1 个；洗耳球 1 个。

药品：$CH_3COOC_2H_5$(AR)；$0.0200mol \cdot L^{-1}$ NaOH 溶液；二次蒸馏水。

四、实验步骤

1. 调节恒温槽的温度

调节恒温槽(其使用参见第五章)的温度至(30 ± 0.1)℃。

2. 电导率仪

开启电导率仪的电源(其使用参见第五章)，预热 15min 并进行校正。

3. 配制溶液

(1)配制与实验室给出的标准 NaOH 准确浓度(约 $0.0200mol \cdot L^{-1}$)相等的乙酸乙酯溶液。其方法是：查出室温下乙酸乙酯的体积质量浓度，已知 $M_{乙酸乙酯} = 88.097g/mol$。计算出配制 250mL，$0.0200mol \cdot L^{-1}$(与 NaOH 准确浓度相同)的乙酸乙酯水溶液所需的乙酸乙酯的体积。

(2)向 $250mL^{-1}$ 容量瓶中加入 2/3 体积的二次蒸馏水，然后用 1mL 移液管吸取所需的乙酸乙酯，注入到 250mL 容量瓶中，加二次蒸馏水定容至刻度，摇匀，即为与标准 NaOH 准确浓度(约 $0.0200mol \cdot L^{-1}$)相等的乙酸乙酯水溶液。

4. κ_0 的测定

用移液管取 10mL 浓度约为 $0.0200mol \cdot L^{-1}$ 的 NaOH 溶液放入干净、干燥的大试管中，再加 10mL 二次蒸馏水摇荡混匀，使标准 NaOH 溶液浓度稀释一倍(约为 $0.0100mol \cdot L^{-1}$)。将铂黑电极先用二次蒸馏水淋洗，再用少量待测 NaOH 溶液(约为 $0.0100mol \cdot L^{-1}$)淋洗数次，然后将电极插入上面的大试管中，放入恒温槽中恒温 10min 以上(最好塞上塞子，为什么？)，并轻轻摇动数次，测定其电导率，每隔 2min 测一次，共测三次，取其平均值，即为 κ_0。

5. κ_t 的测定

用移液管取 10mL 浓度约为 $0.0200mol \cdot L^{-1}$ NaOH 溶液于干净、干燥的试液混合器 a 管中(注意不要使溶液进入 b 管中)如图 2-18-1 所示，再用另一支 10mL 移液管取 10mL 浓度相等的 $CH_3COOC_2H_5$ 溶液于试液混合器的 b 管。将干净、干燥的铂黑电导电极插入 b 管中，置于恒温槽内恒温 10min，并轻轻摇动数次，然后用吸球将溶液快速从 a 管压入 b 管，溶液压入一半时开始计时，并继续压气，将 a 管中的溶液全部压入 b 管，再将混合溶液吸入到 a 管，吸入一半时，再全部压回到 b 管，如此反复几次，使溶液混合均匀，立即测量此溶液的电导率。在 5min、7min、9min、11min、13min、15min、20min、25min、30min、35min、40min、45min…测其电导率，直至电导率基本不变时(约为 45~60min)可停止测量。

107

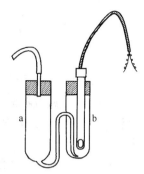

图 2-18-1　试液混合器

6. 测定(35 ± 0.1)℃的 κ_0，κ_t

调节恒温槽的温度为(35 ± 0.1)℃，重复步骤 4 和 5，测定另一温度下的 κ_0，κ_t。

7. 实验结束

倒掉反应液，取出电极，用二次蒸馏水洗净并置于电导水中保存待用。关闭电源，清洗大试管和试液混合器。

五、数据记录及处理

1. 将所测实验数据填入表 2-18-1 及表 2-18-2 中。

$\kappa_0 = $ _____ S·m^{-1}；$c_{CH_3COOC_2H_5} = $ _____ mol·m^{-3}；$c_{NaOH} = $ _____ mol·m^{-3}

表 2-18-1　30℃时的实验数据

t/min	5	7	9	11	13	15	20	25	30	35	40	45
$\kappa_t/(\text{S·m}^{-1})$												
$(\kappa_0 - \kappa_t)/t/$ $(\text{S·m}^{-1}\cdot\text{min}^{-1})$												

$\kappa_0 = $ _____ S·m^{-1}；$c_{CH_3COOC_2H_5} = $ _____ mol·m^{3}；$c_{NaOH} = $ _____ mol·m^{3}

表 2-18-2　35℃时的实验数据

t/min	3	5	7	9	11	13	15	20	25	30	35	40	45
$\kappa_t/(\text{S·m}^{-1})$													
$(\kappa_0 - \kappa_t)/t/$ $(\text{S·m}^{-1}\cdot\text{min}^{-1})$													

2. 分别作出(30 ± 0.1)℃、(35 ± 0.1)℃温度下的 $\kappa_t - (\kappa_0 - \kappa_t)/t$ 图，由直线的斜率求出两温度下的 k 和相应的半衰期 $t_{1/2}$。

3. 据阿累尼乌斯方程公式求出反应的活化能 E_a。

六、注意事项

1. 实验所用蒸馏水必须是预先煮沸，冷却使用，以除去水中溶解的 CO_2 对 NaOH 的影响。

2. $CH_3COOC_2H_5$ 溶液水解缓慢，水解产物 CH_3COOH 又会消耗 NaOH。故 $CH_3COOC_2H_5$ 溶液要现配现用。

3. 称量 $CH_3COOC_2H_5$ 时动作要迅速，防止液体挥发，用双管电导池恒温 $CH_3COOC_2H_5$ 溶液时管口要塞紧，防止蒸发，影响浓度。

4. 秒表要连续计时，不能中途停止。

5. 初次对电导率仪进行调试时，应当先把范围选择器调至最大量程位置，以选择一个合适的档位进行测量，这样既能测量准确又能保护仪器不被损坏。且每次用电导率仪进行测量时，都应当提前进行仪器校正。

6. 不能用滤纸擦拭电导电极的铂黑。

7. 恒温槽温度波动应当控制在 ±0.1℃ 范围内。

8. 乙酸乙酯皂化反应系吸热反应，混合后体系温度降低，所以在混合后的最初几分钟所测溶液的电导率偏低，因此最好在反应 4~6min 后开始测定，否则 κ_t 对 $(\kappa_0 - k_t)/t$ 所作图形为抛物线，而非直线。

七、思考题

1. 被测溶液的电导率是哪些离子的贡献？反应进程中溶液的电导率为何发生变化？

2. 为什么要使两种反应物的初始浓度相等？

3. 为什么要使两溶液尽快混合完毕？开始一段时间的测定间隔期为什么要短？

4. 如何从实验结果来验证乙酸乙酯皂化反应为二级反应？

八、文献参考值

$$\lg k = -1780T^{-1} + 0.00754T + 4.53$$
$$E_a = 46.1 \text{kJ} \cdot \text{mol}^{-1}$$

实验十九 过氧化氢分解反应的速率系数的测定

一、实验目的

1. 测定过氧化氢催化分解反应的速率系数和半衰期；

2. 了解一级反应的特点；

3. 了解量气法测定反应级数的方法。

二、实验原理

化学反应的速率取决于反应物的浓度、温度、压力、催化剂、搅拌速率等许多因素。过氧化氢在常温、没有催化剂存在时，分解反应进行得很慢。加入催化剂能够明显提高分解反应速率，过氧化氢分解反应的化学方程式如下：

$$2H_2O_2(l) = 2H_2O(l) + O_2(g)$$

若以 KI 为催化剂，H_2O_2 催化分解的机理为：

$$H_2O_2 + KI \rightarrow KIO + H_2O \quad （慢）$$
$$KIO \rightarrow KI + 1/2O_2$$

第一步的速率比第二步慢得多，所以过氧化氢的分解反应速率主要由第一步决定，过氧化氢分解反应的速率方程为：

$$r = -\frac{dc_{H_2O_2}}{dt} = k'c_{KI}c_{H_2O_2} \quad\quad (2-19-1)$$

式中，$c_{H_2O_2}$ 为反应系统中反应到 t 时刻 H_2O_2 的浓度，因 KI 浓度不变，c_{KI} 与 k' 合并后为常数，令其等于 k，上式可简化为：

$$r = -\frac{dc_{H_2O_2}}{dt} = kc_{H_2O_2} \qquad (2-19-2)$$

式中，$k = k'c_{KI}$，称为反应速率系数，当温度和催化剂一定时，k 为定值。式 $(2-19-2)$ 表明，反应速率与 H_2O_2 浓度的一次方成正比，故称为一级反应，将 $(2-19-2)$ 式分离变量，积分得：

$$\ln \frac{c_A}{c_{A,0}} = -kt \qquad (2-19-3)$$

式中，$c_{A,0}$ 为 H_2O_2 的初始浓度；c_A 为反应进行到 t 时刻 H_2O_2 的浓度；当在反应进行过程中，测定不同时刻反应系统中 H_2O_2 的浓度 c_A，以 $\ln c_A$ 对 t 作图，得一直线，直线斜率为 $-k$。

当反应物浓度为初始浓度的一半时，所需要的时间称为反应的半衰期 $t_{1/2}$。

$$t_{1/2} = \frac{\ln 2}{k} = \frac{0.693}{k} \qquad (2-19-4)$$

对于 t 时刻 H_2O_2 浓度的求法有许多种，采用物理的方法测定反应系统某组分的浓度具有很多优点，如可以跟踪系统某组分或各组分物理性质的变化，不需要终止反应便可随时测定某一时刻反应系统某组分或各组分的浓度。所谓物理的方法是利用反应系统某组分或各组分的某些物理性质（如体积、压力、电动势、折光率、旋光度等）与待测值有确定的线性函数关系的特征，通过测定系统中该物理性质的变化，间接测量浓度变化。

在过氧化氢催化分解过程中，t 时刻 H_2O_2 的浓度 c_A 可通过测量在相应的时间内反应放出 O_2 的体积求得。因为，在分解反应中，放出 O_2 的体积与分解的 H_2O_2 的量成正比。若用 V_∞ 表示 H_2O_2 全部分解放出 O_2 的体积，V_t 表示 H_2O_2 在 t 时刻分解放出 O_2 的体积，则

$$c_{A,0} = kV_\infty \qquad (2-19-5)$$
$$c_A = k(V_\infty - V_t) \qquad (2-19-6)$$

将上述关系代入式 $(2-19-3)$，得

$$\ln \frac{c_A}{c_{A,0}} = \ln \frac{V_\infty - V_t}{V_\infty} = -kt \qquad (2-19-7)$$

$$\ln (V_\infty - V_t) = -kt + \ln V_\infty \qquad (2-19-8)$$

从式 $(2-19-8)$ 中可以看出，$\ln (V_\infty - V_t)$ 对时间 t 作图得到一条直线，从直线的斜率可求出 k。式中 V_∞ 可由实验所用 H_2O_2 的体积及浓度计算出来。

标定 H_2O_2 浓度的方法如下：在酸性溶液中用高锰酸钾标准溶液滴定，求出 H_2O_2 的初始浓度 $c_{H_2O_2}$，从而算出 V_∞。

$$5H_2O_2 + 2KMnO_4 + 3H_2SO_4 = \!\!=\!\!= 2MnSO_4 + K_2SO_4 + 8H_2O + 5O_2$$

$$c_{H_2O_2} = \frac{5c_{KMnO_4} V_{KMnO_4}}{2V_{H_2O_2}} \qquad (2-19-9)$$

$$V_\infty = \frac{c_{H_2O_2} V_{H_2O_2}}{2} \frac{RT}{p_{O_2}} \qquad (2-19-10)$$

式中，$V_{H_2O_2}$ 为滴定时取样体积（mL），V_{KMnO_4} 为滴定用 KMnO$_4$ 的溶液的体积（mL），p_{O_2} 为氧气的分压。

三、仪器及试剂

仪器：磁力加热搅拌器 1 台；实验装置 1 套(见图 2 – 19 – 1)；5mL 移液管 1 支；10mL 移液管 1 支；锥形瓶反应器 250mL 1 个；秒表 1 块。

试剂：2% H_2O_2 溶液(新配)；0.1mol/L KI 溶液；3.0mol/L H_2SO_4 溶液；0.04mol/L $KMnO_4$ 标准液(用时准确标定)。

四、实验步骤

1. 检漏。按图 2 – 19 – 1 安装实验装置，旋转三通旋塞通大气，升高水准瓶，使液体充满量气管。然后旋转三通旋塞，使系统与外界隔绝，降低水准瓶，使量气管与水准瓶的水位相关 10cm 左右，若保持 4min 不变，即表示不漏气；否则就漏气，仔细查找原因。

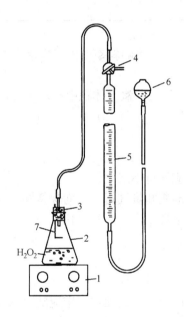

图 2 – 19 – 1　过氧化氢催化分解反应实验装置图
1—磁力加热搅拌器；2—锥形瓶反应器；3—胶塞；4—三通活塞；
5—量气管；6—水准瓶；7—固体催化剂储槽

2. 测量。在干净的锥形瓶中放入磁力搅拌磁子，用移液管吸取 10mL 质量分数为 2% 的 H_2O_2 溶液于锥形瓶中，让系统通大气，调节水准瓶的位置，使量气管和水准瓶的水位相平并处于上端 0 刻度处。开动搅拌，调节适当搅拌速度，并恒定，然后将 20mL 蒸馏水和 10mL0.1mol/L 的 KI 混合溶液注入锥形瓶中，迅速塞紧胶塞，将三通活塞不通大气，通系统，并开始计时。反应开始时，每隔 2min 读取量气管的示数 1 次(注意每次读数时一定要使水准瓶和量气管内液面保持同一水平高度)，直至量气管液面降至约 50mL 为止。

3. 测定 H_2O_2 的初始浓度 $c_{H_2O_2}$。移取 5mLH_2O_2 溶液于 250mL 锥形瓶中，加入 10mL 3.0mol/LH_2SO_4 溶液，用 0.04mol/L $KMnO_4$ 标准液滴至淡粉红色，读取所用 $KMnO_4$ 标准液的体积。重复 2 次，取平均值。

4. 实验结束。

五、数据记录及处理

1. 将所测实验数据填入表 2 - 19 - 1 中。

室温_____℃；大气压_____kPa；V_∞ = _____mL。

表 2 - 19 - 1　过氧化氢分解反应实验数据记录表

时间 t/min	V_t/mL	$\ln(V_\infty - V_t)$	时间 t/min	V_t/mL	$\ln(V_\infty - V_t)$

2. 计算 H_2O_2 的初始浓度 $c_{H_2O_2}$ 及 V_∞。
3. $\ln(V_\infty - V_t)$ 对 t 作图，从直线的斜率求出反应速率系数 k。
4. 计算反应的半衰期 $t_{1/2}$。

由于反应体系有水存在，故计量的氧气体积中有水蒸气存在，因此需要校正，扣除水蒸气。校正公式为：$V_{校正} = V_{测量}(1 - p_{水蒸气}/p_{大气})$

六、注意事项

1. 整个反应过程中，系统应保持不漏气；
2. 每次读数时一定要使水准瓶和量气管内液面保持同一水平高度；
3. 搅拌速度应适中，尽量保持恒定，不宜过快。

七、思考题

1. 本实验所用仪器是否需要绝对干燥？
2. 为什么水准瓶、量气管内液面在实验过程中应随时保持一致？
3. 本实验中所测反应速率系数 k 与 KI 有无关系？k 与哪些因素有关？
4. 在实验过程中，为什么要保持搅拌速率恒定？

实验二十　BZ 化学振荡反应

一、实验目的

1. 了解 Belousov - Zhabotinski 反应（简称 BZ 反应）的基本原理及研究化学振荡反应的方法；
2. 了解化学振荡反应的电势测定方法；
3. 测定化学振荡反应的诱导期与振荡周期，并求反应的表观活化能。

二、实验原理

通常的化学反应，其反应物和产物的浓度均随时间呈单调变化，当平衡时，各物质的浓度不再随时间改变。然而，在某些化学反应体系中，会出现非平衡非线性现象，一些组分的浓度会随时间呈周期性的变化，这种现象称为化学振荡或化学混沌。

1920 年，研究者发现碘催化分解双氧水反应存在化学振荡现象，这是被发现的最早的化学振荡反应。后来研究中发现许多反应也存在化学振荡，其中最著名的是由两位科学家共同发现，被后人用他们的名字命名的 Belousov–Zhabotinski 反应（简称 BZ 反应），最初这一反应是指在酸性介质中柠檬酸、溴酸盐和铈离子之间的反应，后来人们将可呈现化学振荡现象的含溴酸盐的反应笼统地称为 BZ 振荡反应。

大量的实验研究结果表明，化学振荡现象的发生必须满足三个条件：①必须是远离平衡的敞开体系。②反应历程中含有自催化步骤。③体系必须具有双稳态性，即可在两个稳态间来回振荡。

本实验选择酸性介质中 $KBrO_3$ 氧化丙二酸的反应为研究对象，这是研究得最为详细的一个振荡反应，其催化剂为 Ce^{4+}/Ce^{3+}（也可以采用 Mn^{3+}/Mn^{2+}）：

$$2H^+ + 2BrO_3^- + 3CH_2(COOH)_2 \underset{Ce^{3+},\ Br^-}{\overset{Ce^{4+},\ Br^-}{\rightleftharpoons}} 2BrCH(COOH)_2 + 3CO_2 + 4H_2O$$

将含 $KBrO_3$、丙二酸的溶液与溶于硫酸铈溶液混合，用仪器可以记录到反应中溴离子浓度 $[Br^-]$ 和铈离子浓度比 $[Ce^{4+}/Ce^{3+}]$ 随时间作周期性的变化曲线。由于 Ce^{4+} 呈黄色而 Ce^{3+} 呈无色，反应中还可以观察到体系在黄色和无色之间做周期性的变振荡。

有关振荡反应的机制，有过许多研究，目前普遍为人们所接受的是由 Field、Koros 和 Noyes 三位研究者提出的机制，简称 FKN 机制。该机制认为，在硫酸介质中以铈离子作催化剂的条件下，溴酸盐氧化丙二酸的过程不少于 11 个反应。经简化后，主要有如下 8 个反应。

过程 A：当 $[Br^-]$ 足够大时，

$$BrO_3^- + Br^- + 2H^+ \overset{k_1}{\longrightarrow} HBrO_2 + HOBr(慢) \tag{1}$$

$$HBrO_2 + Br^- + H^+ \overset{k_2}{\longrightarrow} 2HOBr \quad （快） \tag{2}$$

$$HOBr + Br^- + H^+ \overset{k_3}{\longrightarrow} Br_2 + H_2O \tag{3}$$

$$Br_2 + CH_2(COOH)_2 \overset{k_4}{\longrightarrow} BrCH(COOH)_2 + H^+ + Br^- \tag{4}$$

过程 B：当 $[Br^-]$ 较小时，铈离子被氧化：

$$BrO_3^- + HBrO_2 + H^+ \overset{k_6}{\longrightarrow} 2BrO_2 + H_2O \quad （慢） \tag{5}$$

$$BrO_2 + Ce^{3+} + H^+ \overset{k_7}{\longrightarrow} HBrO_2 + Ce^{4+} \quad （快） \tag{6}$$

$$2HBrO_2 \overset{k_5}{\longrightarrow} BrO_3^- + HOBr + H^+ \tag{7}$$

过程 C：Br^- 再生：

$$BrCH(COOH)_2 + 4Ce^{4+} + HOBr + H_2O \longrightarrow 2Br^- + 4Ce^{3+} + 3CO_2 + 6H^+ \tag{8}$$

过程 A、B、C 合起来组成反应系统中的一个振荡周期。

过程 A，过程消耗 Br^-，产生能进一步反应的 $HBrO_2$ $HOBr$ 为中间物。

过程 B，是一个自催化过程，当 $[Br^-]$ 消耗到一定程度时，$HBrO_2$ 按式（5）、式（6）进行反应，并使反应不断加速，同时 Ce^{3+} 被氧化成 Ce^{4+}。

过程 C，Br^- 再生，使 Ce^{4+} 还原成 Ce^{3+}，这一过程对化学振荡非常重要，如果只有过程 A、过程 B，那就是一般的自催化反应或时钟反应，进行一次就完成。正是由于过程 C 以丙二酸的消耗为代价，重新得到 Br^- 和 Ce^{3+}，反应得以重新启动，形成周期性振荡。

因此，BZ 振荡反应体系中 Br^- 是控制离子，即 Br^- 起着转向开关的作用，当 $[Br^-]<[Br^-]_{临界}$时，而导致 Br^- 通过反应(2)迅速下降，系统的主要过程从 A 切换到 B，最后通过 C 使 Br^- 再生。当 $[Br^-]>[Br^-]_{临界}$时，体系中 $HBrO_2$ 的自催化生成受到抑制，系统又从 B 切换到 A，从而完成一个循环。

测定、研究 BZ 化学振荡反应可采用离子选择性电极法、分光光度法和电化学等方法。本实验采用电化学方法，即在不同的温度下测定 $[Ce^{4+}]/[Ce^{3+}]$ 之比产生的电势随时间变化曲线如图 2-20-1 所示。

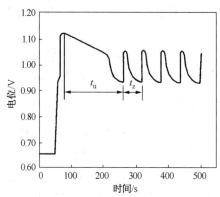

图 2-20-1　化学振荡反应的电位-时间曲线

通过振荡曲线可以得到：

振荡诱导期 t_u：从反应开始到出现振荡的时间。

振荡周期 t_z：完成一次振荡的时间。

分别从曲线中得到诱导期 t_u 和振荡周期 t_z，并代入阿累尼乌斯方程：

$$\ln\frac{1}{t_u}\left(或\frac{1}{t_z}\right)=-\frac{E}{RT}+\ln A \qquad (2-20-1)$$

式中，E 为表观活化能；R 是摩尔气体常数($8.314\text{J}\cdot\text{mol}^{-1}\cdot\text{K}^{-1}$)；$T$ 是热力学温度；A 是经验常数。分别以 $\ln(1/t_u)$ 和 $\ln(1/t_z)$ 对 $1/T$ 作图，从图中的直线斜率可分别求的对应的表观活化能(E_u 和 E_z)。

三、仪器及药品

仪器：BZ 振荡反应仪器 1 套；计算机采集系统及打印机；饱和甘汞电极(带 $1\text{mol}^{-1}\cdot\text{K}^{-1}\text{H}_2\text{SO}_4$盐桥)1 支；100mL 电解池(带夹套)1 个；铂丝电极 1 支；计算机系统 1 套；超级恒温槽 1 个；100mL 容量瓶 1 个；10mL 移液管 4 支。

药品：硫酸铈铵(AR)；硫酸(AR)；溴酸钾(AR)。

四、实验步骤

1. 配制溶液

分别用蒸馏水配制 $0.005\text{mol}\cdot\text{L}^{-1}$硫酸铈铵(必须在 $0.2\text{mol}\cdot\text{L}^{-1}\text{H}_2\text{SO}_4$硫酸介质中配制)、$0.4\text{mol}\cdot\text{L}^{-1}$丙二酸、$0.2\text{mol}\cdot\text{L}^{-1}$溴酸钾、$3\text{mol}\cdot\text{L}^{-1}$硫酸各 100mL。

2. 准备工作

(1)反应装置如图 2-20-2 所示。开启超级恒温槽电源(其使用参见第五章)，并调节温度为30℃(或比当时的室温高3~5℃)。

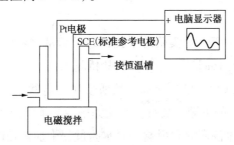

图2-20-2　振荡反应测量装置

(2)打开BZ振荡反应器电源,启动计算机,进入工作界面,根据仪器上的标号选择适当COM接口,设置好坐标,一般可选择0.4~1.2V,时间选择为15min。

(3)在恒温反应器(干净,干燥的)中依次加入已配好的丙二酸、硫酸、溴酸钾各15mL,打开搅拌器,在以下系列实验过程中尽量使搅拌子的位置和转速保持一致。同时将硫酸铈铵溶液在恒温槽中恒温10min。

(4)先在放置甘汞电极的液接试管中加入少量$1mol \cdot L^{-1}$硫酸(确保电极浸入溶液中),然后将甘汞电极放入。

3. 测量

(1)被测溶液在指定温度下恒温足够长时间(至少10min),按下BZ振荡实验装置的"采零"键,然后将电极线的正极接在铂电极上,甘汞电极接在负极上,点击计算机工具栏上"数据处理"菜单中的"开始绘图",再加入硫酸铈铵溶液15mL。注意溶液颜色的变化。

(2)计算机自动记录实验曲线,经过一段时间的"诱导",开始振荡反应,此后的曲线呈现有规律的周期性变化如图2-20-2所示,待3~4个峰时,点击"数据处理"菜单中的"结束绘图",实验结束后给实验结果取个文件名并存盘。点击"清屏",准备进行下一步操作。

(3)将恒温槽温度调至35℃,取出电极洗净反应器和所用过的电极,然后重复上述步骤进行测量。分别每隔5℃测定一条曲线,至少测量6个温度下的曲线。

五、数据记录及处理

1. 分别从各条曲线中找出诱导时间(t_u)和振荡周期(t_z),并填入表2-20-1中。
2. 根据计算结果分别作以$\ln(1/t_u)$ -1/T 和 $\ln(1/t_z)$ -1/T 图。
3. 根据图中直线的斜率分别求出诱导表观活化能(E_u)和振荡表观活化能(E_z)。

室温_____℃;实验温度_____℃;大气压_____kPa。

表2-20-1　化学振荡反应实验数据

T/K	$(1/T) \times 10^3/K^{-1}$	t_u	$\ln(1/t_u)$	t_z	$\ln(1/t_z)$

六、注意事项

1. 为了防止参比电极中离子对实验的干扰，以及溶液对参比电极的干扰，所用的饱和甘汞电极与溶液之间必须用 $1mol^{-1} \cdot L^{-1} H_2SO_4$ 盐桥隔离。

2. 由于实验中 $KBrO_3$ 试剂纯度要求高，故所使用的电解池、电极和一切与溶液相接触的器皿是否干净是实验成败的关键，故每次实验完毕后必须将所用的仪器冲洗干净。

3. 加样顺序对体系的振荡周期有影响，故实验过程中加样顺序要保持一致。

4. 配制 $0.005mol \cdot L^{-1}$ 硫酸铈铵溶液时，一定要在 $0.2mol \cdot L^{-1} H_2SO_4$ 硫酸介质中配制，否则容易发生水解反应，使溶液浑浊。

七、思考题

1. 影响诱导期、周期及振荡寿命的主要因素有哪些？

2. 本实验中铈离子的作用是什么？

3. 为什么在实验过程中应尽量使搅拌子的位置和转速保持一致？

4. 为什么可用测定电池反应电动势的方法来测定 BZ 振荡反应的振荡曲线？

界面和胶体化学

实验二十一　溶液表面张力的测定

一、实验目的

1. 掌握最大泡压法测定溶液表面张力的原理和方法；
2. 测定不同浓度正丁醇水溶液的表面张力；
3. 计算正丁醇的饱和吸附量及每个正丁醇分子的截面积。

二、实验原理

1. 表面张力

在液体的内部任何分子周围的吸引力是平衡的。但在液体表面层的分子却不相同。因为表面层的分子，一方面受到液体内层的邻近分子的吸引，另一方面受到液面外部气体分子的吸引，而且前者的作用要比后者大。因此在液体表面层中，每个分子都受到垂直于液面并指向液体内部的不平衡力，如图 2 – 21 – 1 所示。

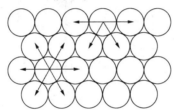

图 2 – 21 – 1　分子间作用力示意图

这种吸引力使液体的表面积有尽量缩小的趋势。在可逆条件下，要使液体的表面积增大，把液体分子移到表面，就必须要反抗内部分子的拉力而对系统做功，此功称表面功，用 W_r' 表示。显然，表面功应与增大的表面积 ΔA 成正比。

$$W_r' = \gamma \Delta A \qquad (2 - 21 - 1)$$

$$\gamma = \frac{W_r'}{\Delta A} = \frac{\Delta G_{T,P}}{\Delta A} \qquad (2 - 21 - 2)$$

式中，γ 为单位面积的界面吉布斯函数，其单位为 $J \cdot m^{-2}$。也可将 γ 看作在液体的表面上，垂直作用于单位长度线段上的表面紧缩力，称为液体的表面张力，其单位为 $N \cdot m^{-1}$。液体的表面张力与温度、压力、物质的性质及组成有关。温度越高，表面张力愈小。到达临界温度时，液体与气体不分，表面张力趋近于零。

测定溶液的表面张力有多种方法，较为常用的有最大泡压法、脱环法和扭力天平法。本实验使用最大泡压法测定溶液的表面张力，其实验装置如图 2 – 21 – 2 所示。

将待测液体置于支管试管中，使毛细管端面与液面相切，由于毛细现象液面将沿毛细管上升。旋开滴液漏斗的活塞，缓慢放液，使系统压力减小。此时，由于毛细管液面所受压力大于支管试管液面所受压力，毛细管内液面不断下降，毛细管下端将缓慢析出气泡。在气泡

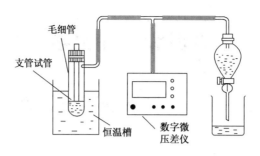

图 2 - 21 - 2　表面张力测定装置图

形成的过程中，由于表面张力的作用，则气泡内外的压力差 Δp（即施加于气泡的附加压力）与表面张力 γ、气泡的曲率半径 r 之间的关系可用拉普拉斯方程表示，即：

$$\Delta p = \frac{2\gamma}{r} \tag{2-21-3}$$

如果毛细管半径很小，则形成的气泡基本上是球形的，如图 2 - 21 - 3 所示。当气泡开始形成时，表面几乎是平的，这时曲率半径最大，如图 2 - 21 - 3(a) 所示，Δp 值最小；随着气泡的形成，曲率半径逐渐变小，当曲率半径等于毛细管半径时，气泡呈半球形，气泡的曲率半径最小，如图 2 - 21 - 3(b) 所示，Δp 值达最大；气泡进一步长大，气泡的曲率半径又变大，如图 2 - 21 - 3(c) 所示，Δp 值则又变小，最后气泡逸出。在整个气泡形成和逸出过程中，Δp 值的变化是由小变大再变小的。

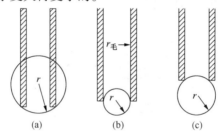

图 2 - 21 - 3　气泡形成过程其半径变化情况

当毛细管半径等于曲率半径时，附加压力达最大值为 Δp_{max}，则式(2 - 21 - 3)为：

$$\Delta p_{max} = \frac{2\gamma}{r_{毛}} \tag{2-21-4}$$

$$\gamma = \frac{\Delta p_{max} r_{毛}}{2} \tag{2-21-5}$$

式中，$r_{毛}$ 为毛细管半径，在实验中若使用同一支毛细管，则 $\frac{r_{毛}}{2}$ 是常数，称为仪器常数，用 K 来表示，式(2 - 21 - 5)可简化为：

$$\gamma = K\Delta p_{max} \tag{2-21-6}$$

式中，仪器常数 K 值可通过测已知表面张力物质(通常用纯水)的 Δp_{max} 而求得。

2. 溶液的表面吸附

在定温下纯液体的表面张力为定值，当加入溶质形成溶液时，表面张力发生变化，其变化的大小决定于溶质的性质和加入量的多少。根据能量最低原理，溶质能降低溶剂表面张力时，表面层中溶质的浓度比溶液内部的浓度高；反之，溶质使溶剂的表面张力升高时，它在表面层中的浓度比在溶液内部的浓度低。这种表面浓度与内部浓度不同的现象叫做溶液表面

118

的吸附。在指定的温度和压力下，溶质在表面层的吸附量与溶液的表面张力及溶液的浓度之间的关系遵守吉布斯(Gibbs)吸附等温方程

$$\Gamma = -\frac{c}{RT}\left(\frac{\mathrm{d}\gamma}{\mathrm{d}c}\right)_T \qquad (2-21-7)$$

式中，Γ 为溶质在表面层的吸附量，$mol \cdot m^{-2}$；γ 为表面张力，$N \cdot m^{-1}$；c 为吸附达到平衡时溶质在溶液中的物质的量浓度，$mol \cdot m^{-3}$。吉布斯吸附等温方程应用范围很广，但上述形式仅适用于稀溶液。

当 $\frac{\mathrm{d}\gamma}{\mathrm{d}c} < 0$ 时，$\Gamma > 0$，称为正吸附，这时加入溶质使溶剂的表面张力下降；当 $\frac{\mathrm{d}\gamma}{\mathrm{d}c} > 0$ 时，$\Gamma < 0$，称为负吸附，这时加入溶质使溶剂的表面张力升高。

引起溶剂表面张力显著降低的物质叫表面活性物质，被吸附的表面活性物质分子在界面层中的排列，决定于它在液层中的浓度，如图 2-21-4 所示。

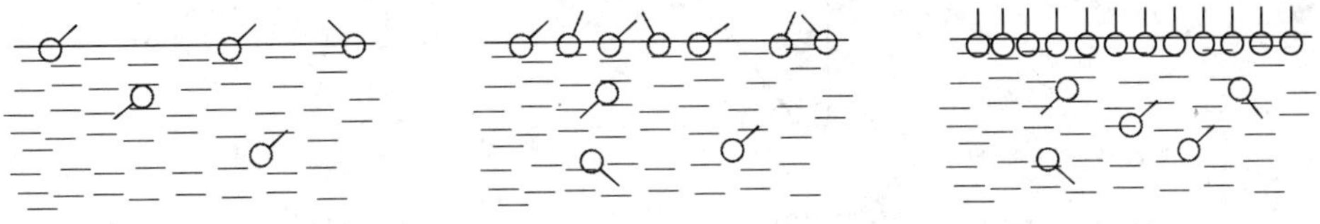

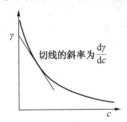

图 2-21-4 表面活性剂物质的分子在溶液本体及表面层中的分布

图 2-21-4 中(a)、(b)是不饱和层中分子的排列，(c)是饱和层分子的排列。当界面上被吸附分子的浓度增大时，它的排列方式在改变着，最后，当浓度足够大时，被吸附分子盖住了所有界面的位置，形成饱和吸附层，分子排列方式如图 2-21-4(c)所示，这样的吸附层是单分子层。随着表面活性物质的分子在界面上愈紧密排列，则此界面的表面张力也就逐渐减小。当达饱和时，表面张力趋于恒定。恒温下绘制 $\gamma-c$ 曲线，如图 2-21-5 所示。

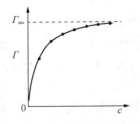

图 2-21-5 表面张力和浓度的关系

在曲线上作某一浓度 c 的切线，求出该切线的斜率 $\frac{\mathrm{d}\gamma}{\mathrm{d}c}$，代入式(2-21-7)中，即可求出该浓度 c 的溶质吸附量 Γ。利用此法可求出一系列不同浓度 c 时的吸附量 Γ，绘制出 $\Gamma-c$ 曲线，如图 2-21-6 所示，称为吸附等温线。

图 2-21-6 溶液吸附等温线

根据朗格谬尔(Langmuir)吸附等温公式

$$\Gamma = \Gamma_\infty \frac{kc}{1+kc} \qquad (2-21-8)$$

式中，Γ_∞ 为饱和吸附量，即溶液表面铺满一层被吸附分子时的吸附量。式(2-21-8)还可以变换为如下形式：

$$\frac{c}{\Gamma} = \frac{kc+1}{k\Gamma_\infty} = \frac{c}{\Gamma_\infty} + \frac{1}{k\Gamma_\infty} \qquad (2-21-9)$$

以 $\frac{c}{\Gamma}$ 对 c 作图得一直线，如图2-21-7所示，该直线的斜率为 $\frac{1}{\Gamma_\infty}$。

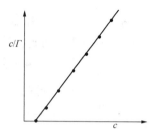

图2-21-7　$\frac{c}{\Gamma}$ 和 c 的关系

将所求 Γ_∞ 代入式(2-21-10)中，可求被吸附分子的截面积 $a_m(\mathrm{m}^2)$。

$$a_m = \frac{1}{\Gamma_\infty L} \qquad (2-21-10)$$

式中，L 为阿伏伽德罗常数。

三、仪器及药品

仪器：恒温槽(SYP玻璃恒温水浴和SWQ-ⅠA智能数字恒温控制器组成)1套；表面张力测定装置1套；DP-AW精密数字微压差计1台；容量瓶(50mL)8个；容量瓶(250mL)1个；移液管(10mL、1mL)各2支。

药品：正丁醇(AR)。

四、实验步骤

1. 预热

打开DP-AW精密数字微压差计(简称压差计)(其使用参见第五章)的电源开关，预热15min。

2. 调温

调节恒温槽(其使用参见第五章)的温度为(25±0.1)℃。

3. 配制系列正丁醇溶液

(1)配0.5mol/L的正丁醇溶液250mL;

(2)由0.5mol/L的正丁醇溶液配制浓度分别为0.02mol/L、0.04mol/L、0.07mol/L、0.10mol/L、0.12mol/L、0.15mol/L、0.20mol/L、0.25mol/L的溶液各50mL。

4. 仪器准备

(1)洗涤。将表面张力测定装置的支管试管和毛细管先用洗液洗干净，再顺次用自来水和蒸馏水漂洗。

（2）检漏。加入适量的蒸馏水于支管试管中，插入已漂洗过的毛细管，塞紧毛细管上端的胶塞，使毛细管刚好与液面垂直相切。将表面张力测定装置其余各部分按图 2 – 21 – 2 安装好，分液漏斗中装满自来水，旋开其活塞，使压差计显示一定的数值，关闭活塞。若压差计上的显示值保持一段时间不变，说明此装置不漏气。

（3）采零。打开支管试管上的胶塞，使体系与大气相通，在压差计上，按下"采零"键，读数应显示"0.000"。单位选择为"kPa"。

（4）恒温。将体系恒温 10min。

5. 仪器常数 K 的测定

将分液漏斗中装满自来水，旋开活塞使水缓慢滴出。有气泡从毛细管缓慢逸出，控制水的流速，使气泡逸出的速度约为每分钟 10 个左右。若气泡形成时间太短，则吸附平衡就来不及在气泡表面建立起来，测得的表面张力也不能反映该浓度表面张力的真正值。观察压差计中的示数，当压差达到绝对值最大时（显示负值），记录 Δp_{max} 数值，每隔 2min 读一次，连续测三次。

6. 正丁醇系列溶液表面张力的测定

用同样方法按浓度由低到高的顺序依次测定不同浓度的正丁醇水溶液的 Δp_{max} 值。每次更换溶液时，都要用待测溶液洗涤支管试管和毛细管内壁 2 ~ 3 次，且每次溶液都要恒温 10min。

7. 实验结束

读取实验的准确温度，即恒温槽中温度计的温度。关闭所有电源，支管试管和毛细管漂洗干净，毛细管浸入蒸馏水中。

五、数据记录及处理

1. 将所测实验数据填入表 2 – 21 – 1 中。

室温：＿＿＿＿＿＿℃；实验温度：＿＿＿＿＿＿℃；大气压：＿＿＿＿＿＿kPa。

表 2 – 21 – 1　表面张力测定实验数据

$c \times 10^{-3}/(mol \cdot m^{-3})$	$\Delta p_{max}/kPa$			
	1	2	3	平均值
0.02				
0.04				
0.07				
0.10				
0.12				
0.15				
0.20				
0.25				

2. 从附录 7 查出实验温度时水的表面张力 γ，根据公式 $\gamma = K\Delta p_{max}$，算出仪器常数 K 值。

3. 根据公式 $\gamma = K\Delta p_{max}$，计算正丁醇系列溶液的表面张力 γ，并填入表 2 – 21 – 2 中，据 $\gamma - c$ 数据，绘制 $\gamma - c$ 曲线。

4. 在 $\gamma - c$ 曲线上求出正丁醇水溶液各浓度的 $\dfrac{d\gamma}{dc}$ 值。根据公式 $\Gamma = -\dfrac{c}{RT}\left(\dfrac{d\gamma}{dc}\right)_T$，求出

各浓度的 Γ 和 $\dfrac{c}{\Gamma}$ 值，将数据填入表 2 - 21 - 2 中。

表 2 - 21 - 2　表面张力测定计算数据

$c \times 10^{-3}/(\text{mol} \cdot \text{m}^{-3})$	$\gamma/(\text{N} \cdot \text{m}^{-1})$	$d\gamma/dc/(\text{N} \cdot \text{mol}^{-1} \cdot \text{m}^{-2})$	$\Gamma/(\text{mol} \cdot \text{m}^{-2})$	$c/\Gamma/\text{m}^{-1}$
0.02				
0.04				
0.07				
0.10				
0.12				
0.15				
0.20				
0.25				

5. 绘制 $\Gamma - c$ 曲线和 $\dfrac{c}{\Gamma} - c$ 直线，从所得直线斜率求 Γ_∞。

6. 计算正丁醇分子的截面积 a_m，与文献值进行比较，计算相对误差。

六、注意事项

1. 仪器系统不能漏气。

2. 支管试管和毛细管一定要清洗干净。

3. 读取压差计的压差时，应取气泡单个逸出时的最大压差。

4. 实际测量时，毛细管应保持垂直，且刚好与液面相切时，才可忽略气泡鼓泡所需克服的静压力，这样才可直接用式(2 - 21 - 6)计算溶液的表面张力 γ。

七、思考题

1. 实验时，为什么毛细管口应处于刚好接触溶液表面的位置？如插入一定深度将对实验带来什么影响？

2. 在毛细管口所形成的气泡什么时候其半径最小？

3. 实验中为什么要测定水的 $\Delta p_{\max}$？

4. 为什么要求从毛细管中逸出的气泡必须均匀而间断？如何控制出泡速度？

八、文献参考值

直链醇分子截面积为 $2.16 \times 10^{-19} \text{m}^2$。

实验二十二　液体黏度的测定

一、实验目的

1. 了解黏度的物理意义、测定原理和方法；

2. 掌握奥氏黏度计的使用方法。

二、实验原理

液体的黏度是液体的一种性质，是一层液体在另一层液体上流过时受到的阻力。液体黏度的大小用黏度系数 η 表示，简称黏度，它决定了液体的流速。在国际单位制中，黏度的单位为 $\text{N} \cdot \text{m}^{-2} \cdot \text{s}$，即 $\text{Pa} \cdot \text{s}$（帕·秒），习惯上用 P（泊）或 cP（厘泊）表示，它们的换算关系为 $1\text{P} = 10^{-1}\text{Pa} \cdot \text{s} = 100\text{cP}$。

测定黏度所用黏度计的种类很多，有落球式黏度计、旋转式黏度计、毛细管黏度计等。前两种黏度计适用于测高、中黏度的溶液，而毛细管黏度计则适用于测较低黏度的溶液，是通过测定液体在毛细管中的流出时间来确定其黏度的。毛细管黏度计主要分为两种：乌氏黏度计和奥氏黏度计。本实验采用奥式黏度计测定液体的黏度，其装置如图 2-22-1 所示。

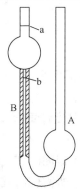

图 2-22-1　奥式黏度计

毛细管黏度计其原理为：液体在毛细管内因重力而流出时其速度与黏度系数之间的关系遵从泊塞勒（Poiseuille）公式，即：

$$\eta = \frac{\pi r^4 pt}{8Vl} \qquad (2-22-1)$$

式中，p 是液体的静压力 $p = \rho g h$；V 为在时间 t 内流经毛细管的液体体积；r 为毛细管半径；l 为毛细管的长度；t 为流经毛细管的时间。

由实验直接测定液体的绝对黏度是困难的，但测定液体对参考物质（如水）的相对黏度是简单实用的，通过已知参考物质的黏度就可以得出待测液体的绝对黏度。

设待测液体 1 和参考物质 2 在重力作用下分别流经同一毛细管，且流出的体积相等，则有：

$$\eta_1 = \frac{\pi r^4 h g \rho_1 t_1}{8Vl} \qquad (2-22-2)$$

$$\eta_2 = \frac{\pi r^4 h g \rho_2 t_2}{8Vl} \qquad (2-22-3)$$

从而得出：

$$\frac{\eta_1}{\eta_2} = \frac{\rho_1 t_1}{\rho_2 t_2} \qquad (2-22-4)$$

式中，η_1 和 η_2 分别为在相同的实验条件下，用同一支黏度计测出的待测物质和参考物质的黏度；ρ_1 和 ρ_2 分别为待测物质和参考物质在测量温度下的密度。

若已知参考物质在相应温度下的黏度 η_2 和密度 ρ_2，再分别测定待测液体和参考物质流经同一毛细管黏度计的时间 t_1 和 t_2，且流出的体积相等，查表得出相应温度下待测液体的密度 ρ_1，则按式（2-22-4）即可计算出待测液体的黏度 η_1。本实验中参考物质为纯水，待测液体为无水乙醇。

由于温度变化对液体的黏度有显著影响，黏度随温度的升高而减小，所以测定液体的黏度时，必须要恒温。

三、仪器及药品

仪器：恒温槽（SYP 玻璃恒温水浴和 SWQ - ⅠA 智能数字恒温控制器组成）1 套；奥氏黏度计 1 支；10mL 移液管 2 支；秒表 1 块；乳胶管（约 5cm 长）2 根；洗耳球 1 个；铁架台 1 个；

药品：无水乙醇（AR）；蒸馏水。

四、实验步骤：

1. 调节恒温槽（其使用参见第五章）温度为（30±0.1）℃。

2. 用乳胶管套在奥氏黏度计有毛细管的一端，用移液管取 10mL 无水乙醇放入预先洗干净并干燥过的黏度计的 A 球中，然后将黏度计垂直浸入恒温槽中并固定好（黏度计的刻度 a 部分全部浸入恒温槽的水面以下）。恒温 15min 后，用洗耳球经乳胶管将乙醇吸至刻度 a 以上，然后移开洗耳球使液面自然下降，当液面降到刻度 a 处开始记时，至液面降到刻度 b 时停止记时，记下液体从刻度 a 流经刻度 b 所需的时间。如此重复操作 3 次（三次测定之间的误差在 0.3s 之内），取其时间平均值，作为 t_1。

3. 将黏度计中的乙醇回收，并将黏度计干燥。

4. 用蒸馏水代替乙醇重复操作步骤 2，测定蒸馏水从刻度 a 流经刻度 b 所需的时间 t_2。

5. 实验完毕，将黏度计中的蒸馏水倒出，并将黏度计放入烘箱干燥，关闭恒温槽电源。

五、实验数据记录及处理

1. 将所测实验数据填入表 2-22-1 中。

室温_____℃；实验温度_____℃；大气压_____kPa。

表 2-22-1　黏度测定实验数据

次数	t_1/s（乙醇）	t_2/s（水）
1		
2		
3		
时间平均值 t/s		

2. 从附录中查出实验温度时水的密度及黏度，利用式（2-22-4）求出乙醇在 30℃ 时的绝对黏度。

3. 将 30℃ 时乙醇的绝对黏度与文献值比较，并计算其相对误差。

六、注意事项

1. 黏度计放置水中时，上刻度线要放在恒温槽水面以下。

124

2. 实验过程要用同一支黏度计，且要干净干燥。

3. 测量时黏度计必须垂直放置，实验过程不能振动。

七、思考题

1. 影响毛细管法测定黏度准确性的因素是什么？

2. 实验中所用的乙醇和水的体积必须相同吗？为什么？

3. 该实验可以用不同的黏度计分别进行乙醇和水的测定吗？为什么？

4. 实验中黏度计为什么必须垂直放置？

八、文献参考值

在 25℃、30℃、35℃ 时，乙醇的黏度分别为 1.096cP、1.003cP、0.914cP，1cP = 0.001Pa·s。

实验二十三　乳状液的制备与性质

一、实验目的

1. 了解乳状液的制备与原理；

2. 掌握乳状液以及鉴别其性质的方法。

二、实验原理

1. 乳状液

由两种(或两种以上)不互溶(或部分互溶)的液体所形成的分散系统称为乳状液。乳状液的分散度比典型的溶胶要低的多，分散相(液滴)的大小常在 $1 \sim 5\mu m$ 之间，属于粗分散体系，普通显微镜即可看到，但由于它具有多相性和聚结不稳定性等特点，与胶体分散体系极为相似，故将它纳入胶体与界面的研究领域。

一般情况下，在乳状液中一个液相为水或水溶液，统称为"水"，另一个液相为不溶于水的有机物，统称为"油"。油分散在水中形成的乳状液称为水包油型(O/W)乳状液(见图 2-23-1)。反之，称为油包水型(W/O)乳状液(见图 2-23-2)。被分散的相称为内相，而作为分散介质的相称为外相，显然内相是不连续的，而外相是连续的。

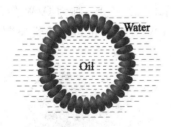

图 2-23-1　O/W 型乳状液

图 2-23-2　W/O 型乳状液

人类生产及生活中常会遇到乳状液，如含水原油、炼油厂废水、人造黄油、乳化农药、动植物的乳汁等等。人们根据需要，有时必须设法破坏所形成的乳状液，以实现分离的目的。如石油原油和橡胶类植物乳浆的脱水、牛奶中提取奶油、废水净化；有时又要设法使乳状液稳定，如乳化农药、牛奶、化妆品、乳液涂料等。因此，乳状液研究也有两方面的任务，即乳状液的稳定与破坏。

乳状液是热力学不稳定的粗分散物系，为了形成稳定的乳状液必须加入第三种物质，称为乳化剂，其作用是能形成保护膜，并能显著降低界面吉布斯函数。两种液体形成何种类型乳状液，这主要与添加的乳化剂性质有关。许多表面活性物质都可以用作乳化剂，它们可以在分散相的界面上吸附，形成具有一定机械强度的界面吸附层，在液滴的周围形成坚固的保护膜，乳化剂的这种使乳状液稳定的作用称为乳化作用。通常，一价金属的脂肪酸皂由于其亲水性大于亲油性，界面吸附层能形成较厚的水溶剂化层而形成稳定的 O/W 型乳状液。而二价金属的脂肪酸皂，其亲油性大于亲水性，界面吸附层形成较厚的油溶剂化层，而形成稳定的 W/O 型乳状液。

根据研究分析：乳状液的形成分为两步。首先是在激烈振荡或搅拌下，油相和水相互相混合，各相逐渐成为细小的液滴，分散到另一相中，然后其中的一相，再合并为分散介质，而形成了乳状液。因此在制备乳状液时，要注意掌握振荡和搅拌的时间。长时间地连续振荡和搅拌，并不能达到预期的效果，最好采用间歇振荡的方法，比较有效。

当加入某种物质后，乳状液可以由一种类型，转变为另一种类型，这种现象称为乳状液的"转相"。例如在以钠皂为乳化剂的 O/W 乳状液中，加入钙盐，则会转化为 W/O 型乳状液。

2. 乳状液的鉴别

鉴别乳状液类型主要有如下几种方法：

（1）稀释法

取少量乳状液滴入水中或油中，若乳状液在水中能稀释即为 O/W 型乳状液；在油中被稀释，即为 W/O 型乳状液。例如牛奶能被水稀释，说明牛奶的分散介质是水，故牛奶属 O/W 型乳状液。如不能被水稀释，则属于 W/O 型乳状液。

（2）导电法

水相中一般都含有离子，故其导电能力比油相大得多。当水相为分散介质，外相是连续的，则乳状液的导电能力较大。反之，油相为分散介质，水为内相，内相是不连续的，乳状液的导电能力很小。若将两个电极插入乳状液，接通直流电源，并串联电流表，则电流表指针显著偏转为 O/W 型乳状液，若电流计指针几乎不偏转，为 W/O 型乳状液。但乳状液中存在着离子型乳化剂时，W/O 型乳状液也有较好的导电性。

（3）染色法

在乳状液中加入少许油溶性的染料如苏丹Ⅱ，振荡后取样在显微镜下观察，若内相（分散相）被染成红色（只有星星点点液滴带红色，见图 2 - 23 - 3），则为 O/W 型；若外相被染成红色（被染成均匀的红色，见图 2 - 23 - 4），则为 W/O 型；也可用水性染料（如水溶性染料亚甲基蓝）来试验。

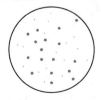 

图 2 - 23 - 3　内相被染色　　　　　　图 2 - 23 - 4　外相被染色

3. 乳状液的破坏

使乳状液破坏的过程，称为破乳或去乳化作用。乳状液稳定的主要原因是由于乳化剂的存在，所以凡是能消除或削弱乳化剂保护能力的因素，皆可达到破乳的目的。常用的方法有：

（1）用不能生成牢固的保护膜的表面活性物质来替代原来的乳化剂，如异戊醇的表面活性很强，但因其碳氢链分叉而无法形成牢固的保护膜，起到破乳作用。

（2）加入类型相反的乳化剂，即破乳剂。如向 W/O 型乳状液中加入 O/W 型乳化剂。如对于由油酸镁作乳化剂而形成的 W/O 型乳状液，加入适量的油酸钠可使乳状液破坏。因为油酸钠亲水性强，能在界面上吸附，形成较厚的水化层，与油酸镁相对抗，互相降低它们的乳化作用，使乳状液稳定性降低而破坏。但若油酸钠的加入过多，则其乳化作用占优势，则 W/O 型乳状液可转相为 O/W 型乳状液。

（3）加入某些能与乳化剂发生化学反应的物质，消除乳化剂的保护作用。如在油酸钠作乳化剂的乳状液中加入盐酸，使油酸钠变成不具乳化作用的油酸，使乳状液被破坏。

（4）加热。升高温度使乳化剂在界面上的吸附量降低，在界面上的乳化剂层变薄，降低了界面吸附层的机械强度。此外温度升高，降低了介质的黏度，增强了布朗运动。因此，减少了乳状液的稳定性，有助于乳状液的破坏。

（5）物理方法，如离心分离、泡沫分离、蒸馏、过滤及电泳破乳等。通常先将乳状液加热再经离心分离或过滤。

三、仪器及药品

仪器：DDS－11A 电导率仪 1 台；铂黑电极 1 只；显微镜 1 台；50mL 具塞锥形瓶 2 个；大试管 5 支；25mL 量筒 2 个；100mL 烧杯 1 个；4cm 培养皿 2 个；小滴管 3 支。

药品：苯（AR）；1% 及 5% 油酸钠水溶液；2% 油酸镁苯溶液；3mol/L HCl 溶液；0.25mol/L $MgCl_2$ 水溶液；饱和 NaCl 水溶液；苏丹Ⅱ苯溶液；亚甲基蓝水溶液。

四、实验步骤

1. 乳状液的制备

在具塞锥形瓶中加入 15mL 1% 的油酸钠水溶液，加入 1mL 苯，激烈振荡半分钟，再加入 1mL 苯，再激烈振荡半分钟，直至加入苯的总量为 15mL 时为止。仔细观察每次加苯及振荡后的现象，得到Ⅰ型乳状液。

在另一个在具塞锥形瓶中加入 10mL 2% 的油酸镁苯溶液，然后分次加 10mL 水（每次约加入 1mL），每次加入水后剧烈摇动，直至看不到分层的水相，得到Ⅱ型乳状液。

2. 乳状液的类型鉴定

（1）稀释法

分别用小滴管将几滴Ⅰ型和Ⅱ型乳状液滴入盛有净水的烧杯中观察现象。

（2）染色法

取两支干净的试管，分别加入 2mLⅠ型和Ⅱ型乳状液，向每支试管中加入 1 滴苏丹Ⅱ溶液，振荡，在显微镜下观察现象。同样操作加 1 滴亚甲基蓝溶液，振荡观察现象。

（3）导电法

用电导率仪（其使用参见第五章）分别测两种乳状液，观察其电导值，鉴别乳状液的类型。

3. 乳状液的破坏和转相

(1)取Ⅰ型和Ⅱ型乳状液各 1~2mL，分别放在两支试管中，在水浴中加热，观察现象。

(2)取Ⅰ型和Ⅱ型乳状液各 1~2mL，分别放在两支试管中，逐滴加入 3mol/L HCl 溶液，观察现象。

(3)取 2~3mL Ⅰ型乳状液于试管中，逐滴加入 0.25mol/L MgCl₂ 溶液，每加一滴剧烈摇动，注意观察乳状液的破坏和转相(是否转相可用稀释法辨别，下同)。

(4)取 2~3mL Ⅱ型乳状液于试管中，逐滴加入饱和 NaCl 溶液，剧烈摇动，注意观察乳状液有无破坏和转相。

(5)取 2~3mL Ⅱ型乳状液于试管中，逐滴加入 5% 油酸钠水溶液，每加一滴剧烈摇动，观察乳状液有无破坏和转相。

五、数据记录和处理

将所测实验数据填入表 2-23-1 中。整理实验所观察的现象，讨论分析原因。

室温_____℃；实验温度：_____℃；大气压_____kPa。

表 2-23-1　乳状液性质实验现象

项目	内容		现象	
乳状液类型鉴定	稀释法		Ⅰ型乳状液	Ⅱ型乳状液
	染色法	苏丹Ⅱ		
		亚甲基蓝		
	导电法　$\kappa / (\mu S \cdot cm^{-1})$			
乳状液的破坏和转相	加热			
	HCl			
	MgCl₂			
	NaCl			
	油酸钠			

六、注意事项

在制备乳状液时，苯和水要分多次加入，且每加一次剧烈振荡。

七、思考题

1. 在乳状液制备中为什么要激烈振荡？

2. 乳状液的稳定性主要取决于什么？

实验二十四　液体在固体表面的接触角测定

一、实验目的

1. 了解液体在固体表面的润湿过程以及接触角的含义与应用；

2. 掌握用 JC98A 接触角测量仪测定接触角的方法；

3. 复习最大泡压法测定溶液的表面张力的方法。

二、实验原理

1. 接触角

接触角是表征液体在固体表面润湿的重要参数之一，由它可了解液体在一定固体表面的润湿程度，从而用于矿物浮选、注水采油、洗涤、印染等过程。

当一液滴在固体表面上不完全展开时，在气、液、固三相会合点，液－固界面的水平线与气－液界面切线之间通过液体内部的夹角 θ，称为接触角。如图 2－24－1 所示。

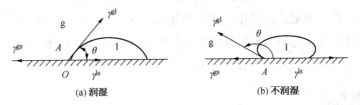

图 2－24－1　接触角与各界面张力的关系

有三种界面张力同时作用于 O 点处的液体分子上，当这三种力处于平衡状态时，接触角与三种界面张力之间的关系可以用式(2－24－1)杨氏方程表示：

$$\gamma^{gs} = \gamma^{ls} + \gamma^{gl}\cos\theta \qquad (2-24-1)$$

变形为

$$\cos\theta = \frac{\gamma^{gs} - \gamma^{ls}}{\gamma^{gl}} \qquad (2-24-2)$$

2. 润湿

润湿是自然界和生产过程中常见的现象，是固体表面上的气体被液体取代的过程。在恒温恒压下，润湿过程的推动力可用界面吉布斯函数的变化 ΔG 来衡量，吉布斯函数减少得越多，则越易润湿。

按润湿程度的深浅一般可将润湿分为三类：沾湿、浸湿和铺展。

沾湿：当固体表面与液体相接触时，气－固和气－液界面消失，形成液－固界面的过程。恒温恒压下，沾湿单位面积的固体表面时，过程的吉布斯函数变 ΔG_a 及沾湿功 W_a 为：

$$\Delta G_a = -W_a = \gamma^{ls} - \gamma^{gl} - \gamma^{gs} \qquad (2-24-3)$$

将式(2－24－1)代入式(2－24－3)中有

$$\Delta G_a = -W_a = -\gamma^{gl}(\cos\theta + 1) \qquad (2-24-4)$$

若沾湿能发生，则 $\Delta G_a = -W_a < 0$，由式(2－24－4)可以判断出沾湿的条件为 $\theta < 180^0$。

浸湿：将固体浸入液体，气－固界面完全被液－固界面取代的过程。恒温恒压下，浸湿单位面积的固体表面时，过程的吉布斯函数变 ΔG_i 及浸湿功 W_i 为：

$$\Delta G_i = -W_i = \gamma^{ls} - \gamma^s = -\gamma^{gl}\cos\theta \qquad (2-24-5)$$

若浸湿能发生，则 $\Delta G_i = -W_i < 0$，由式(2－24－5)可以判断出浸湿的条件为 $\theta < 90^0$。

铺展：少量液体在固体表面上自动展开，形成一层薄膜的过程。恒温恒压下，铺展单位面积的固体表面时，过程的吉布斯函数变 ΔG_s 及铺展系数 S 为：

$$\Delta G_s = -S = \gamma^{ls} + \gamma^{gl} - \gamma^{gs} = -\gamma^{gl}(\cos\theta - 1) \qquad (2-24-6)$$

若铺展能发生，则 $\Delta G_s = -S < 0$，由式$(2-24-6)$可以判断出铺展的条件为 $\theta = 0°$ 或不存在。

关于液体对固体的润湿，人们习惯上的应用是，当 $\theta < 90°$ 时，能湿润，当 $\theta = 0°$ 时，则为完全湿润。当 $\theta > 90°$ 时，不湿润，当 $\theta = 180°$ 时，则为完全不湿润。

由实验测得接触角 θ 和液体的表面张力 γ^{gl}，就可计算沾湿功 W_a、浸湿 W_i 和铺展系数 S。

接触角的测量方法有许多种，根据直接测定的物理量分为四大类：角度测量法、长度测量法、力测量法、透射测量法。其中，角度测量法是应用最广泛，也是最直截了当的一类方法。JC98A 接触角测量仪是利用观察区域放大投影到电脑屏幕，观测与固体平面相接触的液滴外形，直接量出三相交接液滴与固体界面的夹角。

三、仪器及药品

仪器：JC98A 接触角测量仪 1 台；涤纶薄片；载玻片；微量注射器。

药品：双重蒸馏水；0.05%，0.10% 的十二烷基苯磺酸钠水溶液。

四、实验步骤

1. 在 Windows 桌面找到并点击标有"JC"的快捷图标，进入接触角测量仪应用程序的主界面。点击界面右上方的"活动图像"，在图像显示区可看到接触角测量仪的平台影像。

2. 点击 OPTION 菜单中的 CONNECT 选项，出现对话框 CONNECT OK，表明计算机与仪器连接成功，否则，检查计算机与仪器的连线。

3. 打开接触角测量仪上部的活动台，将洁净的涤纶薄片附于载玻片上，置于载物槽内的适当位置，关闭活动台。

4. 调节接触角测量仪中的按钮，将界面调至适当位置并清晰。"上下"、"左右"、"旋转"分别是调节平台的相应位置。"强度"是调节光的亮度，"调焦"则可调节清晰度。

5. 将装有待测液体的微量注射器固定于活动台上方的注射器孔内。针尖垂直于固体表面。

6. 从注射器中压出少量待测液（约 $0.1 \sim 0.2\ \mu L$），与固体表面瞬间接触后，迅速分开并点击"冻结图像"。保存图像后，处理图形，求出接触角。

7. 用最大泡压法（其操作参见"实验二十一 溶液表面张力的测定"）测定不同浓度的十二烷基苯磺酸钠水溶液的表面张力。

五、数据记录与处理

1. 将所测实验数据填入表 2-24-1 中。

室温_____℃ ；大气压_____kPa。

表 2 - 24 - 1　接触角测定的实验数据

项目	Δp_{max}/kPa				γ^{gl}/(N·m^{-1})	θ	$\cos \theta$
	1	2	3	平均			
水							
0.05% 十二烷基苯磺酸钠							
0.10% 十二烷基苯磺酸钠							

2. 根据实验测定的数值，分别计算水和十二烷基苯磺酸钠水溶液在固体表面的沾湿功 W_a 和铺展系数 S，并判断它们在固体表面能否润湿。

六、注意事项

含有表面活性剂溶液的试样，测定时速度应尽可能快。

七、思考题

1. 液体在固体表面的接触角与哪些因素有关？
2. 本实验中，滴到固体表面上的液滴的大小对所测接触角读数是否有影响？为什么？
3. 能否根据式(2 - 24 - 2)，分别测出 γ^{ls}、γ^{s}、γ^{gl} 的大小，通过计算得出接触角？

实验二十五　溶胶的制备与性质

一、实验目的

1. 掌握化学凝聚法制备 $Fe(OH)_3$ 溶胶；
2. 掌握电泳法测定 $Fe(OH)_3$ 溶胶电动电势的原理和方法；
3. 比较不同电解质的聚沉能力。

二、实验原理

1. $Fe(OH)_3$ 溶胶的制备

溶胶是一种半径为 1 ~ 1000nm 固体粒子(分散相)在液体介质(分散介质)中形成的多相的、高度分散的、热力学不稳定系统。溶胶颗粒有相互聚结变大并发生聚沉的趋势。因此制备溶胶时需要有稳定剂起稳定作用。

溶胶的制备方法有分散法和凝聚法。

分散法是在分散介质和稳定剂存在的情况下，将分散相粉碎为胶体粒子的方法，如研磨法、超声波法和振荡搅拌法等。

凝聚法是先制成难溶物的分子(或离子)的过饱和溶液，再使之相互结合成胶体粒子的一种方法，如更换溶剂法和化学反应法等。

分散 - 凝聚法是将分散法与凝聚法联合进行操作的一种方法，可先分散后凝聚或先凝聚后分散，如蒸气法、电弧法和胶溶法。

本实验采水解反应凝聚法制备 $Fe(OH)_3$ 溶胶。将 $FeCl_3$ 溶液滴加到沸水中，搅拌，$FeCl_3$ 水解生成 $Fe(OH)_3$ 溶胶，反应式如下：

$$FeCl_3 + 3H_2O = Fe(OH)_3 + 3HCl$$

溶胶表面的 $Fe(OH)_3$ 又与 HCl 反应

$$Fe(OH)_3 + HCl = FeOCl + 2H_2O$$

因此，$Fe(OH)_3$ 溶胶胶团的双电层示意图表示如下：

$$\underbrace{\{\underbrace{[Fe(OH)_3]_m nFeO^+}_{\text{胶核}} - \underbrace{(n-x)Cl^-\}^{x+}}_{\text{紧密层}} \underbrace{- xCl^-}_{\text{扩散层}}}$$

胶核　　　　　　紧密层　扩散层

胶粒

胶团

制成的胶体体系中常有其他杂质存在，而影响其稳定性，因此必须纯化。常用的纯化方法是半透膜渗析法。

2. 溶胶的纯化方法

在制备溶胶的过程中难免引入电解质和其他杂质，适量的电解质有助于维持胶粒表面所吸附的离子平衡，起到稳定剂的作用，但过量的电解质及杂质却会使胶体系统不稳定。因此，刚制备的溶胶需及时进行纯化处理。最常用的纯化方法是渗析法。纯化时，将刚制备的溶胶装在半透膜内，浸入蒸馏水中。由于电解质和杂质在膜内的浓度大于在膜外的浓度，因此，溶胶中的离子和其他能透过膜的分子透过半透膜向膜外迁移，而直径较大的胶粒则不能透过，这样就可把溶胶中的杂质逐渐除去，达到分离纯化的目的。

为了加速溶胶的纯化过程，可采用如下几种方法提高渗析速度：

(1)尽可能扩大半透膜面积；(2)及时更换纯溶剂或保持溶剂处于流动状态，以提高膜内外杂质离子的浓度梯度；(3)通过搅拌使溶剂和溶胶各处于对流、湍流状态；适当提高温度，但应以不破坏溶胶为前提；采用电渗析法，即外加直流电源，提高离子的迁移速度；采用超滤法，该法是采用加压过滤与减压过滤的方法，以使分散介质及其中的杂质穿过滤膜孔，由于胶粒以滤饼形式留在滤膜上，故应及时加入分散介质。

3. 电泳

胶粒带有一定量的正电荷或一定量的负电荷。电荷来源如下：

(1)胶粒在分散介质中选择性地吸附某种离子，如 $Fe(OH)_3$ 溶胶；

(2)胶粒本身的电离，如 SiO_2 溶胶；

(3)在非极性介质中胶粒与分散介质之间的摩擦生电。

在胶体系统中，胶粒和分散介质带有数量相等而符号相反的电荷，因此在相界面上建立了双电层结构。当胶体相对静止时，整个溶液呈电中性，在外电场作用下，胶体粒子与分散介质间会发生相对移动。若在电场中，分散介质不动，带电的胶体粒子向异性电极定向移动的现象称为电泳。

ζ 电势是在外加电场作用下，胶体中的胶粒和分散介质相对移动时所产生的电势差，亦称电动电势。ζ 电势与胶粒的性质、介质成分及胶体的浓度有关。ζ 电势的大小直接影响胶粒在电场中的移动速度和胶体的稳定性。所以无论制备胶体或破坏胶体，通常都需要先了解有关胶体的 ζ 电势。

在一定的外加电场和温度下，胶粒的电泳速度与 ζ 电势(V)的关系如下：

$$\zeta = \frac{1.5\eta u}{\varepsilon E} \quad \text{（球状）} \qquad (2-25-1)$$

$$\zeta = \frac{\eta u}{\varepsilon E} \quad (\text{棒状}) \tag{2-25-2}$$

式中，η 为分散介质的黏度，$Pa \cdot s$；u 为胶粒的电泳速度，$m \cdot s^{-1}$；ε 为分散介质的介电常数，$\varepsilon = \varepsilon_r \cdot \varepsilon_0$，$\varepsilon_r$ 分散介质的相对介电常数，ε_0 为真空介电常数，$\varepsilon_0 = 8.854 \times 10^{-12}$，$F \cdot m^{-1}$；$E$ 为电场强度，$V \cdot m^{-1}$，即单位距离上的电势差，若 l 为两电极间的距离（m），U 为电位差（V），则 $E = U/l$。

本实验中求电泳速度 u 是采用通过观察在 t 秒钟内电泳测定管中胶体溶液界面在电场作用下移动的距离 d，因此，式（2-25-1）、式（2-25-2）又可表示为：

$$\zeta = \frac{1.5\eta}{\varepsilon_r \cdot \varepsilon_0} \frac{d/t}{U/l} \quad (\text{球状}) \tag{2-25-3}$$

$$\zeta = \frac{\eta}{\varepsilon_r \cdot \varepsilon_0} \frac{d/t}{U/l} \quad (\text{棒状}) \tag{2-25-4}$$

式中，d, t, U, l 值均可由实验测得，η, ε 值可从手册中查到，据此可算出胶粒的 ζ 电势。本实验中的 $Fe(OH)_3$ 胶体是棒状。

4. 聚沉

从热力学观点看，溶胶属于多相的、高度分散的、热力学不稳定体系，溶胶中的胶粒能由小颗粒自发的聚结为大颗粒，最后变成沉淀，胶粒这种由小变大的过程叫做凝聚。

溶胶凝聚有两种方式：①溶胶小颗粒逐步变成大颗粒，沉淀结构紧密，沉淀过程较慢，称为聚沉；②小颗粒很快聚集在一起形成疏松状结构，沉淀过程很快，称为絮凝。

溶胶虽然是热力学不稳定体系，但由于胶粒带电、溶剂化作用及布朗运动，使溶胶能比较稳定地存在一段时间，当加入电解质时，与胶粒带有相反电荷的离子压迫扩散双电层，促使 ζ 电势逐渐变小，最后趋于零，使胶粒之间失去相互排斥力而相互接近产生聚沉。使溶胶发生明显聚沉所需电解质的最小浓度称为所加电解质的聚沉值。聚沉能力是聚沉值的倒数。

适当的电解质对溶胶起稳定作用，过量的电解质则使溶胶不稳定发生聚沉。电解质中与胶粒带有相反电荷的离子起聚沉作用。且价数越高聚沉能力越强，聚沉值越小。

三、仪器及药品

仪器：直流稳压电源 1 台；DDS-11A 电导率仪 1 台；U 形电泳管 1 个；铂电极 2 支；电炉 1 个；电吹风 1 个；秒表 1 块。10mL 移液管 2 只；1mL 移液管 3 只；1000mL 烧杯 2 个；500mL 烧杯 1 个；250mL 锥形瓶 1 只；试管 17 只；20mL 量筒 1 只；100mL 容量瓶 1 个。

药品：盐酸（AR）；蒸馏水；20% $FeCl_3$；2.5mol $\cdot$ L^{-1} 的 KCl；0.1mol $\cdot$ L^{-1} K_2CrO_4 及 0.01mol $\cdot$ L^{-1} $K_3[Fe(CN)_6]$ 溶液；1% $AgNO_3$ 及 1% KSCN 溶液；5% 的火棉胶溶液。

四、实验步骤

1. 半透膜的制备

取一个 250mL 的洁净、干燥及内壁光滑的锥形瓶，在通风橱中向瓶内倒入约 10mL5% 的火棉胶溶液，小心转动锥形瓶，使火棉胶溶液在瓶内壁形成一均匀薄层，倾出多余的火棉胶于回收瓶中，此时锥形瓶仍需倒置并不断旋转，待剩余的火棉胶液流尽，使乙醚完全蒸发（可用电吹风冷风吹锥形瓶口，以加快挥发），直至用手指轻轻接触火棉胶膜而没粘黏感，则可再用电吹风吹 5min，将锥形瓶放正，向瓶内加满蒸馏水，（若乙醚未蒸发完而过早加水，则半透膜显白色而不能使用；若吹风时间过长，则会使半透膜变得干硬，不易取出），浸膜于水中 10min，溶去膜中剩余乙醚，倒去瓶内的水，然后在瓶口用刀割开薄膜，向瓶壁和膜之间注入蒸馏水至满，膜即脱离瓶壁，轻轻取出半透膜袋，小心在其内注满蒸馏水，检查是否有漏洞，若有较小漏洞，可先擦干洞口部分，再用玻璃棒蘸少许火棉胶液，轻轻接触洞口，即可补好。不用时可将其放在水中保存，否则发脆易裂，且渗析能力显著降低。

2. 制备 Fe(OH)₃ 溶胶

取 200mL 蒸馏水倒入 800mL 烧杯中，加热至沸腾 2min。用量筒取 20% FeCl₃ 溶液 20mL 慢慢滴入沸水中，并不断搅拌，待 FeCl₃ 溶液加完后，再煮沸 2min，液体的体积大约为 150mL 左右，得到红棕色 Fe(OH)₃ 溶胶，用冷水将溶胶冷却至室温。

3. 溶胶的纯化

将已冷却的 Fe(OH)₃ 溶胶，注入半透膜袋内，用线扎好袋口，置于 1000mL 的清洁烧杯中，在烧杯内加蒸馏水约 500mL，使袋内溶胶全部浸入水中进行渗析，保持水温在 60～70℃，半小时换水一次，每次换水前用 2 支试管各取渗析液 1mL，分别加入 1 滴 1% AgNO₃ 及 1% KSCN 溶液，以检验 Cl⁻ 和 Fe³⁺，直到检不出 Cl⁻ 和 Fe³⁺ 为止（一般需换水 4 次以上），也可通过测溶胶的电导率，来判断溶胶的纯化程度。将纯化好的溶胶移置于 500mL 的烧杯中，放置一段时间进行老化，待做电泳实验用。

4. 盐酸辅助液的制备

调节恒温槽（其使用方法见第五章）温度为 (25.0±0.1)℃，用电导率仪（其使用方法见第五章）测定 Fe(OH)₃ 溶胶在 25℃时的电导率，然后配制与之相同电导率的盐酸溶液。方法是根据给出的 25℃时盐酸电导率和浓度的关系，用内插法求算与该电导率对应的盐酸浓度，并在 100mL 容量瓶中配制该浓度的盐酸溶液。

5. ζ 电势的测定

（1）加溶胶　取一洗净烘干的电泳管，如图 2-25-1 所示固定好电泳管，关闭下端活塞，将纯化好的 Fe(OH)₃ 溶胶经球形漏斗口加入，至球形部分的 3/4 体积处，应注意管内不能停留有气泡。

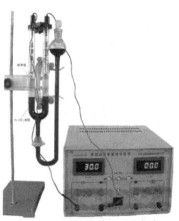

图 2-25-1　电泳装置示意图

（2）加辅助液　在 U 形管中加入 1/4 体积的盐酸辅助液（刻度示数约为 3cm 处）。

（3）形成分界面　缓缓开启活塞，让溶胶缓慢顶着辅助液而进入 U 形管中，（注意一定

134

要控制流入速度，不要过快，否则会造成分界面不清晰），使盐酸辅助液与溶胶的分界面清晰，至分界面的示数约为6cm处，关闭活塞，记下两臂分界面的位置(示数)。

（4）放置电极　在U形管两侧分别插入铂电极，两电极插入深度要适中，大约在U形管刻度的中央。

（5）电泳　接通直流稳压电源(注意用电安全，切勿接触导线外露部分)，迅速调节输出电压为50V。打开秒表计时，约1h后断开电源，记下准确的通电时间t和溶胶液面上升的距离d，从伏特计上读取电压U，并且用一软线量取两铂极之间的距离l(是溶液导电距离，不是水平距离)，观察界面移动的方向，判断胶粒所带电荷的符号。

6. 实验结束

实验结束后，切断电源，拆除线路。将电泳管洗净，烘干，备用。电极浸泡在蒸馏水中待用。

7. 电解质对 Fe(OH)$_3$ 溶胶聚沉能力的测定

取5支试管加以标号。用10mL移液管吸取10mL浓度为2.5mol·L^{-1}KCl溶液放入第一支试管中，而其余4支试管则用10mL移液管移入9mL蒸馏水。再用1mL移液管从第一支试管中移1mL溶液至第二支试管、并将其摇匀。接着从第二支试管中移取1mL溶液至第三支试管中，用同样方法依次从前一支试管移1mL溶液至下一支试管，到最后一支试管时，同样移出1mL溶液抛弃之。然后用称液管分别将1mL溶胶放入上述5支试管中并将各支试管溶液摇匀，20min后观察并记下其使溶胶发生明显聚沉(浑浊)的最小电解质浓度。5支试管中KCl浓度顺次相差10倍。

用同样方法进行浓度为0.1mol·L^{-1}K$_2$CrO$_4$及0.01mol·L^{-1}K$_3$[Fe(CN)$_6$]溶液的聚沉实验，测定其使溶胶明显聚沉的最小浓度值。

五、数据记录及处理

1. 将所测实验数据填入表2-25-1及表2-25-2中。

实验温度_____℃；大气压_____kPa；环境温度_____℃；

ε_r _____ ；η _____ Pa·s；$\kappa_{溶胶}$ _____ S·m^{-1}；$\kappa_{辅助液}$ _____ S·m^{-1}。

表2-25-1　电泳实验数据

电泳时间 t/s	电压 U/V	两极间距离 l/m	界面高度 h/m	界面移动距离 d/m	电泳移动的方向	电泳速度 u/ (m·s^{-1})

表2-25-2　聚沉实验数据

电解质	作用离子	现象	聚沉值/(mol·L^{-1})	聚沉能力
KCl				
K$_2$CrO$_4$				
K$_3$[Fe(CN)$_6$]				

2. 根据式(2-25-4)计算出胶粒的 ζ 电势。

3. 比较3种电解质对 Fe(OH)$_3$ 溶胶的聚沉能力。

六、注意事项

1. 要保持电压的稳定。

2. 在把溶胶放入 U 形管时，要控制好速度，活塞不要全部打开保证溶胶慢慢进入 U 形管，才能看到清晰的界面。

3. 实验所用试管、电泳管等要充分洗涤，以免影响实验结果。

七、思考题

1. 在外加电场中的溶胶为什么会发生定向移动？

2. 为什么加入电解质会破坏溶胶，使溶胶聚沉？

3. 何谓电泳？何谓电动电势？$Fe(OH)_3$ 胶体的胶粒带何种电荷？

4. 电解质引起溶胶聚沉的原因是什么？电解质是否越多越好？

八、文献参考值

$Fe(OH)_3$ 胶体是棒状的，其 ζ 电势为 0.044V。

第三章 提高型实验

实验二十六 表面活性剂的临界胶束浓度的测定

一、实验目的

1. 了解表面活性剂性质及胶束形成的原理；
2. 掌握电导率仪的使用方法；
3. 用电导法和泡压法测定十二烷基硫酸钠的临界胶束浓度。

二、实验原理

表面活性剂是指溶入少量就能显著降低液体表面张力的物质。表面活性剂分子是由两部分所构成，一部分是亲水性的极性基团(亲水基)，如—COOH、—COO⁻、—OH、—SO₃⁻，另一部分是憎水(亲油)性的非极性基团(憎水基或亲油基)，如苯基、烷基等。当表面活性剂分子溶于极性很强的水中时，其亲水基进入溶液内部，憎水基伸向空气有"逃离"水的趋势。

表面活性剂有两个重要的性质，一是在溶液表面吸附层的定向排列，二是在溶液内部能形成胶束。前一种性质是许多表面活性剂做为乳化剂、起泡剂、润湿剂的根据，后一种性质是表面活性剂常有增溶作用的原因。

表面活性剂的分类方法很多，若按离子的类型分类，可分为阳离子型表面活性剂，多为胺盐，如十二烷基二甲基氯化铵和十二烷基叔胺盐酸盐等；阴离子型表面活性剂，如羧酸盐、烷基磺酸盐等；非离子型表面活性剂，如聚氧乙烯类。

表面活性剂进入水中，当浓度较低时，在液体内部分子三三两两地以憎水基互相靠拢而分散在水中，当溶液的浓度增大到一定程度时，许多表面活性剂分子立刻结合成很大的集团，形成"胶束"。胶束的形状可分为球状、棒状及层状，如图 3－26－1 所示。此时形成胶束的众多表面活性分子其亲水基向外，与水分子接触，而憎水基向里，被包在胶束内部，几乎完全脱离了与水分子的接触。因此，以胶束形式存在于水中的表面活性剂是比较稳定的。

球状胶束
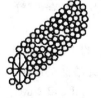
棒状胶束

层状胶束

图 3－26－1 胶束的形状

表面活性剂在水溶液中形成胶束所需的最低浓度称为临界胶束浓度，用"CMC"表示。当溶液的浓度在 CMC 以下时，溶液中基本上是单个的表面活性剂分子，表面吸附量随浓度增大而逐渐增加，且在表面层进行定向排列（亲水基向里，憎水基伸向外），直至表面层盖满一层表面活性剂分子时，此时再向水中加入表面活性剂，表面已被占满，则表面活性剂分子开始聚结形成胶束，因此，CMC 与在溶液表面形成饱和吸附所对应的浓度基本一致。这应该是各种性质开始与理想性质发生偏离时的浓度。因胶束表面是由许多亲水基覆盖，故胶束本身不具备活性，此时表面张力不再下降，当浓度超过 CMC 时，胶束的浓度或胶束的数目在增加。

由于在 CMC 处系统许多性质的变化规律如表面张力、渗透压、电导率等都出现明显的转折，如图 3 - 26 - 2 所示，利用这一性质可测定表面活性剂的临界胶束浓度。

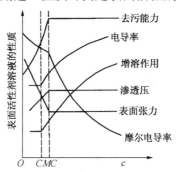

图 3 - 26 - 2　十二烷基硫酸钠溶液性质与浓度的关系

本实验采用电导法和最大泡压法测定不同浓度的十二烷基硫酸钠水溶液的电导率值和表面张力，并作电导率与浓度的关系图及表面张力与浓度关系图，从两图中的转折点即可求得临界胶束浓度（CMC），并进行比较。

三、仪器及药品

仪器：DDS - 11A 型电导率仪 1 台；260 型铂黑电极 1 支；恒温槽（SYP 玻璃恒温水浴和 SWQ - ⅠA 智能数字恒温控制器组成）1 套；表面张力测定装置（见图 3 - 21 - 2）1 套；容量瓶（50mL）14 个；容量瓶（250mL）1 个；刻度吸管（2mL，5mL，10mL）各 1 支；试管（15mL）3 支。

药品：十二烷基硫酸钠（AR）；电导水。

四、实验步骤

1. 实验准备

（1）打开 DDS - 11A 电导率仪（其使用参见第五章）预热 15min，并进行校正。

（2）安装最大泡压法测定液体表面张力的实验装置（见图 2 - 21 - 2）。

2. 配置溶液

（1）准确称量已烘干（80℃，烘干 3h）的十二烷基硫酸钠（SDS）7.209g，加电导水溶解后转入 250mL 容量瓶中，并稀释至刻度，此溶液的浓度为 0.1000mol·L^{-1}。贮存备用。

（2）用刻度吸管分别量取 0.5mL、1.5mL、2.5mL、3.0mL、3.5mL、4.0mL、5.0mL、5.5mL、6.0mL、6.5mL、7.0mL、7.5mL、9.0mL、10mL 的 0.1000mol·L^{-1} 的 SDS 溶液，置于 14 个 50mL 容量瓶中，用电导水稀释至刻度配制成不同浓度的 SDS 待测溶液。

3. 开启恒温槽

其使用参见第五章，调节温度为(40.00±0.05)℃。

4. 溶液表面张力的测量

参考实验二十一，将试管用温热洗液洗干净，用电导水和待测溶液冲洗三次，在40.00±0.05℃条件下按浓度由低到高的次序分别测定各待测溶液的表面张力γ(实际是测毛细管口气泡生成的Δp_{max})，每次换溶液时，必须用待测液溶液洗涤支管试管和毛细管内壁2~3次。注入待测液待温度恒定后(恒温10min)再进行测定，测量三次取平均值。

5. 溶液电导率κ的测量

将14组溶液测完表面张力后，分别插入干净的电导电极，以液面高于电极1~2cm为宜，浸入已调控好的恒温槽中恒温约10min，接通电导率仪，测定其电导率即为κ，测量三次取平均值。

注意：溶液用干净的电极测量，第一个溶液测量要求电极用蒸馏水洗净，用风吹干，以后每测量一个溶液前，电极都要用待测液清洗即可。

6. 实验结束

将电导电极插入盛有新鲜电导水的锥形瓶中存放，备用。这样可避免电极干燥后铂黑吸附杂质且难以洗去，同时干燥后的电极浸入溶液时，表面不易完全浸湿，影响测量结果。

五、数据记录和处理

1. 将所测实验数据填入表3-26-1中。

实验温度_____℃；大气压_____kPa；环境温度_____℃；电导池常数_____m⁻¹。

表3-26-1　电导率及表面张力实验数据

编号	SDS/ mL	$c/$ (mol·L⁻¹)	$\kappa/(S \cdot m^{-1})$			$\overline{\kappa}$	$\Delta p_{max}/kPa$			$\overline{\Delta p_{max}}$	$\gamma/$ (N·m⁻¹)
			1	2	3		1	2	3		
1	0.5										
2	1.5										
3	2.5										
4	3.0										
5	3.5										
6	4.0										
7	5.0										
8	5.5										
9	6.0										
10	6.5										
11	7.0										
12	7.5										
13	9.0										
14	1.0										

2. 以κ-c作图，求CMC；

3. 计算仪器常数K和溶液表面张力γ，作γ-c图，求CMC，比较两种实验方法测量的准确性。

六、注意事项

1. 离子型药品要求要分析纯，易溶，称样前要烘干(不烤焦)，不含水等其他杂质。

2. 系列溶液定容配制要准确。定容时，刻度处若有少量泡沫，则改用胶头滴管进行滴水去除。

3. 注意恒温操作。

七、思考题

1. 试解释表面活性剂溶液的表面张力、渗透压、电导等性质为什么在 CMC 处产生突然变化？

2. 非离子型表面活性剂(如脂肪醇聚氧乙稀醚)，能否采用电导法测定？为什么？

3. 如果实验不恒温，对实验结果有何影响？

4. 讨论不同方法的特点和适用测量 CMC 的表面活性的类型。

八、文献参考值

40℃，SDS 的 $CMC = 8.7 \times 10^{-3} \text{mol} \cdot \text{L}^{-1}$。

实验二十七 溶液吸附法测定固体的比表面

一、实验目的

1. 掌握比表面积测定的一种方法——溶液吸附法；

2. 了解 722 型分光光度计的基本原理并熟悉使用方法。

二、实验原理

比表面(a_S)是指单位质量(或单位体积)的物质所具有的表面积，单位为 $\text{m}^2 \cdot \text{kg}^{-1}$(或 m^{-1})，其数值与分散粒子大小有关。测定固体物质比表面的方法很多，常用的有 BET 低温吸附法、电子显微镜法和气相色谱法等，不过这些方法都需要复杂的装置或较长的时间。而溶液吸附法测定固体物质比表面，仪器简单，操作方便，还可以同时测定许多个试样，因此常被采用。但溶液吸附法测定结果有一定的误差，其主要原因在于吸附时非球形吸附层在各种吸附剂的表面取向并不一致，每个吸附分子的投影面积可以相差很远。所以溶液吸附法测得的数值应以其他方法校正。溶液吸附法常用来测定大量同类样的相对值。溶液吸附法测定结果误差一般为 10% 左右。`

水溶性染料的吸附已广泛应用于固体物质比表面的测定。在所有染料中，次甲基蓝具有最大的吸附倾向。研究表明，在一定浓度范围内，大多数固体对次甲基蓝吸附都是单分子层吸附，即符合朗格缪尔型吸附。但当原始溶液浓度较高时，会出现多分子层吸附，而如果吸附平衡后溶液的浓度过低，则吸附又不能达到饱和，因此，原始溶液的浓度以及吸附平衡后溶液的浓度都应选在适当的范围内。本实验用次甲基蓝水溶液吸附法测定活性炭的比表面，原始溶液浓度为 0.2% 左右，平衡溶液浓度不小于 0.1%。此法虽然误差较大，但比较实用。

次甲基蓝的结构为

$$\left[\begin{array}{c} H_3C \\ H_3C \end{array} N - \underset{S}{\overset{N}{\bigcirc}} N \begin{array}{c} CH_3 \\ CH_3 \end{array} \right]^+ Cl^-$$

阳离子大小为 $17.0 \times 7.6 \times 3.25 \times 10^{-30} m^3$。次甲基蓝的吸附有三种取向：平面吸附投影面积为 $135 \times 10^{-20} m^2$；侧面吸附投影面积为 $75 \times 10^{-20} m^2$；端基吸附投影面积为 $39 \times 10^{-20} m^2$。对非石墨型的活性炭，次甲基蓝是以端基吸附取向为主吸附在活性炭表面。根据朗格缪尔单分子层吸附理论，当次甲基蓝与活性炭达到吸附饱和后，吸附与脱附处于动态平衡，这时次甲基蓝分子铺满整个活性粒子表面而不留下空位。因此，可以推算，在单分子层吸附的情况下，1kg 次甲基蓝可覆盖活性炭试样的面积为 $2.45 \times 10^6 m^2$。此时吸附剂活性炭的比表面可按下式计算

$$\alpha_S = \frac{(C_0 - C)G}{m} \times 2.45 \times 10^6 \qquad (3-27-1)$$

式中，α_S 为吸附剂的比表面，m^2/kg；C_0 为原始溶液的质量分数，%；C 为平衡溶液的质量分数，%；G 为溶液的加入量，kg；m 为吸附剂试样质量，kg。

本实验溶液浓度的测量是借助于分光光度计来完成的。根据光吸收定律，当入射光为一定波长的单色光时，某溶液的光密度与溶液中有色物质的浓度及溶液的厚度成正比，即

$$A = \lg \frac{I_0}{I} = KcL \qquad (3-27-2)$$

式中，A 为吸光度；I 为透射光强度；I_0 为入射光强度；K 为吸收系数；c 为溶液浓度，%；L 为溶液的光径长度或液层厚度，cm。

一般说来，光的吸收定律能适用于任何波长的单色光，但对于一个指定的溶液，在不同的波长下测得的吸光度不同。如果把波长 λ 对吸光度 A 作图，可得到溶液的吸收曲线，如图 3-27-1 所示。

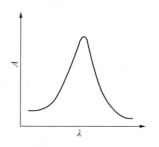

图 3-27-1 吸收光谱

为了提高测量的灵敏度，工作波长应选择在吸光度 A 值最大时所对应的波长。对于次甲基蓝，本实验所用的工作波长为 665nm。

实验首先测定一系列已知浓度的次甲基蓝溶液的吸光度，绘出 $A-c$ 工作曲线，然后测定次甲基蓝原始溶液及平衡溶液的吸光度，再在 $A-c$ 曲线上查得对应的浓度值，代入式 (3-27-1) 计算比表面。

三、仪器及药品

仪器：722 型分光光度计及其附件 1 套；振荡器 1 台；电子天平 1 台；台秤 1 台；离心机 1 台；100mL 容量瓶 5 个；500mL 容量瓶 2 个；100mL 带塞磨口锥形瓶 3 个。

药品：次甲基蓝原始溶液（$2g \cdot L^{-1}$）；次甲基蓝标准溶液（$0.1g \cdot L^{-1}$）；颗粒活性炭（非石墨型）若干。

四、实验步骤

1. 活化试样

将颗粒活性炭置于瓷坩埚中，放入马弗炉内，500℃下活化1h（或在真空烘箱中300℃下活化1h），然后放入干燥器中备用（此步骤实验前已由实验室做好）。

2. 溶液吸附

取3个100mL的锥形瓶，分别准确称取活化过的活性炭约0.1g，再加入40g浓度为2g·L^{-1}左右的次甲基蓝原始溶液，塞上包有锡纸的软木塞，然后放在振荡器上振荡3h。

3. 次甲基蓝标准溶液的配制

用台秤分别称取4，6，8，10，12g，浓度为0.1g·L^{-1}标准次甲基蓝溶液于100mL的容量瓶中，用蒸馏水稀释至刻度，即得浓度分别为4，6，8，10，12mg·L^{-1}的标准溶液。

4. 原始溶液的稀释

为了准确测定原始溶液的浓度，在台称上称取浓度为2g·L^{-1}次甲基蓝原始溶液2.5g放入500mL容量瓶中，稀释至刻度。

5. 平衡溶液的处理

试样振荡3h后，取平衡溶液5mL放入离心管中，用离心机旋转10min，得到澄清的上层溶液。取2.5g放入500mL容量瓶中，并用蒸馏水稀释至刻度。

6. 选择工作波长

对于次甲基蓝溶液，吸附波长应选择665nm，由于各台分光光度计（其使用参见第五章），波长略有差别，所以，实验者应自行选取工作波长。用6mg·L^{-1}标准溶液和0.5cm的比色皿，以蒸馏水为空白液，在500~700nm范围用分光光度计测量吸光度，以吸光度最大时的波长作为工作波长。

7. 测量溶液吸光度

以蒸馏水为空白溶液，在工作波长下分别测量4，6，8，10，12mg·L^{-1}的标准溶液的吸光度，以及稀释后的原始溶液和平衡溶液的吸光度。每个试样须测得三个有效数据，然后取平均值。

五、数据记录及处理

1. 将所测实验数据填入表3-27-1及表3-27-2中。

室温_____℃；实验温度_____℃；大气压_____kPa。

表3-27-1　标准溶液的吸光度

标准溶液的浓度/(mg·L^{-1})	吸光度			
	1	2	3	平均
4				
6				
8				
10				
12				

表 3 – 27 – 2　溶液的吸光度及浓度

溶液	吸　光　度				浓度	
	1	2	3	平均		
原始液					$c_0/\%$	
平衡液					$c/\%$	

2. 绘出 $A – c$ 工作曲线。

3. 由实验测得的次甲基蓝原始溶液和吸附达平衡后溶液的吸光度，在 $A – c$ 工作曲线上，查得次甲基蓝对应的浓度，然后乘以稀释倍数 200，即得原始溶液浓度 c_0 及平衡后溶液浓度 c，并填入表 3 – 27 – 2 中。

4. 利用式（3 – 27 – 1），计算吸附剂的比表面 α_s。

六、注意事项

1. 标准溶液的浓度要准确配制，原始溶液及吸附平衡后溶液的浓度都应选择适当的范围，本实验原始溶液的浓度为 $2g \cdot L^{-1}$ 左右，平衡溶液的浓度不小于 $1g \cdot L^{-1}$。

2. 活性炭颗粒要均匀并干燥，活性炭易吸潮引起称量误差，故在称量活性炭时动手要迅速，除了加、取样外，应随时盖紧称量瓶盖，用减量法称量，且三份称重应尽量接近。

3. 振荡时间要充足，以达到吸附饱和，一般不应小于 3h。

4. 测定原始溶液和平衡溶液的吸光度时，应把稀释后的溶液摇匀再测。

5. 测定溶液吸光度时，须用滤纸轻轻擦干比色皿外部，以保持比色皿暗箱内干燥。

七、思考题

1. 比表面的测定与温度、吸附质的浓度、吸附剂颗粒、吸附时间等有什么关系？

2. 用分光光度计测定次甲基蓝水溶液的浓度时，为什么还要将溶液再稀释到 $mg \cdot L^{-1}$ 级浓度才进行测量？

3. 溶液发生吸附时如何判断其达到平衡？

4. 如何才能加快吸附平衡的速率？

八、文献参考值

活性炭的 α_s 为 $1 \times 10^6 \sim 2 \times 10^6 \, m^2/kg$。

实验二十八　金属腐蚀行为的电化学研究

一、实验目的

1. 测定铁在不同溶液中的极化曲线和钝化曲线；

2. 求算铁的自腐电势、腐蚀电流和钝化电势、钝化电流等；

3. 掌握恒电位法的测量原理和实验方法；

4. 了解缓蚀剂的概念。

二、实验原理

1. 金属的极化和钝化曲线

铁在酸性介质中，比如在 H_2SO_4 溶液中将不断被溶解，同时产生 H_2，即：

$$Fe + 2H^+ \longrightarrow Fe^{2+} + H_2 \uparrow \tag{a}$$

在 Fe/H_2SO_4 界面上同时进行两个电极反应，铁不断地溶解（氧化反应），氢气不断析出（还原反应）

$$Fe \rightleftharpoons Fe^{2+} + 2e^- \tag{b}$$

$$2H^+ + 2e^- \rightleftharpoons H_2 \tag{c}$$

正是由于有反应(c)的存在，反应(b)才能不断进行，这就是铁在酸性介质中被腐蚀的主要原因。

当电极不与外电路接通时，其净电流 $I_{总}$ 为零。在稳定状态下，铁溶解的阳极电流 I_{Fe} 和 H^+ 还原出 H_2 的阴极电流 I_H，它们在数值上相等但符号相反。即：

$$I_{总} = I_{Fe} + I_H = 0 \tag{3-28-1}$$

I_{Fe} 的大小反映了 Fe 在 H_2SO_4 中的溶解速率，而维持 I_{Fe}、I_H 相等时的电势称为 Fe/H_2SO_4 体系的自腐蚀电势 E_{cor}。

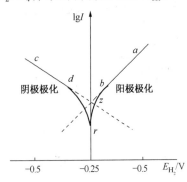

图 3-28-1 铁的极化曲线

图 3-28-1 是 Fe 在 H_2SO_4 中的阳极极化和阴极极化曲线。当对电极进行阳极极化（即加更大正电势）时，反应(c)被抑制，反应(b)加快。此时，电化学过程以 Fe 的溶解为主要倾向。通过测定对应的极化电势和极化电流，就可得到 Fe/H_2SO_4 体系的阳极极化曲线 rba。当对电极进行阴极极化（即加更负的电势时），反应(b)被抑制。电化学过程以反应(c)为主要倾向，同理可获得阴极极化曲线 rdc。当把阳极极化曲线 abr 的直线部分 ab 和阴极极化曲线 cdr 的直线部分 cd 外延，理论上应交于一点 z，则 z 点的纵坐标就是 $\lg I_{cor}$，即腐蚀电流密度 I_{cor} 的对数，而 z 点的横坐标则表示自腐电势 E_{cor} 的大小。

如图 3-28-2 所示，当阳极极化进一步加强时，铁的阳极溶解进一步加快，极化电流迅速增大。当极化电势超过 E_p 时，$\lg I_{Fe}$ 很快下降到 d 点。此后虽然不断增加极化电势，但 I_{Fe} 一直维持在一个很小的数值，如图中 de 段所示。直到极化电势超过 e 点时，I_{Fe} 才重新开始增加，如 ef 段所示。此时 Fe 电极上开始析出氧气。从 a 点到 b 点的范围称为活化区，从 c 点到 d 点的范围称为钝化过渡区，从 d 点到 e 点的范围称为稳定钝化区，从 e 点到 f 点称为超钝化区。E_p 称为钝化电势，I_p 称为钝化电流。铁的钝化现象可作如下解释：图 3-28-2 中 ab 段是 Fe 的正常溶解曲线，此时铁处在活化状态。bc 段出现极限电流是由于 Fe 的大量快速溶解。当进一步极化时，Fe^{2+} 离子与溶液中 SO_4^{2-} 离子形成阳 $FeSO_4$ 沉淀层，阻滞了阳极反应。由于 H^+ 不易达到 $FeSO_4$ 层内部，使 Fe 表面的 pH 值增加；在电势超过 E_p 时，Fe_2O_3 开始在 Fe 的表面生成，形成了致密的氧化膜，极大地阻滞了 Fe 的溶解，因而出现了钝化现象。由于 Fe_2O_3 在高电势范围内能够稳定存在，故铁能保持在钝化状态，直到电势超过 O_2/H_2O 体系的平衡电势（+1.23V）达到 +1.6V 时，才开始产生氧气，电流重新增加。

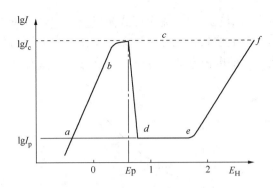

图 3-28-2　铁的钝化曲线

金属钝化现象有很多实际应用。金属处于钝化状态对于防止金属的腐蚀和在电解中保护不溶性的阳极是极为重要的；而在另一些情况下，钝化现象却十分有害，如在化学电源、电镀中的可溶性阳极等，这时则应尽力防止阳极钝化现象的发生。

凡能促使金属保护层破坏的因素都能使钝化后的金属重新活化，或能防止金属钝化。例如，加热、通入还原性气体、阴极极化、加入某些活性离子（如 Cl^-）、改变 pH 值等均能使钝化后的金属重新活化或能防止金属钝化。

对 Fe/H_2SO_4 体系进行阴极极化或阳极极化（在不出现钝化现象情况下）既可采用恒电流法，也可以采用恒电位法，所得到的结果一致。但对测定钝化曲线，必须采用恒电位法（参见实验十三），如采用恒电流方法，只能得到图 3-28-2 中 abcf 部分，而无法获得完整的钝化曲线。

2. 腐蚀速度及缓蚀效率

金属腐蚀是现代工业中的一个极为严重的破坏因素，据估计，我国每年因腐蚀造成的直接经济损失约占国民生产总值的 3% ~ 4%，所以腐蚀问题早已引起人们的重视，并不断地有防止腐蚀的新方法、新材料和新的科研成果问世。凡在介质中添加少量物质能降低介质的腐蚀性、防止金属免遭腐蚀的物质，称之为缓蚀剂，又称抑制剂。

缓蚀剂由于制备设备简单，使用方便，投资小，收获大，从而得以广泛应用。近半个世纪以来，缓蚀剂的研究得到了很大的进展，现在仅酸性介质缓蚀剂的品种就超过 5000 余种。这种发展速度是其他化学助剂、添加剂无法相比的。本实验用乌洛托品缓蚀剂测定其在酸性介质中对铁的缓蚀效果。

当加入缓蚀剂后，金属腐蚀反应中的阴极反应或阳极反应或两者的速度会减慢，其减慢的程度即为缓蚀效率 P。

$$P = (v_0 - v_1)/v_0 \times 100\% \qquad (3-28-2)$$

式中，v_0 为没有添加缓蚀剂时试样的腐蚀速率，$g \cdot m^{-2} \cdot h^{-1}$；$v_1$ 为添加缓蚀剂后试样的腐蚀速率，$g \cdot m^{-2} \cdot h^{-1}$。

腐蚀速率
$$v = 3.6 \times 10^7 J \frac{M}{zF} \qquad (3-28-3)$$

式中，v 为腐蚀速率，$g \cdot m^{-2} \cdot h^{-1}$；$J$ 为自腐蚀电流密度，$A \cdot cm^{-2}$；M 为 Fe 的摩尔质量，$g \cdot mol^{-1}$；F 为法拉第常数，$C \cdot mol^{-1}$；z 为发生 1mol 电极反应得失电子的物质的量。

金属作为阳极而被腐蚀时，失去的电子越多，则金属溶解得越多，失去的电子由阴极反应吸收。当阴极反应和阳极反应这一对共轭反应达到稳定状态时，可以得到一个稳定电位，即腐蚀电位,此时所对应的阳极反应电流密度或阴极反应电流密度即为腐蚀电流密度。腐蚀电流密度的测量可以采用动电位扫描法获得(参考实验十三)。即给电极加上一个线性变化的电势,同时记录电流密度随电极电势的变化。得到极化曲线如图3-28-3所示。

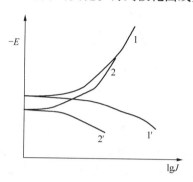

图 3-28-3 极化曲线

1—未加缓蚀剂的阴极极化曲线;2—加缓蚀剂阴极极化曲线;

1'—未加缓蚀剂的阳极极化曲线;2'—加缓蚀剂的阳极极化曲线

在强极化区,电极电势与电流密度服从塔菲尔关系:

$$\eta = a + b\lg J \qquad (3-28-4)$$

式中,η 超电势,J 电流密度 a、b 称为塔菲尔常数,它们决定于电极材料、电极表面状态、温度和溶液组成等。将直线段外推至 $\eta = 0$ 的直线相交,其交点处的值即为腐蚀电流的对数值。

三、仪器及试剂

仪器:HDV-7C 晶体管恒电位仪(或其他恒电势装置)1 台;三室电解池 1 套;铂电极(辅助电极)1 支;饱和甘汞电极 1 支;铁工作电极 1 支;200 号砂纸;金相砂纸;电吹风;万能胶;环氧树脂;固化剂;丙酮棉球。

试剂:H_2SO_4 溶液(1mol·L^{-1});盐酸溶液(1mol·L^{-1});$HClO_4$(AR);HAC(AR);10% 乌洛托品;重蒸馏水。

四、实验步骤

1. 制作研究电极

(1)工作电极采用纯铁,并加工成 $\phi 2.5mm \times 10mm \times 40mm$ 铁片,将一端与铜芯线焊牢。将电极固定好,电极放置 24h 备用。

(2)先用 200 号砂纸将工作电极粗磨,再用金相砂纸擦至镜面光亮,以除去其表面的氧化膜,用丙酮去除表面油污,再放入蒸馏水中清洗,用滤纸擦干。环氧树脂与固化剂按10:1比例混合后均匀地涂在工作电极上,将电极封上,稍干后,将工作电极的一面下部留下 $1cm^2$ 左右的面积不封,用刀片切去,准确量取工作电极的面积,擦拭干净后放入丙酮中去油。

(3)去油后的工作电极进一步进行电抛光。即将工作电极放入 $HClO_4$·HAc 的混合液中(按4:1配制)进行电解。工作电极为阳极,Pt 电极为阴极,电流密度为 $85mA/cm^2$(铁电极),电解 2min,取出后用重蒸馏水洗净,用滤纸吸干后,立即放入电解池中。

2. 铁在 H_2SO_4 溶液中钝化曲线的测定

在电解池中加入 200mL H_2SO_4(1mol·L^{-1})水溶液。按图 3-28-4 接好线路,参考实验

十三实验步骤中 2 ~ 3 步，采用动态手动扫描方法进行钝化曲线的测定，阳极钝化曲线扫描范围选择从腐蚀电势开始往正方向每次改动 50mV 进行测定，到偏离自腐蚀电势为 1.8V 左右停止。

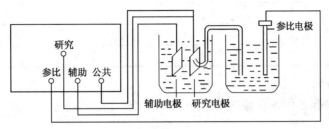

图 3 – 28 – 4　恒电位测定连接示意图

3. 铁在 HCl 溶液中极化曲线的测定

（1）阴极极化曲线的测定

重新按 1 的步骤处理电极，在另一电解池中加入 200mL HCl（1mol · L^{-1}）水溶液。阴极极化曲线扫描范围选择从腐蚀电势开始往负方向每次改动 5mV 进行测定，到偏离自腐蚀电势为 200mV 左右停止。

（2）阳极极化曲线的测定

重新按 1 的步骤处理电极，在另一电解池中加入 200mL HCl（1mol · L^{-1}）水溶液。阳极极化曲线扫描范围选择从腐蚀电势开始往正方向每次改动 5mV 进行测定，到偏离自腐蚀电势为 200mV 左右停止。

4. 铁在加乌洛托品缓蚀剂的 HCl 溶液中极化曲线的测定

在 200mL HCl（1mol · L^{-1}）水溶液中加入 20mL 10% 乌洛托品溶液，重复 3 中（1）、（2）操作，进行阴极极化和阳极极化曲线的测定。

实验完毕，应使仪器复原，清洗电极，记录室温和大气压。

五、数据记录及处理

1. 将所测实验数据填入表 3 – 28 – 1 ~ 表 3 – 28 – 3 中。

环境压力_____ kPa；室温_____ ℃；

电极面积_____ m^2；自腐蚀电势_____ V。

表 3 – 28 – 1　铁在 H$_2$SO$_4$ 溶液中钝化曲线的实验数据

阴 E（显示）/V	
阴 i/mA	
阳 E（显示）/V	
阳 i/mA	

电极面积_____；自腐蚀电势_____。

表 3 – 28 – 2　铁在 HCl 溶液中极化曲线的实验数据

阴 E（显示）/V	
阴 i/mA	
阳 E（显示）/V	
阳 i/mA	

电极面积_____；自腐蚀电势_____。

表3-28-3　铁在加乌洛托品缓蚀剂的HCl溶液中极化曲线的实验数据

阴 E（显示）/V	
阴 i/mA	
阳 E（显示）/V	
阳 i/mA	

2. 实验数据处理

① 用半对数坐标纸作铁在硫酸溶液中钝化曲线，由曲线求钝化电势、钝化电流和钝化电流密度。

② 用半对数坐标纸作铁在盐酸溶液中阳极极化和阴极极化曲线，由两条切线的交点 Z 求自腐蚀电位、自腐蚀电流和自腐蚀电流密度，由式3-28-3计算腐蚀速度。

③ 用半对数坐标纸作铁在加入乌洛托品缓蚀剂的盐酸溶液中阳极极化和阴极极化曲线，由二条切线的交点 Z 求自腐蚀电流密度，分别由式3-28-3和式3-28-2计算腐蚀速度及缓蚀效率。

六、注意事项

电极表面一定要处理平整、光亮、干净，不能有点蚀孔，这是实验成功的关键。

七、思考题

1. 从极化电势的改变，如何判断所进行的极化是阳极极化？还是阴极极化？
2. 测定钝化曲线为什么不能采用恒电流法？
3. 平衡电极电势和自腐蚀电势有何不同？
4. 铁在盐酸溶液中能否钝化，为什么？

实验二十九　洗手液的配制及性能测定

一、实验目的

1. 了解洗手液的功能和配方设计；
2. 掌握主要原料的作用及制备工艺；
3. 掌握表面张力、pH 值、固含量等性能指标的测定方法。

二、实验原理

过去，人们多用肥皂、洗衣粉、汽油、洗洁精等洗手。这虽然能起到一定的清洗作用，但对皮肤的刺激性较大，洗后皮肤常出现干燥、裂纹、脱皮等现象，而且对某些特殊工种操作人员手上的污垢去污能力很不理想，尤其是汽油等油类，由于具有毒性，会给人的身体带来危害。而洗手液能避免上述缺点，用其洗手去污力强、无毒、无刺激、润肤、芳香。液体洗手液主要由水和表面活性剂、助洗剂、增稠剂、香精、色素等构成。

洗手液在配方结构和设计原则上，首先要求对人体的安全性是第一位的。洗涤过程要求不刺激皮肤，不脱脂；洗手液在皮肤上的残留物对人体不发生病变等。其次产品应有柔和的去污力和适度的泡沫；要求产品具有与皮肤相近的 pH 值，中性或微酸性，避免对皮肤的刺激。最后配方中不用脱脂性强的原料，因为在去污的同时不可避免会脱脂；另外，香气和颜色也是一个重要的选择性指标，要求产品香气纯正、颜色协调。总之要综合考虑各种要求和相关因素，使配制的产品满足更多消费者的需求。

本实验的关键之处在于洗手液配方的选择。配方中每一种药品所起作用都是多方面的，多种药品混合在一起有时会起到较好的协同效应，但有时也会出现负面的效果。在配制洗手液时，可根据药品(表面活性剂)的性能特点，使用具有同样功能的药品进行替换，也可达到同样的洗涤效果。

三、仪器及药品

仪器：电炉 1 个；水浴锅 1 套；电动搅拌器 1 个；恒温槽(SYP 玻璃恒温水浴和 SWQ -ⅠA 智能数字恒温控制器组成)1 套；表面张力测定装置 1 套；DP - AW 精密数字微压差计 1 台；温度计(0 ~ 100℃，精度 ±0.2℃)1 支；酸度计(精度 ±0.02pH)1 个；旋转黏度计(NDJ - 8 型)1 个；电子天平(分度值 ±0.0001g)；盘架天平(分度值 ±0.1g)1 个；烧杯(50mL、250mL)各 1 个；量筒(10mL、100mL)各 2 个。

药品：脂肪醇聚氧乙烯醚硫酸钠(AES)；LAS(35%)；椰子油烷基二乙醇酰胺(6501、尼诺尔)；甘油(丙三醇)；苯甲酸钠；NaCl；珠光剂；香精；盐基玫瑰红；去离子水。

四、实验步骤

1. 基本配方

洗手液的基本配方如表 3 - 29 - 1 所示。

表 3 - 29 - 1　洗手液的基本配方

原料	m/%(质量)	主要作用	原料	m/%(质量)	主要作用
AES(70%)	8 ~ 12	去污	NaCl	1 ~ 2	增黏
LAS(35%)	10 ~ 15	去污	珠光剂	1	增色
6501	2	助洗	香精	适量	调味
甘油	2	护肤	盐基玫瑰红	适量	调色
苯甲酸钠	0.5	防腐	去离子水	至100	溶剂

2. 洗手液的配制

(1)以配制 100g 产品为基准。用 250mL 的烧杯，按配方要求用加量法分别称取 AES、LAS、苯甲酸钠。

(2)在称好原料的烧杯中加入 60g 去离子水，在电炉上加热至 60 ~ 70℃，搅拌使原料全部溶解。

(3)适当降温后，用加量法加入 6501、甘油和珠光剂，搅拌均匀，降至室温。

(4)加入余量去离子水，适量香精和盐基玫瑰红，搅拌均匀。

(5)搅拌下缓慢加入 NaCl，调节产品黏度。

3. 洗手液性能测定

（1）水溶液表面张力的测定

用最大泡压法（其操作参见"实验二十一 溶液表面张力的测定"）测定不同组成的洗手液水溶液的表面张力。

溶液配置：配置产品的质量组成如下：1/5000、1/2000、1/1000、1/800、1/500。从低浓度到高浓度依次测定其25℃时的表面张力。

（2）pH 值的测定

按照 GB6383 以试样的 1% 水溶液用精密 pH 试纸或 pH 计测定。

pH 计使用参见第五章。

（3）固含量测定

用重量法测定产品的固含量：

$$\text{固含量} = \frac{m_2}{m_1} \times 100\% \qquad (3-29-1)$$

式中，m_1 为试样质量（约 0.5g，称准至 0.0002g）；m_2 为烘干后试样质量（105℃烘干 3h，称准至 0.0002g）。

（4）黏度测定

采用旋转黏度计（NDJ-8 型）（其使用参见第五章）测定洗手液的黏度。

（5）泡沫高度测定

在 100mL 量筒中取 1/1000 的溶液 80mL 加入 20mL 自来水，在另一个 100mL 量筒中加入上述溶液 50mL，塞住量筒口上下摇动三次，记下泡沫高度。

五、实验数据处理

1. 将所测实验数据填入表 3-29-2 中。

室温：_____℃　实验温度：_____℃　大气压：_____kPa。

表 3-29-2　表面张力测定实验数据

$c \times 10^{-3}/(\text{mol} \cdot \text{m}^{-3})$	$\Delta p_{max}/\text{kPa}$				$\gamma/(\text{N} \cdot \text{m}^{-1})$
	1	2	3	平均值	
0（去离子水）					

2. 从附录 7 查出实验温度时，水的表面张力 γ，根据公式 $\gamma = K\Delta p_{max}$，算出仪器常数 K 值。

3. 根据公式 $\gamma = K\Delta p_{max}$，计算洗手液系列溶液的表面张力 γ，并填入表 2-29-2 中，据 $\gamma - c$ 数据，绘制 $\gamma - c$ 曲线。估计产品的临界胶束浓度 CMC 值。

4. 给出产品的性能指标。参考格式见表 3-29-3。

表 3 –29 –3　洗手液产品性能指标

指标名称		指标名称	
外观		固含量/%	
色泽		泡沫高度/cm	
香型		CMC	
总活性物含量/%		黏度/(Pa·s)	
pH 值			

注：外观指聚集态、透明与否、是否黏稠等；总活性物含量指总表面活性剂含量(包括6501)；其余均为实测值。

5. 对所配制的产品做尽可能全面的介绍说明，并提出改进产品配方的建议。

六、注意事项

1. AES 应慢慢加入水中，在高温下极易水解，因此溶解温度不可超过 65℃。
2. 在用食盐增稠时，需配制成质量分数 20% 的溶液。

七、思考题

1. 洗手液配方设计的原则有哪些?
2. 洗手液各组分的作用是什么?

实验三十　牛奶中酪蛋白和乳糖的分离与鉴定

一、实验目的

1. 掌握调节 pH 值分离牛奶中酪蛋白和乳糖的方法;
2. 熟悉酪蛋白和乳糖的鉴定方法;
3. 掌握旋光仪的使用方法。

二、实验原理

牛奶是营养最完备的食品之一，这一点已为许多人认识并接受。尤其是在婴儿及青少年时期，每天摄入一定量的牛奶能促进身体健康成长。牛奶的主要成分是水、蛋白质、脂肪、糖和矿物质，这些都是人体发育所必不可少的物质。

1. 牛奶中酪蛋白的分离

牛奶是一种均匀稳定的悬浮状和乳浊状的胶体性液体，主要成分有水、脂肪、磷脂、蛋白质、乳糖、无机盐等。一般牛奶的主要化学成分含量如下：水分，87.5%；脂肪，3.5% ~4.2%；蛋白质，2.8% ~3.4%；乳糖，4.6% ~4.8%；无机盐，0.7% 左右。牛奶的蛋白质，主要以酪蛋白(Casein)为主，人奶以白蛋白为主。酪蛋白是一种大型、坚硬、致密、极困难消化分解的凝乳(curds)。酪蛋白为非结晶、非吸潮性物质，常温下在水中可溶解 0.8% ~1.2%，微溶于 25℃ 水和有机溶剂，溶于稀碱和浓酸中，能吸收水分，当浸入水中则迅速膨胀，但分子不结合。酪蛋白不是单一的蛋白质，是一类含磷的复合蛋白质混合物。蛋白质是两性化合物，当调节牛奶的 pH 值达到酪蛋白的等电点(pH =4.8)时，蛋白质所带正、负电荷相等，呈电中性，同种电荷间的排斥作用消失，此时酪蛋白的溶解度最小，会从牛奶中沉淀出来，以此分离酪蛋白。因酪蛋白不溶于乙醇和乙醚，可用此两种溶剂除去酪蛋白中的脂肪。牛奶中酪蛋白的含量约为35g/L，而且比较稳定，利用这一性质，可以检测牛乳是否掺假。

2. 酪蛋白的鉴定

酪蛋白的鉴定可通过蛋白质的颜色反应或电泳实验完成。

（1）蛋白质的颜色反应

蛋白质分子中的某些基团与显色剂作用，可产生特定的颜色反应。

① 双缩脲反应。将尿素加热到180℃，则双缩脲两分子尿素缩合成一分子双缩脲（$NH_2-CO-NH-CO-NH_2$），并放出一分子的氨。双缩脲在碱性溶液中能与硫酸铜产生紫红色络合物，此反应称双缩脲反应。在蛋白质分子中含有许多和双缩脲结构相似的肽键，因此，也能起双缩脲反应，形成紫红色络合物。

② 蛋白质的黄色反应。这是含有芳香族氨基酸特别是酪氨酸和色氨酸的蛋白质所特有的呈色反应。蛋白质溶液遇浓硝酸后，先产生白色沉淀，加热后白色沉淀变成黄色，再加碱呈橙色，这是因为硝酸将蛋白质分子中的苯环硝化，产生了黄色硝基苯衍生物。例如皮肤、指甲和毛发等遇浓硝酸会变成黄色。

③ 蛋白质跟茚三酮反应。蛋白质和茚三酮共热，则产生紫色的还原茚三酮。此反应为一切氨基酸及 α - 氨基酸所共有，含有氨基的其他物质亦呈此反应，这种反应可鉴别蛋白质。

（2）蛋白质的电泳实验

醋酸纤维薄膜电泳是以醋酸纤维薄膜作为支持物的一种电泳方法。

将少量蛋白质溶液点在浸有巴比妥缓冲液的醋酸纤维薄膜上，薄膜两端通过滤纸与电泳槽中的缓冲液相连，将薄膜的点样一端放在负极，进行电泳。所用缓冲液 pH = 8.6，离子强度为 0.06。电极液为巴比妥缓冲液，不同蛋白质由于带有的电荷数量及相对分子质量不同，电泳速率也不同。经过一定时间，取消电场，电泳结束后，取出薄膜浸入考马斯亮蓝染色液（Coomassiea G - 250），进行染色。随后将薄膜浸入漂洗液中进行漂洗，洗至背景无色为止。此时薄膜上有 3 条酪蛋白谱带，分别为 α，β 和 κ 三种形态的酪蛋白。

3. 乳糖的分离

牛奶中的糖主要是乳糖，乳糖是一种二糖，它是唯一由哺乳动物合成的糖，它是在乳腺中被合成的。乳糖是成长中的婴儿建立其发育中的脑干和神经组织所需的物质。乳糖也是不溶于乙醇的，所以当乙醇混入水溶液中时乳糖会结晶出来，从而达到分离的目的。

乳糖是由一分子 β - D - 半乳糖和一分子 α - D - 葡萄糖脱水缩合而成。由于乳糖含有游离的羰基，因此乳糖是一种还原性糖，绝大部分以 α - 乳糖和 β - 乳糖两种同分异构体型态存在，α - 乳糖的 - 比旋光度 $[\alpha]_D^{20} = +86°$，β - 乳糖的 - 比旋光度 $[\alpha]_D^{20} = +35°$，水溶液中两种乳糖可互相转变，因此水溶液有变旋光现象，达到平衡时的比旋光度是 +53.5°，它是右旋糖。牛奶中乳糖的含量是 4% ~ 6%。乳糖的溶解度 20℃时为 16.1%，含有一分子结晶水的乳糖熔点为 210℃。

4. 乳糖的鉴定

乳糖则可通过旋光仪及 TLC(薄层色谱) 或糖脎的生成来鉴定。

乳糖由于绝大部分以 α - 乳糖和 β - 乳糖两种同分异构体型态存在，水溶液中两种乳糖可互相转变，因此水溶液有变旋光现象。乳糖中的羰基能与苯肼作用生成苯脎，但是当苯肼过量时，可进一步作用生成糖脎，糖脎是黄色晶体，不溶于水，不同糖脎的结晶形状不同，可以鉴别不同的糖。

① 乳糖具有变旋光现象。

② 糖分子中游离羰基能够与苯肼反应生成糖脎。

③ 还原性糖类与斐林试剂也可发生颜色反应，生成砖红色的沉淀。这种反应可以快速鉴别还原性糖的存在，但是斐林试剂需要现配现用。

三、仪器及药品

仪器：恒温槽(玻璃恒温水浴和智能数字恒温控制器组成)1套；旋光仪1台；循环水式真空泵1台；离心机1台；烘箱1台；低倍显微镜1台；电泳槽1个；温度计1支；精密pH试纸(pH=3~5)。

药品：茚三酮试剂；考马斯亮蓝染色液；醋酸纤维薄膜；巴比妥缓冲液；牛奶；冰醋酸；甲醇；乙醇；乙醚；碳酸钠；醋酸钠；酒石酸钾钠；乙酸乙酯；异丙醇；吡啶；苯胺；二苯胺；葡萄糖；半乳糖；磷酸；氢氧化钠；浓氨水；浓硫酸；盐酸；苯肼；浓硝酸；硫酸铜；乙酸；二次蒸馏水。以上药品均为分析纯。

四、实验步骤

1. 牛奶中酪蛋白的分离

取50mL新鲜牛奶置于150mL烧杯内，在恒温槽(其使用参见第五章)中加热至40℃，保持温度，边搅拌边慢慢滴加4mL冰醋酸，此时即有白色的酪蛋白沉淀析出，继续滴加稀醋酸溶液，直至混合液的pH为4.8，酪蛋白不再析出为止(约2mL)，冷却到室温。将混合物转入离心杯中，3000r/min离心15min。上清液(乳清)经漏斗过滤于蒸发皿中，留做乳糖的分离与鉴定实验。沉淀(酪蛋白)转移至另一烧杯内，加95%乙醇20mL，搅匀后用布氏漏斗抽气过滤，以体积比为1:1的乙醇-乙醚混合液小心洗涤沉淀2次(每次约10mL)，最后再用5mL乙醚洗涤1次，去除脂肪，吸滤至干。将干粉铺于表面皿上，烘干，称重并计算牛奶中酪蛋白的含量。

取0.5g酪蛋白溶解于含0.4mol/LNaOH的5mL生理盐水中，分别用于蛋白质的颜色反应和蛋白质的醋酸纤维薄膜电泳的鉴定。

2. 酪蛋白的颜色反应

(1) 双缩脲反应　在小试管中加入5滴酪蛋白溶液和5滴5%的NaOH溶液，摇匀后加入2滴1%硫酸铜溶液，将试管振摇，观察颜色变化。

(2) 蛋白黄色反应　在小试管中，加入10滴酪蛋白溶液及3滴浓硝酸，水浴中加热，生成黄色硝基化合物。冷却后再加入15滴5%的NaOH溶液，溶液呈橘黄色。

(3) 茚三酮反应　在小试管中加入10滴酪蛋白溶液，然后加4滴茚三酮试剂，加热至沸，即有蓝紫色出现。

3. 酪蛋白的醋酸纤维薄膜电泳

将8cm×2cm的醋酸纤维薄膜浸于巴比妥缓冲液(pH=8.6，离子强度为0.06)中，待完全浸透后，取出薄膜放于滤纸上，轻轻吸去多余的缓冲液。用毛细管将酪蛋白溶液点在离薄膜(无光泽的一面)的一端1.5cm处，在电泳槽内进行电泳。电极液为巴比妥缓冲液，将薄膜的点样一端放在负极，电压为120V，线电流约为0.4~0.6mA/cm，电泳时间约40~60min。

电泳结束后，取出薄膜浸入考马斯亮蓝染色液（Coomassiea G－250）[0.5gcoomassiea G250溶于1L乙酸∶甲醇∶dH$_2$O（双蒸水）=1∶5∶5（体积比）的溶液]。5min后取出，浸入漂洗液[甲醇∶乙酸∶dH$_2$O=1∶1.5∶17.5（体积比）]中进行漂洗，约10min后可见3条酪蛋白谱带，分别为α，β和κ三种形态的酪蛋白。

4. 乳糖的分离

将上述实验中所得的上清液（即乳清）置于蒸发皿中，用蒸气浴浓缩至5mL左右，冷却后，加入95%乙醇10mL，冰浴中冷却，用玻棒搅拌摩擦，使乳糖析出完全，经布氏漏斗过滤，用95%乙醇将乳糖晶体洗涤2次（每次5mL），即得粗乳糖晶体。

再将粗乳糖晶体溶于8mL 50~60℃水中，滴加乙醇至产生浑浊，水浴加热至浑浊消失，冷却，过滤，用95%乙醇洗涤晶体，干燥后得含一分子结晶水的纯乳糖，干燥后称重并计算牛奶中乳糖的含量。

5. 乳糖的变旋光现象

准确称取1.25g乳糖，用少量蒸馏水溶解，转入25mL容量瓶中定容，将溶液装于旋光管中，立即用旋光仪（其使用参见第五章）测定其旋光度。每隔1min测定1次。10min后，每隔2min测定1次，至20min为止。记录数据并计算出比旋光度。迅即在试样管中加入2滴浓氨水摇匀，静置20min后测其旋光度并计算出比旋光度。

6. 乳糖的水解及水解物的TLC鉴定

（1）乳糖的水解：取0.5g自制的乳糖置于大试管中，加入5mL蒸馏水使其溶解，取出1mL乳糖溶液置于另一小试管中，备作糖脎鉴定。即在余下的4mL乳糖溶液中加入2滴浓硫酸，于沸水浴中加热15min。冷却后，加入10%碳酸钠溶液使呈碱性。

（2）糖脎的生成：在上述乳糖水解液中及备用的乳糖溶液中，分别加入新鲜配制的盐酸－苯肼－醋酸溶液1mL摇匀，置沸水浴中加热30min后取出试管，自行冷却。取少许结晶在低倍显微镜下观察两种糖脎结晶形状。

（3）糖类的硅胶G（TLC）鉴定：用0.02mol/L醋酸钠调制的硅胶G铺板，用乙酸乙酯∶异丙醇∶水∶吡啶=26∶14∶7∶27（体积比）的溶剂进行展层。展层后用苯胺－二苯胺－磷酸为显色剂，喷洒后在110℃，烘箱内加热至斑点显出。进行硅胶TLC鉴定时用10g/L葡萄糖，10g/L半乳糖及10g/L乳糖进行对照。

五、数据记录及处理

1. 将所测实验数据填入表3-30-1中。

室温_____℃；实验温度_____℃；大气压_____kPa

干燥酪蛋白的质量_____g；干燥乳糖的质量_____g。

表3-30-1 乳糖溶液的旋光度

t/min	α	t/min	α	t/min	α
1		6		12	
2		7		14	
3		8		16	
4		9		18	
5		10		20	

2. 计算牛奶中酪蛋白和乳糖的含量。

3. 计算乳糖溶液比旋光度及加氨水后的比旋光度。

4. 将精制后的乳糖干燥并测定其旋光度，与文献数值比较，解释产生差别的原因。

六、注意事项

1. 温度对旋光度有很大的影响，如测定时试样溶液的温度不是20℃，应进行校正。进行乳糖的变旋光现象操作时，应先将测定的仪器和药品准备好，溶液的配置应尽量在2min内完成，氨水能迅速催化乳糖的变旋光现象，使之达到平衡。实验完成后，清洗旋光管并用蒸馏水浸泡。

2. 测定时必须严格按规定的操作条件进行，否则误差较大。进行 TLC 鉴定时，如果试样点的色斑颜色较标准点深，可稀释后重新点样，估算含量。

3. 在用乙醚洗涤酪蛋白时，应把任何形状的酪蛋白捣碎，并用玻璃棒搅拌约 10min，尽可能去除脂肪。

4. 苯肼试剂有毒，小心使用，勿触及皮肤，如触及皮肤先用稀醋酸洗，再用水洗。

5. 乳糖水解生成一分子半乳糖和一分子葡萄糖，当形成糖脎后可通过显微镜看到不同形状的美丽结晶，同时采用纯乳糖、半乳糖和葡萄糖的糖脎做对照效果很好。

七、思考题

1. 根据酪蛋白的什么性质可从牛奶中分离酪蛋白？

2. 为什么本实验所用牛奶为新鲜牛奶，牛奶在室温放置较长时间后是否可用？牛奶中的脂肪在分离酪蛋白时有何影响？

3. 如何用化学方法鉴别乳糖和半乳糖？

实验三十一　乙醇物理性能的测定

一、实验目的

1. 掌握乙醇的折射率、正常压力下的沸点、饱和蒸气压及表面张力的测定方法；

2. 掌握恒温槽、阿贝折射仪、气压计等仪器的使用方法。

二、实验原理及步骤

乙醇是重要的基础化工原料之一，以乙醇为原料的化工产品达 200 多种，它广泛用于基本有机原料、农药（如有机杀虫剂和杀蜗剂等）以及医药、橡胶、塑料、人造纤维、洗涤剂等有机化工产品的生产。乙醇又是一种重要的有机溶剂，大量应用于油漆、医药、油脂和军工等工业生产中。通过对乙醇物理性能的测定使学生牢固掌握物理化学的基本理论，同时又能把理论上的知识联系到生产实际中去。

1. 乙醇折射率的测定

（1）实验原理

光从一种介质进入另一种介质时，会改变原来的传播方向，这种现象称为光的折射，如图 3 - 31 - 1 所示。

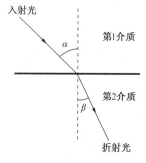

图 3 - 31 - 1　光在不同介
质中的折射

折射现象的基本规律可用折射定律来描述：

① 折射光线和入射光线分居于法线的两侧，并且处于同一平面中。

② 入射角的正弦跟折射角的正弦的比值，对于给定的两种介质来说，总是一个常数。其关系式为：

$$\frac{\sin\alpha}{\sin\beta} = 常数 \qquad (3-31-1)$$

此常数称为光线从第一种介质射入第二种介质时的折射率。由此也可知道，折射率的数值与入射角的大小无关。而决定于此两种介质的光学性质。把光线真空射入某一介质 M 里的折射率称为该介质的绝对折射率 $n(M)$，通常我们所说的都是绝对折射率，即

$$\frac{\sin\alpha(真空)}{\sin\beta(M)} = n(M) \qquad (3-31-2)$$

当光线从一介质 N 射入另一介质 M 时，有

$$\frac{\sin\alpha(N)}{\sin\beta(M)} = \frac{n(M)}{n(N)} \qquad (3-31-3)$$

当入射角为 90° 时，则　$n(N) = n(M)\sin\beta(M)$，因此，只要测出此时的折射角，就可以求出另一种物质的折射率。实验室用的阿贝(Abbe)折射仪就是根据上述原理而设计的。

折射率是物质的重要物理常数之一，测定物质的折射率可以定量地求出该物质的浓度或纯度。许多纯的有机物质具有一定的折射率，如果纯的物质中含有杂质，其折射率发生变化，偏离了纯物质的折射率，杂质越多，偏离越大。纯物质溶解在溶剂中折射率也发生变化，如蔗糖溶解在水中随着浓度愈大，折射率越大。所以通过测定蔗糖的水溶液的折射率，也就可以定量地测出蔗糖水溶液的浓度。

通过测定物质的折射率，还可以算出某些物质的摩尔折射率，反映极性分子的偶极矩，从而有助于研究物质的分子结构。实验室常用的阿贝(Abbe)折射仪，既可以测定液体的折射率，也可以测定固体物质的折射率，同时可以测定蔗糖溶液的浓度。

应用折射仪可以将液体的折射率测得很精确，并且测定方法简单方便。因此，折射率的测量是鉴定液体有机物纯度的常用方法。

（2）实验步骤

① 接好超级恒温槽（其使用参见第五章）与折射仪间循环水管。

② 调节恒温槽的温度为 (30 ± 0.1)℃。

③ 用阿贝折射仪（其使用参见第五章）测量纯乙醇的折射率，测三次，取平均值。

2. 乙醇沸点的测定

（1）实验原理

液体的沸点是指液体的饱和蒸气压与外界压力相等时的平衡温度。在一定外压下，纯液体的沸点有其确定值。对物质沸点的测定有以下几方面的应用。

① 可以判断物质被液化的难易及液态物质的挥发能力大小。

如 SO_2（沸点 -10℃）、NH_3（-33.35℃）、Cl_2（-34.5℃）被液化由易到难的顺序是 SO_2、NH_3、Cl_2，物质的沸点越低其就越难被液化。同时物质的沸点越低，说明其越容易挥发（汽化），如液溴（58.78℃）、苯（80.1℃）易挥发，而浓硫酸（338℃）难挥发等。如果某物质熔

沸点接近，如氯化铝（熔点190.70°C，沸点180.53℃）、碘（熔点113.5℃，沸点184.35℃），则容易升华。

② 根据物质的沸点不同对混合物进行分离。

工业上制备氮气，通常是利用氮气的沸点（－195.8℃）比氧气的沸点（－183℃）低而蒸馏液态空气而得；石油工业中利用石油中各组分的沸点不同，通过控制加热的温度来进行分馏得到各种馏分；工业中利用酒精的沸点（78℃）比水的沸点（100℃）低而采用吸水蒸馏的方法制取无水酒精等。

③ 利用物质的沸点控制反应的进行。

A. 用高沸点的酸制备低沸点的酸。如用高沸点的 H_2SO_4 制备低沸点的 HCl、HF、HNO_3 等；用高沸点的 H_3PO_4 制备低沸点的 HBr、HI 等。

B. 控制反应温度使一些特殊反应得以发生。如：$Na + KCl \rightleftharpoons K\uparrow + NaCl$，已知钠的沸点（882.9℃）高于钾的沸点（774℃），故可以通过控制温度（800℃左右）使钾呈气态，钠呈液态，应用化学平衡移动原理，不断使钾的蒸气脱离反应体系，平衡向右移动，反应得以发生。

C. 选择合适的物质做传热介质来控制加热的温度。如果需要100℃以下的温度，可选择水浴加热；如果需要100～200℃的温度，可选择油浴加热。

④ 判断有机物分子结构特点。

烷烃的沸点与烷烃中碳原子数的多少有一定的关系。在没有支链的烷烃中，碳原子数越多，则烃的沸点越高，这是因为烃的相对分子质量越大，分子间作用力越大所致。在分子式相同的情况下，沸点高低与同分异构体的结构有关。

掌握物质的熔沸点规律，对常见物质熔沸点有一个量的概念，这在解题应用中也会起到重要作用。

测定液体的沸点的方法有几种办法，本实验要求用沸点测定仪来测。关于沸点测定仪的原理及使用参见"实验六 双液系的气－液平衡相图"。

（2）实验步骤

① 安装沸点仪

将干燥的沸点测定仪按图2－6－2安装好，检查带有温度计的橡皮塞是否塞紧。加热用的电热丝要靠近底部中心，温度计的水银球不能接触电阻丝，离电热丝至少0.8cm，而且每次更换溶液后，要保证测定条件尽量平行（包括水银温度计和电阻丝的相对位置）。

② 测定乙醇的沸点

取下沸点仪顶部的胶塞，加入30mL乙醇，调整温度计的位置，使液面在水银球中部为宜。加入沸石2～3粒，通冷凝水，通电加热，用调压器将电压控制在20～50V之间至沸腾，控制回流速度为1滴/1～2s。使蒸气在冷凝管中回流高度不宜太高，以2cm左右为好。待温度稳定后再维持3min左右以使体系达到平衡，再记录沸点温度，按实验六的要求进行沸点修正。

③ 实验结束

回收试样，清洗仪器，注意关电关水！

3. 乙醇表面张力的测定

（1）实验原理

垂直作用于单位长度线段上的液体表面紧缩力，称为表面张力，其单位是 $N \cdot m^{-1}$。液体的表面张力与温度、压力、物质的性质及组成有关。温度越高，表面张力愈小。到达临界温度时，液体与气体不分，表面张力趋近于零。在相同条件下测定物质的表面张力，可以比较分子间相互作用力的大小；计算溶液的平衡吸附量和饱和吸附量；判断吸附是正吸附还是负吸附；计算吸附质分子的横截面积；计算固体的比表面等。另外，液体的表面张力也与液体的纯度有关，通过对液体表面张力的测定，粗略判断液体的纯度。

测定溶液的表面张力有多种方法，较为常用的有最大泡压法、脱环法和扭力天平法。本实验使用最大泡压法测定溶液的表面张力，其装置见图 2 – 21 – 2 表面张力测定装置，其构造及原理参见"实验二十一 溶液表面张力的测定"。

（2）实验步骤

① 打开精密数字（微差压）压力计（其使用见第五章）电源开关，预热 15min。

② 调节恒温槽（其使用参见第五章）的温度为（30 ±0.1）℃。

③ 测定乙醇在实验温度下的表面张力，其操作参见"实验二十一溶液表面张力的测定"。

④ 实验完毕，读取实验的准确温度即恒温槽中温度计的温度。关闭所有电源，支管试管和毛细管后装满蒸馏水，毛细管浸入蒸馏水中。

4. 乙醇饱和蒸气压的测定

（1）实验原理

定义：在一定温度下，纯液体与其蒸气达平衡时的压力，称为该液体在此温度下的饱和蒸气压。饱和蒸气压是液体自身的性质，它的大小取决于物质的本性和温度。其来源是由于液体中能量较大的分子有脱离液面进入空间成为气态分子的倾向（逃逸倾向）。饱和蒸气压越大，表示该物质越容易挥发。

测定液体的饱和蒸气压可以求液体的蒸发焓、液体的沸点，求一些物质的冰点降低常数、临界点、三相点，如果物质符合特鲁顿规则的条件，可以测溶液中分子的缔合度，在多组分体系中，可利用压力 – 组成图、温度 – 组成图，测定分子的活度、活度系数、将克 – 克方程与开尔文公式结合起来，可求过热温度、沸腾时气泡的半径等。

测定液体饱和蒸气压的方法有三类：静态法、动态法、饱和气流法（具体见实验四）。本实验就是采用静态法测定 25℃ 或 30℃ 时乙醇的饱和蒸气压，此法一般适用于蒸气压比较大的液体，其装置见图 2 – 4 – 1 饱和蒸气压测定装置图，其构造及原理参见"实验四液体饱和蒸气压的测定"

（2）实验步骤

① 从福廷式气压计（其使用参见第五章）读出 p（大气）并进行修正，实验前后各读一次取平均值。

② 调节恒温槽的温度（其使用参见第五章）为（30 ±0.1）℃。

③ 测定乙醇在实验温度下的饱和蒸气压，其操作参见"实验四液体饱和蒸气压的测定"。

④ 实验结束后，将系统通大气，关闭仪器电源和水源，整理实验台。

三、仪器及药品

仪器：恒温槽（玻璃恒温水浴和智能数字恒温控制器组成）1 套；超级恒温槽 1 套、阿贝折射仪 1 台；表面张力测定装置 1 套；精密数字微压差计（压差计）1 台；调压器 1 台；缓冲压力罐 1 个；真空泵（或循环水式真空泵）1 台；精密数字（真空）压力计 1 个；等压计 1 个；冷凝器 1 个；缓冲瓶 1 个；温度计（最小分度 0.1℃）1 支。

药品：丙酮；无水乙醇。

四、数据记录及处理

1. 将所测实验数据填入表 3 – 31 – 1 中。

室温_____℃；实验温度_____℃；大气压 p_t _____kPa；p_0 _____kPa

表 3 – 31 – 1 乙醇的物理性质

	折射率 n	沸点/℃	Δp_{max}/kPa		γ/$(N \cdot m^{-1})$	$p_{表}$/kPa	$p_{饱和}$/kPa
			水	乙醇			
1							
2							
3							
平均							

2. 按公式 $p_0 = p_t(1 - 0.000163t)$ 求出 p_0。

3. 求出实验温度下（30℃）乙醇的折射率、沸点的平均值，填入表 3 – 31 – 1 中。

4. 从附录中查出实验温度（30℃）时，水的表面张力 γ，根据公式 $\gamma = K\Delta p_{max}$，算出仪器常数 K 的值。

5. 根据公式 $\gamma = K\Delta p_{max}$，计算乙醇的表面张力 γ，填入表 3 – 31 – 1 中。

6. 根据公式 $p_{饱和} = p_{表} + p_{大气}$，计算乙醇的饱和蒸气压，填入表 3 – 31 – 1 中。

五、注意事项

1. 测定折射率时，动作应迅速，以避免试样中易挥发组分的损失，确保数据准确。

2. 整个实验过程中，通过折射仪的水温要恒定，使用折射仪时，棱镜不能触及硬物（如滴管），擦拭棱镜用擦镜纸。

3. 测乙醇的沸点时，电热丝不能露出液面，一定要浸在溶液中，方可加热，否则电热丝易烧断或有机物会燃烧起火。

4. 测定乙醇的表面张力和饱和蒸气压时，仪器系统不能漏气。

5. 测定乙醇的表面张力时，支管试管和毛细管一定要清洗干净，应保持垂直，其管口刚好与液面相切。

6. 测定乙醇的表面张力时，读取数字微压差计的压差时，应取气泡单个逸出时的最大压差。

7. 测定乙醇的蒸气压时，真空泵在开启或停止时，因系统内压力低，应当使泵与大气相通，以防油泵中的油倒流。

六、思考题

1. 测定乙醇的表面张力时，如果毛细管不与液面相切，而是插入一定深度将乙醇的表面张力值偏大还是偏小？

2. 能否用测乙醇的饱和蒸气压的方法测溶液的蒸气压？

七、文献参考值

乙醇的正常沸点 $t_{沸} = 78.28$℃；30℃时乙醇的折射率 = 1.3660；

30℃时乙醇的 $p_{饱和} = 10.56$kPa；

30℃时乙醇的 $\gamma_{乙醇} = 21.481 \times 10^{-3} N \cdot m^{-1}$。

设计性实验

实验三十二　固体碱催化剂催化合成生物柴油及其燃烧热的测定

一、实验目的

1. 了解固体碱催化剂的制备及催化活性的评价方法；
2. 利用固体碱催化剂合成生物柴油；
3. 测定合成的生物柴油的燃烧热。

二、设计要求

1. 设计一种由 KOH，γ - Al_2O_3 制备固体碱催化剂的方案。
2. 设计一种由菜油合成生物柴油的实验方案。
3. 复习实验一燃烧热测定的内容，设计一种测定生物柴油和普通 $0^\#$ 柴油燃烧热的实验方法。
4. 根据测定结果，从热化学的角度讨论生物柴油与普通 $0^\#$ 柴油燃烧热值差异的原因。

实验分 4 个步骤完成，先制备催化剂，然后合成生物柴油，再测定生物柴油燃烧热，最后测定 $0^\#$ 柴油燃烧热。

三、设计提示

生物柴油是一种无毒、可生物分解、可再生的燃料，其主要成分是脂肪酸甲酯，是以植物油或动物脂肪为主要原料，经低碳醇（常用甲醇）醇解得到的脂肪酸低碳醇酯类物质。

甘油三脂肪酸是动植物油脂的主要成分，由动植物油脂通过与甲醇酯交换反应而生成的脂肪甲酯（生物柴油）。

甘油三脂肪酸完全酯交换反应是分三步进行的连串可逆反应：

$$甘油三脂 + CH_3OH \longrightarrow 甘油双脂 + RCOOH_3$$
$$甘油双脂 + CH_3OH \longrightarrow 甘油单脂 + R_2COOH_3$$
$$甘油单脂 + CH_3OH \longrightarrow 甘油 + R_3COOH_3$$

非均相酯交换反应是一条绿色的生物柴油生产路线。KOH/γ - Al_2O_3 作为一种固定相强碱催化剂，可用于多种酯交换反应，是一种颇有前途的"绿色催化剂"。

设计实验时要先考虑碱催化剂的载体类型，选择所制备的固体碱催化剂的载体如三氧化铝、氧化镁、氧化钙、二氧化钛、分子筛等，按照一定的方法浸渍，然后均匀搅拌、蒸干、烘烤，最后在适当的温度下焙烧制成碱催化剂。

燃烧热值是生物柴油的一项重要性能指标，燃料热值的测定为生物柴油的进一步研究和应用提供了一系列的基础数据。实验结束时应计算生物柴油收率及合成生物柴油的完全燃烧热，并比较 $0^\#$ 柴油和生物合成柴油燃烧热值的大小，分析燃烧热值差异的原因。从热化学的角度讨论生物柴油与普通柴油燃烧热值差异的原因并分析固体酸碱催化剂与固载体酸碱催化剂的异同与特点。

注意：

1. 制备固体碱催化剂时，应边搅拌边反应，严格控制反应的温度与反应时间，并思考固体碱催化剂的优越性在哪里及如何评价其催化性能。

2. 合成生物柴油时注意减压蒸馏的温度，先分离出甘油，然后蒸馏出生物柴油。

四、主要仪器与药品

主要仪器；氧弹式热量计 1 套；精密温度温差仪 1 台；循环水真空泵 1 台；氧气钢瓶及减压阀 1 套；数显精密天平 1 台；万用电表 1 块；充气机 1 台；马弗炉 1 台；气相色谱仪 1 套；恒温加热磁力搅拌器 1 套；电子台秤 1 台；压片机 1 台。

药品；苯甲酸（AR）；油酸甲酯（AR）；甲醇（AR）；KOH（AR）；精制菜油；$0^{\#}$柴油；$\gamma - Al_2O_3$（AR）。

实验三十三　油品燃烧热的测定

一、实验目的

1. 进一步熟悉量热法的实验技术；
2. 掌握液体有机物燃烧热的测定方法。

二、设计要求

1. 复习"实验一 燃烧热的测定"的内容。
2. 设计一种测定柴油的燃烧热值的实验方法。
3. 计算出柴油的恒压燃烧热和恒容燃烧热。
4. 写出实验报告，总结所设计实验的优缺点，提出改进意见。

三、设计提示

燃烧热测定在工业上常用与石油、煤、天然气、燃料油、液化石油气等的热值测量；在食品和生物学中用以计算营养成分的热值，据此指导营养滋补品合理配方的确定。用氧弹量热计测定液态物质燃烧热时，沸点高的油类可直接置于坩埚中，用引燃物引燃测定；对于沸点低的物质，通常将其密封在已知燃烧热的胶囊或塑料薄膜中，通过引燃物将其燃烧而测定之。计算试样热值时，要将引燃物和胶囊放出的热扣除。本实验的引燃物可以用棉纱线，在试样和点火丝之间缚一段棉纱线，以起助燃作用。棉纱线的参考燃烧热为 $-16.7kJ \cdot g^{-1}$。复习"实验一燃烧热测定"的内容。

四、主要仪器及药品

主要仪器：HR3000F 型电脑量热计；万用电表；电子天平台秤；氧气钢瓶；氧气减压阀；压片机；容量瓶（1000、500、100mL）。

药品：柴油；点火丝；苯甲酸（AR）。

实验三十四　食品热值的测定

一、实验目的

1. 进一步熟悉量热法的实验技术；
2. 掌握食品燃烧热的测定方法。

二、设计要求

1. 复习"实验一　燃烧热的测定"的内容。

2. 设计一种测定糖块和巧克力的恒容燃烧热的实验方法。

3. 分别比较糖块和巧克力中有机物质的恒容燃烧热，并由此求算其恒压燃烧热。

三、设计提示

　　燃烧热是热化学中的一种重要的基础热数据，广泛应用于热化学的计算中。燃烧热的测定通常是在氧弹式量热计中进行的，氧弹量热计的基本原理是能量守恒定律。试样完全燃烧所释放的能量使得氧弹本身及其周围的介质和量热计有关附件的温度升高。测量介质的燃烧前后温度的变化值，就可求算该试样的恒容燃烧热。因此，在燃烧热测定实验的基础上应用其原理和技术，进一步设计测定日常食品如馒头、烧饼、面包、鸡蛋、肉、巧克力、糖块、方便面等）的热值实验方案。

　　实验设计时可参考燃烧热的测定实验的基本过程，通过引燃物将其燃烧而测定，计算试样热值时，要将引燃物和装液体食物的胶囊放出的热扣除。实验的引燃物可以用棉纱线，在试样和点火丝之间缠一段棉纱线，以起助燃作用。棉纱线的参考燃烧热为 $-16.7\text{kJ} \cdot \text{g}^{-1}$。如果测定的食物是液体，需要设计实验先测定胶囊的发热值。设计实验时为了保证试样完全燃烧，氧弹中必须充以高压氧气。因此氧弹应有很好的密封性能，耐高压且耐腐蚀。氧弹放在一个与室温一致的恒温套中。盛水捅与套壳之间有一个高度抛光的挡板，以减少热辐射和空气的对流。此外还需注意温度的校正，由于热量的散失无法避免，环境有可能向量热计辐射进热量而使其温度升高，也可能是量热计向环境辐射出热量而使其温度降低。校正时温差不应太大，一般 2 ~ 3℃。

四、主要仪器和药品

　　主要仪器：氧弹式量热计 1 套；燃烧丝 1 束；氧气钢瓶及减压阀 1 套；压片机 1 台。
　　药品：苯甲酸(AR)；蔗糖(AR)；巧克力市售；溶液用二次蒸馏水配制。

实验三十五　电导法测定微溶盐的溶度积

一、实验目的

1. 掌握电导法测定氯化银溶度积的原理和方法；
2. 进一步掌握电导率仪的使用方法。

二、设计要求

1. 复习电导率测定的原理及相关仪器的使用方法(参见第五章5.17)。

2. 设计一种用电导法测定30℃时微溶盐氯化银的溶度积 $K_{sp}^{\ominus}$ 的实验方案(包括实验目的、实验原理、仪器及试剂、实验步骤)。

3. 计算出30℃时微溶盐氯化银的溶度积 $K_{sp}^{\ominus}$ 及溶解度 c，写出实验报告，总结所设计实验的优缺点，提出改进意见。

三、设计提示

微溶盐在水中的溶解度很小，用一般的分析方法很难精确测定其溶解度。但微溶盐在水中微量溶解的部分是完全电离的，因此，常用测定其饱和溶液电导率来计算其溶解度。

微溶盐的溶解度很小，其饱和溶液可近似看做是无限稀释，饱和溶液的摩尔电导率 Λ_m 与微溶盐无限稀释溶液中的摩尔电导率 Λ_m^{∞} 近似相等。即

$$\Lambda_m = \Lambda_m^{\infty} \qquad (3-35-1)$$

Λ_m^{∞} 可根据科尔劳施(Kohlrausch)离子独立移动定律求得。

在一定温度下，电解质溶液的摩尔电导率 Λ_m、浓度 c 与电导率 κ 的关系为

$$\Lambda_m = \frac{\kappa}{c} \qquad (3-35-2)$$

对微溶盐其溶解度 $c(\text{mol} \cdot \text{m}^{-3})$ 为

$$c = \frac{\kappa}{\Lambda_m^{\infty}} \qquad (3-35-3)$$

式中，Λ_m^{∞} 查手册求得，κ 通过测溶液的电导率和纯水的电导率求得。由于微溶盐在水中的溶解度很小，其饱和溶液的电导率实际上是盐的电导率和水的电导率的加和，因此，有

$$\kappa_{微溶盐} = \kappa_{溶液} - \kappa_{水} \qquad (3-35-4)$$

微溶盐氯化银的溶度积 $K_{sp}^{\ominus}$ 按下式求得

$$K_{sp}^{\ominus} = \left(\frac{c}{c^{\ominus}}\right)^2 \times 10^{-6} \qquad (3-35-5)$$

四、主要仪器及药品

主要仪器：恒温槽(玻璃恒温水浴和智能数字恒温控制器组成)1台；电导率仪1台；电导池1个；铂黑电极1个；洗耳球。

药品：二次蒸馏水；盐酸溶液氯化银(A.R)。

其他常见辅助材料自选。

五、文献参考值

25℃时微溶盐氯化银的溶度积 $K_{sp}^{\ominus} = 1.77 \times 10^{-10}$

实验三十六　电池电动势测定的应用

一、实验目的

1. 熟悉对消法测定电池电动势的原理和方法；

2. 掌握通过测定可逆电池电动势，测定某一电极的电极电势；难溶盐的溶度积及电解质的平均离子活度因子的方法；

3. 进一步掌握 SDC – ⅡA 型数字电位差综合测试仪的使用方法；

4. 学会金属电极的制备方法。

二、设计要求

1. 复习"实验十二 原电地热力学"及相关仪器的使用方法(参见第五章)。

2. 设计电池 1，电池反应为 $Ag^+ + Cl^- \longrightarrow AgCl$，通过测定 E，可求 25℃或 30℃时微溶盐氯化银的溶度积 $K_{sp}^{\ominus}$；设计电池 2，通过测定 E，可求 25℃或 30℃时 $AgNO_3$(0.1000mol·kg^{-1})溶液离子平均活度因子 $\gamma_\pm$，两电极中有一个用饱和甘汞电极；设计电池 3，通过测定 E，可求 25℃或 30℃时 $E_{Cu^{2+}/Cu}^{\ominus}$。写出实验方案(包括实验目的、实验原理、仪器及试剂、实验步骤)。

3. 计算出 25℃或 30℃时微溶盐氯化银的溶度积 $K_{sp}^{\ominus}$ 及溶解度 c；计算 25℃或 30℃时 $AgNO_3$(0.1000mol·kg^{-1})溶液离子平均活度因子 $\gamma_\pm$；25℃或 30℃时 $E_{Cu^{2+}/Cu}^{\ominus}$，并与文献值比较，计算相对误差。写出实验报告，总结所设计实验的优缺点，提出改进意见。

三、设计提示

电动势的测量在物理化学研究中具有重要意义。通过电池电动势的测量可以求得某一电极的电极电势、难溶盐溶度积及溶液的平均离子活度因子。

1. 微溶盐氯化银的溶度积和溶解度的测定

电池反应为 $Ag^+ + Cl^- \longrightarrow AgCl$，利用电池反应的能斯特方程及公式 $\Delta_r G_m^{\ominus} = -zE^{\ominus}F = -RT\ln\dfrac{1}{K_{sp}^{\ominus}}$，导出氯化银的溶度积 $K_{sp}^{\ominus}$ 与电池电动势 E 的关系，从而求得微溶盐氯化银的溶度积 $K_{sp}^{\ominus}$。

注意：在纯水中 AgCl 溶解度极小，所以活度积近似等于溶度积。

微溶盐氯化银的溶解度 c(mol·m^{-3})按下式求得

$$K_{sp}^{\ominus} = \left(\frac{c}{c^{\ominus}}\right)^2 \times 10^{-6} \qquad (3-36-1)$$

2. 电解质的平均离子活度因子的测定

设计一个电池，测定 $AgNO_3$(0.1000mol·kg^{-1})溶液离子平均活度因子。两电极中一个电极是参比电极，另一个电极是包括 $AgNO_3$(0.1000mol·kg^{-1})溶液在内的电极，利用电池的能斯特方程，导出电池电动势 E 与平均离子活度因子 $\gamma_\pm$ 的关系，从而求得 $AgNO_3$(0.1000mol·kg^{-1})的平均离子活度因子 $\gamma_\pm$。

3. 电极电势的测定

将待测电极与参比电极组成电池

$$E = E_+ - E_- \qquad (3-36-2)$$

E 可测，参比电极电极电势已知，可求待测电极的电极电势及其标准电极电势。

4. 电极的处理

金属表面易氧化形成氧化膜，并可能有油脂污染(如手指接触等)，需要进行表面处理，且由于新镀出的电极活性很高，表面极易氧化，故必须在测量前进行电镀，并尽快将处理过的铜电极装配好。

164

制备 Cu 电极：用细晶相砂纸将铜电极打磨以除去紫黑色氧化层，至露出新鲜的金属光泽，将其放入稀 HNO₃（约 6mol·L⁻¹）中浸泡 1～2min，除去剩余氧化层和杂物，取出用蒸馏水冲洗。然后把它作为阴极，另取一铜片作阳极，在电镀装置内进行电镀。其电镀装置如图 3 – 36 – 1 所示（注意两电极不可短路）。

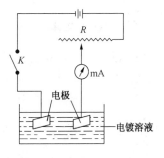

图 3 – 36 – 1　电镀铜装置

电流密度控制在 20～25mA·cm⁻²（电流密度是单位面积上的电流强度）。电流密度过大，会使镀层质量下降。电镀 30min 左右，使铜电极表面有一致密的镀层。取出阴极，用蒸馏水冲洗干净，再用 0.1mol·kg⁻¹ CuSO₄ 溶液淋洗，插入盛有 0.1mol·kg⁻¹ CuSO₄ 溶液的电极管内即成 Cu 电极。

镀 Cu 液的配方：100mL 水中含有 12.5g CuSO₄·5H₂O，2.5g H₂SO₄，50mL C₂H₅OH。

四、主要仪器与试剂

主要仪器：恒温槽（玻璃恒温水浴和智能数字恒温控制器组成）1 套；SDC – ⅡA 型数字电位差综合测试仪 1 台；标准电池 1 个；工作电池（1.5V）2 个；盐桥 1 个；银电极 1 个；银–氯化银电极 1 个；饱和甘汞电极 1 个；铜电极 1 个镀铜液温度计（0.01℃）1 支。

试剂：KCl（0.1000mol·kg⁻¹）；HCl（0.1000mol·kg⁻¹）AgNO3（0.1000mol·kg⁻¹）饱和 KCl 溶液 CuSO₄（0.1000mol·kg⁻¹）；二次蒸馏水。

其他常见辅助材料自选。

五、文献参考值

25℃时微溶盐氯化银的溶度积 $K_{sp}^{\ominus} = 1.77 \times 10^{-10}$

25℃时 AgNO₃（0.1000mol·kg⁻¹）溶液离子平均活度因子 $\gamma_{\pm} = 0.734$

25℃时 $E_{Cu^{2+}/Cu}^{\ominus} = 0.34V$

$E_{Ag^+/Ag}^{\ominus}/V = 0.799 - 9.7 \times 10^{-4}(t/℃ - 25)$

$E_{AgCl/Ag}^{\ominus}/V = 0.2224 - 6.46 \times 10^{-4}(t/℃ - 25)$

$E_{饱和甘汞}/V = 0.24240 - 7.6 \times 10^{-4}(t/℃ - 25)$

$E_{Cu^{2+}/Cu}/V = 0.337 + 0.8 \times 10^{-4}(t/℃ - 25)$

$E_{Zn^{2+}/Zn}/V = -0.763 + 9.1 \times 10^{-4}(t/℃ - 25)$

实验三十七　温度对碳酸钙的分解反应平衡常数的影响

一、实验目的

1. 加深理解温度对反应平衡常数的影响，由不同温度下平衡常数的数据计算该温度下碳酸钙分解反应的有关热力学函数；

2. 测定不同温度下碳酸钙的分解压力，求出碳酸钙分解压力（或平衡常数）与温度的关系。

二、设计要求

1. 设计测定不同温度下碳酸钙分解反应平衡常数的方法。
2. 求出不同温度下碳酸钙分解反应的平衡常数及平衡常数与温度的关系。
3. 写出实验报告，总结所设计实验的优缺点，提出改进意见。

三、设计提示

参照"实验五氨基甲酸铵的分解平衡"，用静态法测定碳酸钙的分解压力，通过分解压力与平衡常数的关系可求出分解反应的平衡常数。由于温度对分解压力影响很大，因此设计实验时必须选择温度控制精度较高的恒温水浴，仔细控制分解反应的温度，一般要求准确到 ±0.1℃。

四、主要仪器及药品

主要仪器：仪器装置如图 2 – 5 – 1、图 2 – 5 – 2 所示。
药品：碳酸钙(AR)和液体石蜡。

实验三十八　水中钙离子含量的测定

一、实验目的

1. 掌握用离子选择性电极测定离子浓度的基本原理；
2. 研究钙离子选择性电极测定的影响因素；
3. 测定河水、井水、湖水、不同地方的矿泉水和自来水中钙离子的含量，作出水质评定。

二、设计要求

1. 根据被测水体中钙离子的大概含量，选择合适量程范围的钙离子选择性电极；
2. 设计 $CaCl_2$ 标准溶液的配制方法和浓度范围，根据所测量平均电动势 E 对浓度的常用对数 $\lg c$ 作图，绘制标准工作曲线；
3. 配制不同 pH 值的标准溶液，研究 pH 值对钙离子选择性电极测定结果的影响；
4. 配制加有离子强度调节剂的溶液，研究离子强度调节剂对钙离子选择性电极测定结果的影响；
5. 测定试样的 E，对照标准工作曲线，计算不同水体中钙离子含量，做出水质评定。

三、设计提示

离子选择性电极(ISEs，ion – selective electrode)是一类利用膜电势测定溶液中离子的活度或浓度的电化学传感器，当它和含待测离子的溶液接触时，在它的敏感膜和溶液的相界面上产生与该离子活度直接有关的膜电势。这类电极由于具有选择性好、平衡时间短的特点，是电位分析法用得最多的指示电极。离子选择性电极不同于经典的电极，前者的膜电势是由电极膜表面的离子交换平衡产生的，而后者的电极电势是氧化还原电势。

离子选择性电极是一个半电池(气敏电极除外),必须和适当的参比电极组成完整的电化学电池。在一般情况下,内、外参比电极的电势及液接电势保持不变,电池的电动势的变化完全反映了离子选择性电极膜电势的变化,因此它是可直接用于电势法测量溶液中某一特定离子活度的指示电极。

表征离子选择性电极基本特性的参数有选择性、测量的动态范围、响应速度、准确度、稳定性和寿命等。离子选择性电极的敏感膜是一种选择性穿透膜,对不同离子的穿透只有相对选择性。离子选择性电极的特点就在于对特定离子具有较好的选择性,受其他离子的干扰很少。

钙离子选择性电极(如图 3 – 38 – 1 所示)是一类聚合体膜电极,内参比溶液为 0.1mol/L 的 $CaCl_2$ 溶液,液体膜为多孔性纤维素渗析膜。其是以 PVC 为电极膜,磷酸酯类的钙盐为电活性物质研制而成,其检出下限为 1×10^{-5} mol/L,对一价和二价金属离子选择性系数小于 0.1。实验测量线路图如图 3 – 38 – 2 所示。

图 3 – 38 – 1　钙离子选择性电极

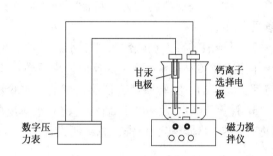

图 3 – 38 – 2　测量路线图

注意:在使用钙离子选择性电极测定前要将所用电极在 0.01mol/LCaCl2 溶液中浸泡 2h 以上。

钙离子选择性电极是一种测定溶液中钙离子浓度的分析工具,由于其所需设备简单,便于现场自动连续监测和野外分析,能用于有色溶液和浑浊溶液,一般不需进行化学分离,操作简便迅速,已广泛地应用于各种工业分析、临床化验、药品分析、环境监测等领域,也是研究热力学、动力学、配位化学的工具。

四、主要仪器及药品

主要仪器:数字电位差综合测试仪(或数字电压表)1 台;磁力搅拌器 1 台;饱和甘汞电极 1 支;钙离子选择性电极 1 支;电子天平 1 台;pH 计 1 台。

药品:$CaCl_2$(AR);KCl(AR);离子强度调节剂。

其他常见辅助材料和试剂自选。

五、思考题

1. 在使用前,需要对钙离子选择性电极做什么处理? 冲洗电极的水有什么要求? 对浸泡溶液有什么要求?

2. 离子选择性电极测试工作中，为什么要调节溶液离子强度？怎样调节？如何选择适当的离子强度调节液？

3. 离子选择性电极选择系数的意义是什么？如何测定？

4. pH 值是如何影响测定结果的？

实验三十九　硫酸链霉素有效期的测定

一、实验目的

1. 了解药物水解反应的动力学特征；

2. 掌握硫酸链霉素水解反应速率系数及活化能的测定方法；并求出 25℃时 0.4% 硫酸链霉素水溶液的有效期；

3. 进一步掌握分光光度计的使用方法。

二、设计要求

1. 复习一级反应的动力学特征、阿累尼乌斯方程等内容。复习分光光度计的使用方法（参见第五章）。

2. 对硫酸链霉素在碱性条件下水解反应，要求用比色分析的方法，设计一个测定其两个不同温度（30℃及40℃）时的反应速率系数；反应活化能及25℃时药物有效期的实验方案（包括实验目的、实验原理、仪器及试剂、实验步骤）。

3. 计算出 30℃及 40℃时硫酸链霉素水解反应反应的速率系数；反应的活化能及 25℃时药物有效期。写出实验报告，总结所设计实验的优缺点，提出改进意见。

三、设计提示

链霉素是由放线菌属的灰色链丝产生的抗菌素，硫酸链霉素是分子中的三个碱性中心与硫酸形成的盐，分子式为 $C_{21}H_{39}N_7O_{12} \cdot 3H_2SO_4$。它在临床上用于治疗各种结核病。

链霉素属于氨基糖甙碱性化合物，它与结核杆菌菌体核糖核酸蛋白体蛋白质结合，起到了干扰结核杆菌蛋白质合成的作用，从而杀灭或者抑制结核杆菌生长的作用。由于链霉素肌肉注射的疼痛反应比较小，适宜临床使用，只要应用对象选择得当，剂量又比较合适，大部分病人可以长期注射（一般 2 个月左右）。所以，应用数十年来它仍是抗结核治疗中的主要用药。

药品的稳定性是指原料药及制剂保持其物理、化学、生物学和微生物学性质的能力。稳定性研究目的是考察原料药或制剂的性质在温度、湿度、光线等条件的影响下随时间变化的规律，为药品的生产、包装、贮存、运输条件和有效期的确定提供科学依据，以保障临床用药安全有效。对药物有效期的测试有经典恒温法、多元线性模型、初均速法、线性变温法、比色分析方法。

硫酸链霉素水溶液在 pH 为 4.0～4.5 时的酸性条件下最为稳定，在过酸、过碱条件下易水解失效，在碱性条件下水解生成麦芽酚（α - 甲基 - β - 羟基 - γ - 吡喃酮），反应如下：

$$C_{21}H_{39}N_7O_{12} \cdot 3H_2SO_4 + H_2O \longrightarrow 麦芽酚 + 硫酸链霉素其他降解物$$

已知该反应为准一级反应，符合一级反应的动力学特征。

硫酸链霉素在碱性条件下水解生成麦芽酚，而麦芽酚在酸性条件下与 Fe^{3+} 作用又生成稳定的紫红色螯合物，故可用比色分析的方法进行测定。已知硫酸链霉素水溶液的初始浓度 c_0 正比于全部水解后产生的麦芽酚的浓度，也正比于全部水解测得的消光值 E^∞，即 $c_0 \propto E^\infty$；在任意时刻 t，硫酸链霉素水解后损失的浓度 x 也应正比于此刻测得的消光值 E_t。

药物的有效期一般是指当药物分解掉 10% 时所需要的时间。

实验步骤及原理可借鉴"实验十七旋光法测定蔗糖水解反应的速率系数"

注意：

（1）0.4% 硫酸链霉素溶液 50mL，氢氧化钠溶液的加入量为硫酸链霉素溶液的 1/100（体积），并注意何时开始计时。

（2）0.5% 的铁试剂加入量为 20mL，还要加 5 滴 1.12～1.18mol·L⁻¹ 硫酸溶液。每隔 10min 取 5mL 反应液于铁试剂中，摇匀呈紫红色，放置 5min，然后在波长为 520nm 下用 722 型分光光度计测一次消光值 E_t，测 6 个数据。

（3）反应液水浴加热 10min 后即可认为反应完全。届时取 2.5mL 反应液和 2.5mL 的蒸馏水与 20mL 铁试剂（含 5 滴硫酸溶液）反应，测其消光值，注意此消光值与 E^∞ 的关系怎样？

四、主要仪器及药品

主要仪器：恒温槽（玻璃恒温水浴和智能数字恒温控制器组成）子 1 套；722 型分光光度计 1 台；水浴锅 1 个；秒表 1 个；量筒（50mL）；磨口锥形瓶（100mL）；移液管（1mL，20mL）；磨口锥形瓶（50mL）；吸量管（5mL）。

药品：0.5% 铁试剂，0.4% 硫酸链霉素溶液，1.12～1.18mol·L⁻¹ 硫酸溶液，2.0mol·L⁻¹ 氢氧化钠溶液。

其他常见辅助材料自选。

实验四十　黏度法测定高聚物的分子量

一、实验目的

1. 掌握用乌氏黏度计测定高聚物溶液黏度的原理和方法；
2. 测定聚乙烯醇溶液的黏均分子量。

二、设计要求

1. 设计一种用乌氏黏度计测定系列聚乙烯醇溶液相对黏度的实验方案（包括实验目的、实验原理、仪器及试剂、实验步骤）；

2. 以 $\dfrac{\eta_{sp}}{c}$ 对 c 和 $\dfrac{\ln\eta_r}{c}$ 对 c 作图，得到两个直线方程，外推至 $c \to 0$ 时，两条直线相交于一点，所得的截距即为 $[\eta]$；

3. 根据实验数据，计算聚乙烯醇溶液的黏均分子量 M。

三、设计提示

高聚物是由单体分子经加聚或缩聚过程得到的。高聚物摩尔质量不仅反应了高聚物分子的大小，而且直接关系到它的物理性能，是个重要的基本参数。在高聚物内，由于聚合度的不同，高聚物多是分子量大小不同的大分子混合物，所以通常所测高聚物分子量是一个统计平均值。

测定高聚物分子量的方法很多，例如黏度法、渗透压法、光散射法、超速离心沉降平衡法等方法，而不同方法所得的平均分子量也有所不同。比较起来，黏度法设备简单，操作方便，并有很好的实验精度，是常用的方法之一。

黏度是液体流动时内摩擦力大小的反映。高聚物稀溶液的黏度（η）应包括溶剂分子之间的内摩擦、高聚物分子与溶剂分子之间的内摩擦以及高聚物分子之间的内摩擦，三者表现出来的黏度的总和。其中，溶剂分子之间的内摩擦表现出来的黏度为纯溶剂黏度，用 η_0 表示。在相同温度下，通常 $\eta > \eta_0$，为了比较这两种黏度，将增比黏度定义为：

$$\eta_{sp} = \frac{\eta - \eta_0}{\eta_0} = \eta_r - 1 \qquad (3-40-1)$$

式中，η_r 称为相对黏度，是溶液黏度 η 与溶剂黏度 η_0 的比值。

$$\eta_r = \frac{\eta}{\eta_0} \qquad (3-40-2)$$

反映的也是溶液的黏度行为。而增比黏度 η_{sp} 反映了扣除溶剂分子的内摩擦以后，仅仅高聚物分子间与溶剂分子和高聚物分子间的内摩擦所表现出来的黏度。高聚物的增比黏度往往随溶液的浓度的增加而增加。为了方便比较，将单位浓度下所显示的增比黏度 $\frac{\eta_{sp}}{c}$ 称为比浓黏度，将 $\frac{\ln\eta_r}{c}$ 称为比浓对数黏度。

哈根斯（Huggins）和克拉默（Kramer）分别发现比浓黏度 $\frac{\eta_{sp}}{c}$ 和比浓对数黏度 $\frac{\ln\eta_r}{c}$ 与溶液浓度 c 之间符合下列经验关系式：

$$\frac{\eta_{sp}}{c} = [\eta] + k[\eta]^2 c \qquad (3-40-3)$$

$$\frac{\ln\eta_r}{c} = [\eta] + \beta[\eta]^2 c \qquad (3-40-4)$$

式中，k 和 β 分别称为哈根斯和克拉默常数。$\frac{\eta_{sp}}{c}$ 对 c 或 $\frac{\ln\eta_r}{c}$ 对 c 作图，得到两个直线如图 3-40-1所示。对同一高聚物，外推至 $c \to 0$ 时，两条直线相交于一点，所得的截距即为 $[\eta]$，称 $[\eta]$ 为特性黏数，它反映了高聚物与溶剂分子之间的内摩擦力，其数值取决于溶剂的性质以及高聚物分子的大小和形态。由于 η_r 和 η_{sp} 的单位均为 1，因此，$[\eta]$ 的单位是 $[浓度]^{-1}$。

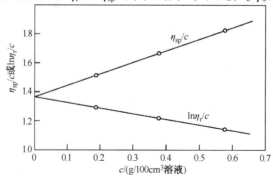

图 3-40-1　外推法求 $[\eta]$

显然，有

$$\lim_{c \to 0} \frac{\eta_{sp}}{c} = \lim_{c \to 0} \frac{\ln \eta_r}{c} = [\eta] \qquad (3-40-5)$$

在一定温度和溶剂条件下，特性黏数 $[\eta]$ 和高聚物黏均分子量 M 之间的关系通常用 Mark – Houwink 半经验方程式来表示：

$$[\eta] = kM^{\alpha} \qquad (3-40-6)$$

式中，M 是黏均分子量；k 和 α 是与温度、高聚物及溶剂性质有关的常数，由渗透压、光散射等绝对实验方法测定得到。k 值受温度的影响较明显，而 α 值主要取决于高聚物分子线团在某温度下，某溶剂中舒展的程度，其数值介于 $0.5 \sim 1$ 之间。若已知 k 和 α 的数值，只要测得 $[\eta]$ 就可求出 M。

关于液体黏度的测定方法，参见"实验二十二液体黏度的测定"。本实验采用毛细管法，用乌氏黏度计（如图 $3-40-2$ 所示）进行测定。通过测定一定体积的液体流经一定长度和半径的毛细管所需时间（选用液体流出时间超过 100S 的黏度计）。

用同一黏度计在相同条件下测定两种液体的黏度时，它们的黏度之比如式（$3-40-7$）所示：

$$\frac{\eta_1}{\eta_2} = \frac{\rho_1 t_1}{\rho_2 t_2} \qquad (3-40-7)$$

如果用已知黏度为 η_1 的液体作为参考液体，则待测液体的黏度 η_2 可通过式（$3-40-7$）求得。

在测定溶液和溶剂的相对黏度时，如果是稀溶液（$c < 1 \times 10 kg \cdot m^{-3}$），溶液的密度与溶剂的密度可近似地看做相同，则相对黏度可表示为：

$$\eta_r = \frac{\eta}{\eta_0} = \frac{t}{t_0} \qquad (3-40-8)$$

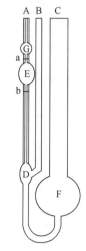

图 3 – 40 – 2　乌式黏度计

式中，η，η_0 分别为溶液和纯溶剂的黏度；t，t_0 分别为溶液和纯溶剂的流出时间。

由于温度变化对液体的黏度有显著影响，黏度随温度的升高而减小，所以测定液体的黏度时，必须要恒温。

表 $3-40-1$ 归纳总结了常用黏度术语的符号及物理意义。

表 3 – 40 – 1　常用名词与物理意义

符　号	名称与物理意义
η_0	纯溶剂的黏度。溶剂分子之间的内摩擦表现出来的黏度
η	溶液的黏度。溶剂分子之间、高聚物分子之间和高聚物分子与溶剂分子之间三者内摩擦的综合表现
η_r	相对黏度。$\eta_r = \dfrac{\eta}{\eta_0}$，溶液黏度对溶剂黏度的相对值
η_{sp}	增比黏度。$\eta_{sp} = \dfrac{\eta - \eta_0}{\eta_0} = \eta_r - 1$，反映高聚物分子与高聚物分子之间、纯溶剂与高聚物分子之间的内摩擦效应
$\dfrac{\eta_{sp}}{c}$	比浓黏度。单位浓度下所显示出的黏度
$[\eta]$	特性黏度。$\lim\limits_{c \to 0} \dfrac{\eta_{sp}}{c} = [\eta]$，反映高聚物分子与溶剂分子之间的内摩擦效应，其单位是浓度 c 单位的倒数

171

四、主要仪器及药品

主要仪器：恒温槽 1 套；乌氏黏度计 1 支；10mL 移液管 2 支；5mL 移液管 1 支；秒表 1 块；乳胶管(约 5cm 长)2 根；洗耳球 1 个；铁架台 1 个。

药品：聚乙烯醇水溶液(4g/L)；蒸馏水。

五、注意事项

1. 实验过程中，恒温槽温度要保持恒定。溶液稀释恒温后才能测量。

2. 本实验中溶液的稀释都是直接在黏度计中进行的，因此每加入一次溶液要充分混合，并抽洗 E 球和 G 球，使黏度计各处的浓度相等。

3. 黏度计要垂直放置，实验过程中不要使其振动和拉动，否则影响实验结果。

4. 做好实验的关键在于黏度计必须要干净，否则将影响结果的准确性。

六、文献参考值

已知聚乙烯醇在 25℃ 时，$k = 2 \times 10^{-4}$，$\alpha = 0.76$；在 30℃ 时，$k = 6.66 \times 10^{-4}$，$\alpha = 0.74$。

实验四十一　H^+ 浓度对蔗糖水解反应速率的影响

一、实验目的

1. 进一步认识准一级反应的含义；

2. 了解酸对蔗糖水解反应速率的影响。

二、设计要求

1. 复习"实验十七 旋光法测定蔗糖水解反应速率系数"的原理、方法及旋光仪的使用(参见第五章)；

2. 设计一种在不同浓度酸作催化剂的条件下的蔗糖水解反应的表观速率系数的测定方案(包括实验目的、实验原理、仪器及试剂、实验步骤)；

3. 测定 k_0，k_{H^+}，$k_{蔗糖}$，并建立速率方程；

4. 计算速率系数，讨论酸浓度对速率系数的影响。

三、设计提示

本实验采用旋光法测定蔗糖水解反应的速率系数，实验原理及方法参阅实验十七。蔗糖水溶液在 H^+ 离子催化作用下，可转化为葡萄糖与果糖：

$$C_{12}H_{22}O_{11} + H_2O \longrightarrow C_6H_{12}O_6 + C_6H_{12}O_6$$
$$\text{蔗糖} \qquad\qquad \text{葡萄糖} \quad \text{果糖}$$

影响蔗糖转化反应速率的因素有反应温度、反应物蔗糖和水的浓度、酸催化剂的种类和浓度等。在催化剂的种类和实验温度一定的情况下，此反应的速率方程可写为：

$$-\frac{\mathrm{d}c_{蔗糖}}{\mathrm{d}t} = kc_{蔗糖}^{\alpha} c_{水}^{\beta} c_{H^+}^{\gamma} \qquad (3-41-1)$$

由于反应中水是大量存在的，尽管有部分水分子参加了反应，但仍可近似地认为整个反应中水的浓度是恒定的。而 H^+ 是催化剂，其浓度也保持不变。实验证明此反应速率与蔗糖浓度一次方成正比，蔗糖转化反应可视为准一级反应。其动力学方程为

$$-\frac{\mathrm{d}c_{蔗糖}}{\mathrm{d}t} = k_{蔗糖}c_{蔗糖} \qquad (3-41-2)$$

式中，$k_{蔗糖}$ 为反应的表观速率系数，它与酸催化剂的种类和浓度有关。如果考虑 H^+ 对反应速率的影响，则：

$$k_{蔗糖} = k_0 + k_{H^+}c_{H^+} \qquad (3-41-3)$$

式中，k_0 为 $c_{H^+} \rightarrow 0$ 时的反应速率系数；k_{H^+} 为酸催化剂反应速率系数；$k_{蔗糖}$ 为表观速率系数。当选用不同的酸催化剂（如 HCl、HNO_3、H_2SO_4 等）或同一种酸催化剂浓度不同时，酸催化反应的反应速率系数不同。一般认为，当 $[H^+]$ 较低时，速率系数与 $[H^+]$ 成正比；但当 $[H^+]$ 增加时，速率系数与 $[H^+]$ 不成比例，而且用不同的酸催化剂对反应速率系数的影响也不一样。有文献指出，在 30℃ 时用 HCl 和 H_2SO_4 作催化剂，$[H^+]$ 在 $1\sim3\mathrm{mol/L}$ 范围内速率系数 k 与 $[H^+]$ 的关系如下。

$$k_{HCl} = 1.8 \times 10^{-3} + 23.7 \times 10^{-3} \times ([H^+]/\mathrm{mol \cdot L^{-1}})^{1.623}(\mathrm{min^{-1}})$$

$$k_{H_2SO_4} = 1.8 \times 10^{-3} + 8.296 \times 10^{-3} \times ([H^+]/\mathrm{mol \cdot L^{-1}})^{1.554}(\mathrm{min^{-1}})$$

四、主要仪器及药品

主要仪器：WZZ – 2S 数字式旋光仪；移液管（25mL）；恒温槽（SYP 玻璃恒温水浴和 SWQ – ⅠA 智能数字恒温控制器组成）；烧杯（150mL）；洗耳球；秒表；容量瓶（50mL）；锥形瓶（100mL）。

药品：蔗糖（AR）；HCl（AR）；H_2SO_4（AR）。

实验四十二　蔗糖水解反应活化能的测定

一、实验目的

1. 进一步熟悉用旋光度法测定蔗糖水解反应速率系数的原理和方法；

2. 掌握用积分法测定不同温度蔗糖水解反应的速率系数，计算反应的半衰期，并根据阿累尼乌斯方程求算蔗糖水解反应的活化能。

二、设计要求

1. 复习"实验十七　旋光法测定蔗糖水解反应速率系数"的原理、方法及旋光仪的使用（参见第五章）；

2. 设计一个测蔗糖水解反应活化能的实验方案（包括实验目的、实验原理、仪器及试剂、实验步骤）；

3. 根据实验数据进行数据处理，求不同温度下蔗糖水解速率系数，并计算活化能。

三、设计提示

本实验采用旋光法测定蔗糖水解反应的速率系数。通过测定蔗糖水解过程中不同时间 t 时的旋光度 α_t 以及完全水解后的旋光度 α_∞，可求速率系数 k。通过实验测定，求出一系列不同温度 T 时的 k 值，根据阿累尼乌斯方程：

$$\ln k = -\frac{E_a}{RT} + C$$

以 $\ln k$ 对温度倒数 $1/T$ 作图，即得一条直线，由斜率计算活化能 E_a。

四、主要仪器及药品

主要仪器：WZZ-2S 数字式旋光仪 1 台；恒温槽 1 台；秒表 1 块；容量瓶(50mL)2 个；移液管(25mL)2 支；洗耳球 1 个。

药品：蔗糖(AR)；不同浓度的盐酸溶液(4mol/L，3mol/L…)。

其他常见辅助材料自选。

五、文献参考值(表 3-42-1)

表 3-42-1　不同酸浓度时的活化能

$c_{HCl}/(mol \cdot L^{-1})$	$E_a/(kJ \cdot mol^{-1})$	$c_{HCl}/(mol \cdot L^{-1})$	$E_a/(kJ \cdot mol^{-1})$
0.0502	106.59	1.515	95.195
0.5468	102.753	2.505	93.711
0.9	102.254	3.001	91.56
1.232	98.23		

实验四十三　循环伏安法测定果蔬维生素 C 的电化学行为

一、实验目的

1. 掌握循环伏安法的测定方法及原理；
2. 了解维生素 C 的性质，研究维生素 C 在工作电极上的伏安行为。

二、研究背景

维生素 C（Vitamin C，VC）是一种水溶性维生素，化学式为 $C_6H_8O_6$。人体缺乏 VC 易得坏血症，所以其又被称为抗坏血酸（A scorbic acid）。VC 在体内参与多种反应，如参与氧化还原过程，在生物氧化和还原作用以及细胞呼吸中起着重要的作用。人们摄取 VC 最多的来源就是水果和蔬菜。因此水果、蔬菜中 VC 含量在维持人体健康，甚至在人体整个生命过程中都起着重要的作用。因此适时分析水果、蔬菜中 VC 的含量十分必要。对于 VC 的测定，目前有分光光度法、原子吸收法、滴定法等。但分光光度法要求试样处理为澄清溶液，原子吸收法的仪器操作繁琐，滴定法不适合微量测定，而循环伏安法是测定微量 VC 的一种灵敏的电化学分析方法。

三、基本原理

循环伏安法（Cyclic Voltammetry，简称 CV）是电化学反应中动电位扫描研究方法之一，具有实验比较简单，可得到的信息数据较多的特点。可用来检测物质的氧化还原电势，考察电化学反应的可逆性和反应机理，判断产物的稳定性，研究活性物质的吸附和脱附现象；也可用于反应速率的半定量分析等。因此，这种分析方法已成为研究物质的电化学性质和进行电化学分析的最基本手段，广泛地应用于电化学的基础研究和电化学应用开发中。电压扫描速度从每秒数毫伏到 1V 甚至更大。工作电极可用悬汞滴、铂电极或玻璃石墨等静止电极。

CV 法控制电极电势 E 随时间 t 从 E_i 线性变化增大（或减少）至某电势 E_r 后，再以相同速率线性减小（或增大）回归到最初电势 E_i。其典型的 CV 法响应电流对电势曲线（循环伏安图）如图 3-43-1 所示。

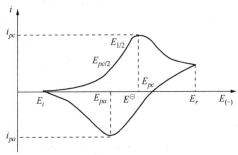

图 3-43-1　循环伏安曲线图

假如电势从 E_i 开始以扫描速度 v 向负方向扫描，置 E_i 较 $E^{\ominus}$（研究电极的标准电极电势）正得多，开始时没有法拉第电流，当电势移向 $E^{\ominus}$ 附近时，还原电流出现并逐渐增大，电势继续负移时，由于电极反应主要受界面电荷传递动力学控制，电流进一步增大，当电势负移到足够负时，达到扩散控制电势后，电流则转至受扩散过程限制而衰减，使 $i-E$ 曲线上出现电流峰 i_{pc}，对应的峰电势为 E_{pc}，称还原峰的峰电势。当电流衰减到某一程度，电势达 E_r 后，反向扫描，则原来在电极上的还原产物成为被氧化的电化学活性物质，若研究的电化学反应是可逆反应，类似前向扫描原理，在较 $E^{\ominus}$ 稍正的电势下形成氧化电流峰 i_{pa}，对应的峰电势 E_{pa}，称氧化峰的峰电势。

当溶液中存在氧化态物质 O 时，它在电极上可逆地还原生成还原态物质 R：

$$O + ze^- \longrightarrow R$$

当电势方向逆转时，在电极表面生成的 R 则被可逆地氧化为 O：

$$R \longrightarrow O + ze^-$$

在 25℃且还原产物初始浓度 $c_R = 0$ 时，峰电流为：

$$i_p = 2.69 \times 10^5 A z^{3/2} D^{1/2} v^{1/2} c \qquad (3-43-1)$$

式中，i_p 为峰电流，A 为研究电极的表面积，cm^2；c 反应物的初始浓度，$mol \cdot L^{-1}$；D 为反应物的扩散系数，$cm^2 \cdot s^{-1}$；v 为扫描速度，$V \cdot s^{-1}$。

循环伏安法有两个重要的实验参数，一是峰电流之比，二是峰电势之差。从循环伏安图可确定氧化峰峰电流 i_{pa} 和还原峰电流 i_{pc}，氧化峰峰电势 E_{pa} 与还原峰的峰电势 E_{pc}。

对于可逆反应，氧化峰与还原峰电流比：

$$\frac{i_{pa}}{i_{pc}} = 1 \qquad (3-43-2)$$

氧化峰峰电势与还原峰的峰电势差：

$$\Delta E = E_{pa} - E_{pc} = \frac{59}{z} \text{mV} \qquad (3-43-3)$$

由此可判断电极反应的可逆性。

该实验要求应用循环伏安法测定果蔬中 VC 含量，采用三电极测量系统，如图 3-43-2 所示。工作电极（玻碳电极）：被测量的电极。辅助电极（铂电极）：与工作电极组成的一个让电流畅通的回路。参比电极（饱和甘汞电极）：确定工作电极与参比电极的电势差。

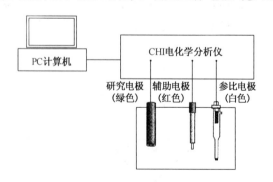

图 3-43-2　三电极装置示意图

四、主要仪器及药品

主要仪器：电化学分析仪（电化学工作站）；玻碳电极；饱和甘汞电极；铂电极；酸度计。

药品：维生素 C（分析纯）；去离子水；KCl（AR）；NaCl（AR）；KNO_3（AR）；HCl（AR）；NH_3（AR）；NH_4Cl（AR）；HAC（AR）；NaAC（AR）。

五、实验要求

1. 查阅有关文献，确定实验方案。

2. 阅读电化学分析仪的使用说明书，掌握循环伏安法的测量技术。

3. 应用循环伏安法定性分析果蔬维生素 C 在工作电极上的电化学行为。

4. 选择最佳实验条件，并绘制峰电流值对浓度的工作曲线。

5. 根据实验测定结果确定几种果蔬试样中维生素 C 的含量，并进行比较。

6. 实验完毕，完成一篇 4000 字左右的论文。

六、实验提示

1. 玻碳电极的处理：测定前用抛光粉抛光，超声清洗，然后用湿滤纸擦净，用水冲洗后即可使用。

2. 实验测定过程中可以通入氮气除氧。

3. 可以参考下面几点对实验进行设计：

电极处理程度对测定数据的影响；

不同缓冲溶液的影响；

不同 pH 的影响；

不同底液的影响；

不同仪器测定状态的影响；

不同果蔬维生素 C 含量的测定。

实验四十四　ABS 塑料表面化学镀铜

一、实验目的

1. 了解化学镀的基本原理及方法；

2. 了解塑料表面化学镀的基本过程和步骤。

二、研究背景

化学镀铜是利用合适的还原剂，使镀液中的金属铜离子在具有催化活性的基体表面还原沉积出金属铜，形成铜镀层的一种工艺。在过去的几十年中，随着电子工业的高速发展，这一技术无论在理论还是在实践方面都得到了完善和提高。近几年来，人们对导电高分子材料的研究相当活跃，在高分子材料表面化学镀铜可获得电导率与铜相近的高分子填充复合材料。在环保和能源成为人们关注焦点的今天，化学镀铜技术也面临着新的挑战，镀液的不稳定以及贵重金属的使用，甲醛及络合剂给环境造成的污染等已成为不可忽视的问题，在这一领域进行深入研究仍大有作为。

三、基本原理

化学镀（Chemical Plating）又称自催化镀（Autocatalytic Plating），是指在没有外加电流的条件下，利用处于同一溶液中的金属盐和还原剂在具有催化活性的基体表面上能够进行自催化氧化还原反应的原理，在基体表面化学沉积形成金属或合金镀层的一种表面处理技术，因此在绝大多数英文文献中又被译为不通电电镀或无电解电镀（Electroless plating）。

塑料表面化学镀铜反应过程中还原铜离子所需的电子是通过化学反应直接在溶液中产生。它是用适当的还原剂使金属离子还原成金属而沉积在塑料表面的一种镀覆工艺，在化学镀中常用的还原剂为次亚磷酸钠（$NaH_2PO_4 \cdot H_2O$）或甲醛（$HCHO$），传统实验化学镀铜的主要反应为：

$$Cu^{2+} + 2OH^- \longrightarrow Cu(OH)_2$$

$$Cu(OH)_2 + 3C_4H_4O_6^{2-} \longrightarrow [Cu(C_4H_4O_6)_3]^{4-} + 2OH^-$$

$$[Cu(C_4H_4O_6)_3]^{4-} + HCHO + 3OH^- \xrightarrow{Ag} Cu\downarrow + 3C_4H_4O_6^{2-} + HCOO^- + 2H_2O$$

为了使金属的沉积过程只发生在塑料表面上而不发生在溶液中，首先要将塑料表面进行除油、粗化、敏化、活化等预处理。塑料化学镀的工艺流程为：

除油——水洗——粗化——水洗——敏化——水洗——去离子水洗——活化——

水洗——化学镀——水洗——干燥

除油处理。除去塑料表面油污，使表面清洁。通常有以下三种方法：有机溶剂除油、碱性除油、酸性除油，常用碱性除油。

粗化处理。为提高结合强度，要尽可能增加镀层和基体间的接触面积。粗化的方法有机械粗化法和化学粗化法两种。机械粗化法如喷砂、滚磨、用砂纸打磨等。化学粗化法可以迅速地使工件表面微观粗糙，粗化层均匀、细致、不影响工件的外观。

敏化处理。可以使粗化的塑料表面吸附一层具有较强还原性的金属离子（如Sn^{2+}），以便在活化处理时被氧化，在镀件表面形成"催化膜"，常用的敏化液是酸性氯化亚锡溶液。

活化处理。用含有催化活性金属如银、钯、铂、金等的化合物溶液，对经过敏化处理的镀件表面进行再次处理，目的是为了在塑料表面产生一层催化金属层。常用的活化剂有氯化金、氯化钯和硝酸银等，由于前两种较贵，所以一般选用硝酸银。

经活化处理后，在镀件表面已具有催化活性的金属粒子，能加速氧化还原反应的进行，使镀件表面很快沉积铜的镀层，实现了非金属表面的化学镀铜。

四、主要仪器及药品：

主要仪器：恒温槽1台；酸度计1台；电子天平1台；ABS塑料片；塑料镊子1个。

药品：$CuSO_4 \cdot 5H_2O$（A.R）；$HCHO$（A.R）；$NaOH$；Na_3PO_4；Na_2CO_3；浓H_2SO_4；CrO_3；$SnCl_2 \cdot H_2O$；HCl（36%）；Sn粒若干；$AgNO_3$；氨水。

五、实验要求

1. 查阅资料，了解国内外化学镀研究进展及现状，拟定研究方案。

2. 要求塑料化学镀前必须经过除油、粗化、敏化、活化等预处理，各过程可参考实验提示。

3. 传统的化学镀所用还原剂为甲醛，但甲醛对环境有污染，本实验中化学镀的还原剂希望不用甲醛，而改用其他，要求通过查阅资料设计化学镀的配方进行实验。

4. 要求塑料表面镀铜层的外观质量、结合力达到三级（及格）以上（见实验提示）。

六、实验提示

1. 镀层外观质量的检测方法

检查镀层外观的方法，是在天然散射光或无反射光的白色透明光线下用目测直接观察。光的照度应不低于300lx（即相当于零件放在40W日光灯下距离500mm处的光照度）。

目测法评定光亮度的参考标准如下：

一级：表面光亮如镜，能清晰看到面部五官和眉毛。

二级：表面光亮，能看出面部五官和眉毛，但眉毛部分模糊。

三级：表面有亮度，仅能看出面部五官轮廓。

四级：表面基本无光泽，看不出面部五官轮廓。

五级：表面无光泽，发白。

2. 镀层结合力的检测

结合力参考标准如下：

一级：结合力好，用小刀刮镀层根本没有发生剥离、碎裂、起泡、起皮等现象。

二级：结合力较好，用小刀刮镀层基本没有发生剥离、碎裂、起泡、起皮等现象。

三级：结合力一般，用小刀刮镀层有发生剥离、碎裂、片状剥落、起泡、起皮现象。

四级：结合力差，镀层用手用力一抹就去掉。

五级：结合力差，镀层用手一抹就去掉。

3. 各步处理的参考配方如下：

除油：$NaOH(80g \cdot L^{-1})$，$Na_3PO_4(30g \cdot L^{-1})$，$Na_2CO_3(15g \cdot L^{-1})$，立白洗洁精$(5mL \cdot L^{-1})$，温度差不多沸腾，时间10min；

粗化：浓$H_2SO_4(250g \cdot L^{-1})$，$CrO_3(75g \cdot L^{-1})$，温度$60 \sim 70℃$，时间10min；

敏化：$SnCl_2 \cdot H_2O(10g \cdot L^{-1})$，$HCl(36\%)(40mL \cdot L^{-1})$，Sn粒若干，温度室温，时间$3 \sim 5min$；

活化：$AgNO_3(2g \cdot L^{-1})$，滴加氨水至溶液澄清，温度室温，时间$3 \sim 5min$。

实验四十五 W – HMS 催化剂的制备、结构表征及其应用

一、实验目的

1. 了解 W – HMS 催化剂的原位合成法；

2. 学习用气相色谱仪分析反应体系中各组分的含量；

3. 掌握对催化剂的催化性能的评价方法。

二、实验背景

戊二醛是很重要的精细化工产品和中间体，是一种优良的鞣革剂和高效杀菌消毒剂，广

泛应用于生物医学工程、皮革化学及环境保护等领域。国内年需求量很大,大部分依赖进口。目前戊二醛的商业生产方法主要由丙烯醛多步法制得,其工艺路线复杂,价格偏高,限制了大规模推广。因此开发新型的、成本低廉的戊二醛合成路线存在较大的潜在应用前景和经济效益。

以环戊烯(乙烯工业的副产品 C_5 馏分)为原料,将具有催化活性的 W 物种引入到分子筛上生产戊二醛的多相催化工艺,从资源利用、产品和催化剂分离及催化剂重复使用的问题上均比丙烯醛法较有优势,备受关注。

将具有催化活性的物种引入到分子筛上制备多相催化剂的方法有两种:其一:将活性物种用浸渍法负载到分子筛上即浸渍法;其二:将活性物种直接嵌入分子筛骨架上即原位合成法。

多相催化反应与均相催化反应相比,其优点为:一解决了产品和催化剂分离的问题,二催化剂可以重复使用,降低了生产成本。而原位合成法与普通浸渍法相比,原位合成方法是将具有催化活性的物种嵌入到骨架中,更有利于具有催化活性的物种在分子筛中的分散与分布,有效地降低了具有催化活性的物种在催化剂表面的聚集程度,有效加强了具有催化活性的物种与分子筛骨架之间的作用。

本研究采用原位合成法将钨引入到 HMS 骨架中,制备出多相催化剂 W – HMS,将所制催化剂应用于环戊烯催化氧化合成戊二醛反应中对其催化活性进行评价。并利用 XRD、FT – IR 等手段对催化剂的结构进行表征。

三、实验原理

1. W – HMS 催化剂的制备

所谓原位合成方法就是在介孔分子筛骨架的形成和晶化过程中引入金属杂原子前体化合物,通过该前体在合成体系中的原位水解以及由此产生的金属物种与骨架硅物种的结合(聚合或同晶取代),即可将金属杂原子嵌入分子筛骨架。根据文献报导的 HMS 分子筛的合成方法为在三口烧瓶中将一定量的模板剂和一定量的钨源溶于一定酸度的水溶液中,加入一定量的乙醇作为共溶剂,恒温下搅拌使之成为澄清的溶液(约 0.5h ~ 1.0h),然后在剧烈电动搅拌下将正硅酸乙酯(TEOS)缓慢滴加至上述溶液中,得到白色胶状混合物,待 TEOS 加完(约 1.0h)后继续搅拌若干小时晶化,停止搅拌,静置过夜,然后过滤出白色固体,经过干燥、焙烧和活化,即得 W – HMS 分子筛。

2. 反应机理及主要反应方程式

环戊烯在催化剂的作用下,首先被过氧化氢氧化成戊二醛的最初产物 – 环戊烯氧化物;之后,环戊烯氧化物再转化成中间化合物 β – 羟基环戊基过氧化氢。在此过程中,羟基环戊基过氧化氢受 WOOH 活性基团的催化,转化为戊二醛。

可见除了生成戊二醛外，还有副产物1，2-环戊二醇和2-烷氧基-1-环戊醇，其中1，2-环戊二醇和2-烷氧基-1-环戊醇是环戊烯氧化物被水和醇亲核进攻生成的。

过氧化氢催化氧化环戊烯合成戊二醛的主反应方程式如下：

3. 色谱条件的确定

反应物（环戊烯 CPE）和产物（戊二醛 GA）的含量分析采用气相色谱法。

定量方法：内标法。

根据气相色谱的操作方法，选用合适的物质作内标物，选择适当的气相条件，在此条件下反应体系中的各物质都能出峰，且分离效果好。

4. GA 及 CPE 相对校正因子的测定

根据公式（3-45-1），用气相色谱法来测定各物质的相对校正因子。

令 $f_s = 1.0$，求出的某组分 i 相对校正因子 f_i，取误差较小的几组数据作为最后的结果，并取其平均值。

$$f_i = \frac{A_s \times m_i \times f_s}{A_i \times m_s} \tag{3-45-1}$$

式中　f_i——某组分相对质量校正因子；

$\quad\quad m_i$——某组分的质量，g；

$\quad\quad A_i$——某组分的峰面积；

$\quad\quad f_s$——内标物的相对质量校正因子，令 $f_s = 1.0$；

$\quad\quad m_s$——内标物的质量，g；

$\quad\quad A_s$——内标物的峰面积。

5. 催化剂的活性评价

在三口烧瓶中加入一定量的不同条件下所制 W-HMS 催化剂，叔丁醇，50% H_2O_2 水溶液，搅拌0.5h，用滴液漏斗慢慢加入一定量的环戊烯，在一定温度下连续搅拌反应若干小时。离心，除去催化剂，加入丁酸乙酯作为内标物用气相色谱法分析通过比较戊二醛的收率来测试催化剂的活性。

四、主要仪器及药品

主要仪器：数显恒温水浴锅1个；玻璃仪器气流烘干器1台；增力电动搅拌机1台；循环水式真空泵1台；箱形电阻炉（马弗炉）1台；电子天平1台；搅拌恒温电热套1台；傅里叶红外变换光谱仪1台；X射线衍射仪1台。

药品：无水乙醇（EtOH）；十二胺（DDA）（AR）；钨酸铵（AR）；正硅酸乙酯（TEOS）（AR）；浓盐酸（AR）；环戊烯（CPE）（AR）；双氧水（50%）（H_2O_2）；丁酸乙酯（AR）；叔丁醇（t-BuOH）（AR）。

其他常见辅助材料自选。

五、实验要求

1. 查阅资料，了解国内外原位法合成多相催化剂的方法及环戊烯合成戊二醛多相催化反应的生产现状与进展，拟定研究方案。

2. 研究如下内容：

① 用原位法制备 W – HMS 分子筛催化剂，并应用于合成戊二醛的反应中，计算戊二醛的收率；

② 利用 XRD、FT – IR 等手段对所合成的催化剂进行结构表征；

③ 确定 W – HMS 分子筛催化剂的最佳合成条件。

3. 掌握气相色谱法测定物质含量的技术。

4. 完成一篇 4000 字左右的论文。

六、实验提示

1. 了解气相色谱仪的使用；

2. 可以参考下面两点对实验进行设计：

① 用不同模板剂用量制备的 W – HMS 分子筛催化剂，对戊二醛的收率影响；

② 用不同的 Si/W 比制备的 W – HMS 分子筛催化剂，对戊二醛的收率影响。

实验四十六　燃油添加剂的助燃消烟作用与燃油尾气成分的测定

一、实验目的

1. 了解量热法及分光光度法的基本原理和测试方法；

2. 学习和掌握甲醛缓冲溶液吸收 – 盐酸副玫瑰苯胺分光光度法测定 SO_2 气体的浓度以及盐酸萘乙二胺分光光度法测定 NO_2 气体浓度的分析方法；

3. 了解汽油添加剂在燃油助燃、消烟节能以及减少汽油尾气排放减少大气污染中所起的作用。

二、实验背景

随着汽车保有量的日益增加和石油资源的减少以及环保法规的日益严格，降低燃油消耗和改善排放成为汽油机研究的重中之重。现在汽车作为交通工具的普及，大多数人只是使用汽车，希望汽车保养能傻瓜化，对汽车经济节油性、排放标准、免维护性提出了更高要求，研究表明，除改进发动机本身外，采用添加剂改善燃油品质也是切实可行的措施，它不需要改造内燃机结构，能有效提高燃油性能、改善发动机的燃烧和排放特性。

燃油添加剂的原理：一般车用燃油中都含有微量的水，而燃油添加剂可以把这些水充分分散、细化，形成数以万计的小油包水型分子基团，使其在燃烧室内高温作用下迅速膨胀汽化发生"微爆"现象，即二次雾化现象，从而使燃气混合更加均匀，汽油燃烧也更加完全，所以能够节约油耗、清除积炭、减少尾气排放。

使用燃油添加剂的好处是：

① 养车，燃油添加剂加进汽油中之后，能在进气阀的进气系统表面形成一层保护层，防止发动机内部尤其是进气系统内产生大量的沉积物，使汽车的发动机在整个使用过程中保持清洁。

② 省油，汽油中加入燃油添加剂，可使发动机压缩比提高，达到节油的目的。

③ 环保，全球最大的化工公司巴斯夫公司的试验表明，使用燃油添加剂后的汽车可以减少汽车排放 20% 的碳氢化合物、24% 的一氧化碳和 13% 的氮氧化物，可以使一辆汽车在其使用寿命中减少 1.1t 的废气排放。

燃油添加剂的种类很多，主要分为两大类：

① 节油型添加剂，主要目的是为了提高发动机的功率，提高燃油的燃烧效率，降低油耗；

② 减少环境污染型添加剂，主要目的是为了降低发动机尾气中的 CO、CH、NO_x 以及碳烟的排放量，减少发动机尾气造成大气污染。

本实验选择二茂铁作为汽油添加剂，利用氧弹量热计测定汽油在添加剂存在下的燃烧热，了解和比较二茂铁对汽油的燃烧效率与速率的影响，以及添加剂的节能助燃效应。学习和掌握甲醛缓冲溶液吸收－盐酸副玫瑰苯胺分光光度法测定 SO_2 气体的浓度以及盐酸萘乙二胺分光光度法测定 NO_2 气体浓度的分析方法，并应用于汽油燃烧后尾气成份的测定。本实验综合了物理化学及分析化学两个化学二级学科的知识，旨在通过物理化学实验基本技术——量热技术的使用与气体无机污染物的多种分析方法（包括分光光度法和气相色谱法）的学习与应用，使学生综合了解汽油添加剂在燃油助燃、消烟节能以及减少汽油尾气排放减少大气污染中所起的作用，关注社会、关注环境。

三、实验原理

1. 燃烧热的测定原理

参见"实验一 燃烧热的测定"。

2. 二茂铁对汽油的燃烧效率及燃烧速率的影响

作为汽油燃烧的添加剂，二茂铁在实验条件下其本身并不燃烧，而是起到催化助燃的作用。二茂铁对汽油燃烧的影响从燃烧效率，燃烧速率，燃烧后炭渣的质量及尾气成分的变化等四方面进行研究。

汽油的燃烧效率以每克汽油燃烧所引起的温度变化值 $\Delta T/m$ 来衡量。

汽油的燃烧速率以单位时间燃烧体系温度随时间的变化率 $\Delta T/\Delta t$ 来衡量。

燃烧后炭渣的质量直接与燃烧的完全程度有关，实验中可称量汽油燃烧后的残渣质量，比较汽油燃烧的完全程度。相同实验条件下炭渣的质量越重，说明燃烧越不完全。

尾气中 SO_2 气体、NO_2 气体浓度越大，说明燃烧越完全。燃烧的完全程度以每克汽油放出的 SO_2（或 NO_2）气体的质量来衡量。

3. 燃油燃烧尾气的 SO_2 测定

甲醛缓冲溶液吸收盐酸副玫瑰苯胺分光光度法可用于测定尾气中的 SO_2 气体的浓度。SO_2 气体被甲醛缓冲溶液吸收后，生成稳定的羟基甲磺酸加成化合物，在试样溶液中加入氢氧化钠使加成化合物分解，释放出的二氧化硫与盐酸副玫瑰苯胺、甲醛作用，生成紫红色化合物，可在 577nm 处进行测定。此方法的主要干扰物为氮氧化物，臭氧和某些重金属，加入胺磺酸钠可消除氮氧化物干扰。采样后放置一段时间臭氧可自行分解，磷酸及环己二胺四乙酸二钠盐可消除或减少某些金属离子干扰。此方法适宜的浓度范围 0.003 ～ 1.07mg/m³，最低检出线 0.2μg/10mL。

尾气可通过氧弹装置中的排气孔收集到装有甲醛缓冲吸收液的无色多孔玻板吸收瓶中，然后进行相关分析测定。

4. 燃油燃烧尾气的 NO₂ 测定

盐酸萘乙二胺分光光度法可用于测定尾气中的 NO_2 气体的浓度。尾气中的二氧化氮与吸收液中的氨基磺酸钠进行重氮反应，再与 $N-(1-萘基)$ 乙二胺盐酸作用，生成粉红色的偶氮染料，可在波长 540nm 处进行测定。此方法的主要干扰物为臭氧，对二氧化氮的测定产生负干扰，采样时可在吸收瓶入口处接一段 15～20cm 长的硅胶管，即可将臭氧浓度将低到不干扰二氧化氮的测定水平。此方法的检出线 $0.12\mu g/10mL$，空气中二氧化氮的最低检出浓度为 $0.005mg/m^3$。

通过氧弹排气孔收集燃油燃烧后的尾气到装有 NO_2 气体吸收液的棕色多孔玻板吸收瓶中，然后进行相关分析测定。

四、主要仪器与药品

主要仪器：氧弹式量热计 1 套；紫外分光光度计 1 台；万用电表 1 台；电子天平 1 台；高压氧气瓶 1 台；比色管移液管；容量瓶；多孔玻板吸收瓶；温度计。

药品：二茂铁；汽油；二氧化硫标准吸收液（甲醛缓冲吸收液）；盐酸副玫瑰苯胺（PRA）0.05%；胺磺酸钠（0.06%）；氢氧化钠（1.5mol/L）；二氧化硫标准使用液（$1.00\mu g/mL$）；二氧化氮显色液；亚硝酸钠标准使用液（$2.5\mu g/mL$）。

其他常见辅助材料自选。

五、实验要求

1. 查阅资料，了解国内外燃油添加剂的研究进展及现状，拟定研究方案。

2. 研究如下内容：

① 完全燃烧条件下，二茂铁的加入量对燃油燃烧的影响。

② 不完全燃烧条件下，二茂铁的加入量对燃油燃烧的影响。

3. 掌握用量热法测定物质燃烧热的方法；掌握甲醛缓冲溶液吸收盐酸副玫瑰苯胺分光光度法测定 SO_2 气体浓度的技术；掌握盐酸萘乙二胺分光光度法测定 NO_2 气体浓度的技术。

4. 分析汽油完全燃烧和不完全燃烧时二茂铁的加入以及加入量对汽油助燃、消烟节能以及减少汽油尾气排放减少大气污染的影响。

5. 完成一篇 4000 字左右的论文。

六、实验提示

1. 燃烧热的测定操作参见"实验一燃烧热的测定"，其实验所用仪器氧弹量热计、气体钢瓶、氧气减压阀、紫外 - 可见分光光度计的使用参见第五章一、三、四、二十七。

2. 完全燃烧条件下，二茂铁的加入量对汽油燃烧效率与燃烧速率的影响。

（1）反应体系的配比：汽油的量取 0.5000g；配制二茂铁与汽油的质量百分比分别为 0%、0.4%、0.6%、0.8%、1.0%、1.2% 混合体系。

（2）燃烧时充氧为 1.0MPa。

3. 不完全燃烧条件下，二茂铁添加剂对燃油燃烧效率与燃烧速率的影响。

（1）反应体系的配比：汽油的量取 1.5000g，配制二茂铁与汽油的质量百分比分别为 0%、0.4%、0.6%、0.8%、1.0%、1.2% 混合体系。

（2）燃烧时充氧为 1.0MPa。

4. 在完全燃烧或不完全燃烧条件下，需要测的物理量为燃烧热、燃烧效率 $\Delta T/m$、燃烧

速率 $\Delta T / \Delta t$、燃烧后炭渣的质量、燃油燃烧尾气的 SO_2 及 NO_2。

5. 通过氧弹排气孔收集燃油燃烧后的尾气到装有气体吸收液的多孔玻板吸收瓶中，要特别注意防止漏气现象的发生，可在氧气排气孔上套上一层密闭橡胶圈，并均匀缓慢地放气，可避免尾气的泄漏。

实验四十七 掺铁 TiO_2 的制备、结构表征和模拟染料废水的光催化降解

一、实验目的

1. 了解 XRD 在催化剂表征中的应用；
2. 学习半导体二氧化钛的制备方法；
3. 掌握光催化氧化降解有机污染物的实验过程。

二、实验背景

纳米二氧化钛（TiO_2）作为 21 世纪的新材料，其催化特性的发现源于 1972 年，由日本藤屿昭教授研究发现。由于纳米二氧化钛在处理有毒、难降解有机污染物方面已表现出独特的优势，因此成为了众多学者争先研究的对象。目前，TiO_2 的光催化活性与其他一些半导体光催化剂相比，虽然活性相对较高，但对可见光的利用率仍较低，需进一步提高，促进 TiO_2 光催化剂的实用化。很多研究已证明金属离子掺杂，能有效地改进其光催化活性，尤其是掺杂 Fe^{3+} 确实有效地改进了其光催化活性。本研究为掺铁 TiO_2 的制备、结构表征和模拟染料废水的光催化降解。

所谓光催化是指材料在光照射下，通过把光能转变成化学能，促进有机物的合成或有机物降解的过程。它是一种高效的深度氧化过程，被广泛应用于水体中有机物的降解，该法可以将水中的烃类、卤代烃、酸、表面活性剂、染料、含氮有机物、有机磷杀虫剂、木材防腐剂和燃料油等很快地完全氧化为 CO_2 和 H_2O 等无害物质，达到除臭、脱色、去毒的目的。

光催化降解技术具有以下优点：

① 降解速度快，一般只需几十分钟到几小时即可取得良好的废水处理效果；

② 降解无选择性，几乎能降解任何有机物，尤其适合于氯代有机物、多环芳烃等；

③ 氧化条件温和，投资少，能耗低，用紫外光照射或暴露在阳光下即可发生光催化氧化反应；

④ 无二次污染，有机物彻底被氧化降解为 CO_2 和 H_2O；

⑤ 应用范围广，几乎所有的含有机物的污水都可以采用。

三、实验原理

1. 光催化反应机理

半导体的光催化的基本原理可用图 3 - 47 - 1 说明。半导体的能带结构一般由填满电子的价带和空的导带构成，导带和价带之间是禁带。当半导体氧化物（如 TiO_2）纳米粒子在一定波长的紫外光的照射下（紫外光能量大于 TiO_2 的禁带宽度能量的光子即 $E_{h\nu} > E_g$），

电子从价带跃迁到导带。价带放走电子后产生了带正电性的空穴 h^+，而导带位置上停留有光生电子，即形成电子－空穴对。电子具有还原性，空穴具有氧化性，在半导体电场的作用下，电子－空穴对开始由体相向表面迁移。在迁移过程中，一部分电子－空穴对可能复合，而以热的形式释放能量；而迁移到表面的电子－空穴对，就可以与催化剂表面的吸附物种发生氧化－还原反应，把催化剂表面许多难降解的有机污染物氧化降解为 CO_2 和 H_2O 等无机物。

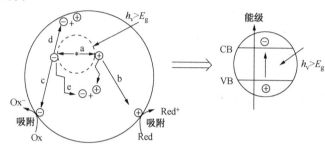

图 3 - 47 - 1　半导体颗粒上主要迁移过程
a—受光激发电子－空穴对分离；b—空穴氧化电子给体；c—电子受体的还原；
d—电子－空穴的表面复合；e—电子－空穴的体相复合

半导体的光催化活性主要取决于导带与价带的氧化－还原电位，价带氧化－还原电位越正，导带的氧化－还原电位越负，则光生电子和空穴的氧化及还原能力就越强，光催化降解有机物的效率就提高。

2. 掺铁对二氧化钛光催化活性的影响

由于 TiO_2 光催化剂还存在一些不足，如：载流子复合率高、量子效率低、吸收波长窄（主要为紫外区）、太阳光利用率低、对污染物吸附性差、周围聚集的污染物浓度低等，使其光催化活性不高。在 TiO_2 中掺杂金属离子，可减小电子－空穴对的复合速率，加快界面电子迁移，提高电子净化效率，扩大激发波长范围，从而提高 TiO_2 的光催化性能。

在 TiO_2 中掺杂金属离子后不仅光催化剂性质的改变、还可以将其吸收波长扩展到可见光区。掺杂金属离子对催化活性的提高有以下几个方面：

① 掺杂可形成掺杂能级，使能量较小的光子可激发到掺杂能级上，俘获的电子和空穴，提高光子利用率，掺杂可形成俘获中心。

② 价态高于 Ti^{4+} 的金属离子俘获电子，低于 Ti^{4+} 的俘获空穴，抑制电子、空穴的复合。

③ 掺杂可造成晶格缺陷，有利于形成更多的 Ti^{3+} 氧化中心。

④ 掺杂可导致载流子的扩散长度增大，延长电子、空穴的复合时间。

现在普遍认为 Fe^{3+} 是很有效的掺杂离子。Sclafani 等指出 Fe^{3+} 掺杂光催化效率的提高主要是 Fe^{3+} 作为电子受体而减少电子、空穴的复合。增加 TiO_2 表面的 OH^-，也提高光催化活性，但 Fe^{3+} 浓度过高时，由于形成过多的 $Fe(OH)^{2+}$，而它所吸收的光恰好在 $290 \sim 400nm$，削弱了 TiO_2 对光的吸收，使光催活性下降。故掺入适量 Fe^{3+} 的 TiO_2 粉体其光催化效率比纯 TiO_2 粉体的高。

3. TiO_2 溶胶的晶型

TiO_2 常见的晶型有两种：锐钛矿和金红石。锐钛型和金红石型两种晶型都是由相互连接

的 TiO_6 八面体组成的，其差别在于八面体的畸变程度和相互连接的方式不同。但是，结构上的差别导致了两种晶型有不同的密度和电子能带结构（锐钛矿的 E_g 为 3.2eV，金红石型的 E_g 为 3.0eV），进而导致光活性的差异。催化剂晶粒大小，也是影响二氧化钛光活性的重要因素。刚制备出来的试样，因晶粒较小而活性较差。经高温焙烧后，催化剂晶粒长大而变得完整，活性较高。

TiO_2 的晶型可由 XRD 表征确定。锐钛矿型 TiO_2 的特征衍射峰位置在 $2\theta=25.3°$，而金红石 TiO_2 的特征衍射峰位置在 $2\theta=27.5°$。

4. 溶胶-凝胶法

溶胶-凝胶法（sol-gel 法）作为低温或温和条件下合成无机化合物或无机材料的重要方法。溶胶-凝胶法的化学过程首先是将原料分散在溶剂中，然后经过水解反应生成活性单体，活性单体进行聚合，开始成为溶胶，进而生成具有一定空间结构的凝胶，经过干燥和热处理制备出纳米粒子和所需要材料。本实验以钛酸丁脂为原料、乙醇作溶剂，采用溶胶-凝胶法合成了具有高活性的纳米级光催化剂。其最基本的反应是：

水解反应 $\quad Ti(OC_4H_9)_4 + 4H_2O \xrightarrow{C_2H_5OH} Ti(OH)_4 + 4C_4H_9OH \qquad (1)$

缩聚反应 $\quad Ti(OH)_4 \longrightarrow TiO_2(s) + H_2O \qquad (2)$

四、主要仪器及药品

主要仪器：高温箱形电炉（马弗炉）1 台；电热恒温鼓风干燥箱 1 台；多头磁力加热搅拌器 1 台；电热恒温水浴锅 1 个；数控超声波清洗器 1 台；照度计 1 个；精密 pH 计 1 个；电子天平 1 台；低速自动平衡微型离心机 1 台；紫外可见光分光光度计 1 台；高压汞灯 1 个；COD 快速测定仪 1 台。

药品：钛酸丁脂（AR）；硝酸铁（AR）；无水乙醇（AR）。

其他常见辅助材料自选。

五、实验要求

1. 查阅资料，了解国内外 TiO_2 及掺杂金属离子 TiO_2 的制备和降解染料废水的研究进展和现状，拟定研究方案。

2. 研究如下内容：

（1）溶胶—凝胶法制备铁掺杂纳米二氧化钛活性催化剂；

（2）用铁掺杂二氧化钛粉末对模拟染料废水（罗丹明 B）进行光催化降解，并研究其最佳工艺条件；

（3）对所制铁掺杂二氧化钛粉末进行 XRD 表征，确定其晶型；

3. 阅读 COD 快速测定仪的使用说明书，掌握 COD 的测量技术。

4. 完成一篇 4000 字左右的论文。

六、实验提示

1. COD 快速测定仪的使用参见第五章；紫外-可见分光光度计的使用参见第五章 5.27。

2. 考察光照时间、反应液 pH 值、催化剂用量等因素对光催化活性的影响。

实验四十八　柑橘皮提取物在酸性介质中对钢铁缓蚀性能的研究

一、实验目的

1. 学习用浸泡法、水蒸气蒸馏法从柑橘皮提取天然缓蚀剂的原理和方法；
2. 了解对缓蚀剂缓蚀性能的评价；掌握用电化学方法表征缓蚀剂的缓蚀性能；
3. 掌握用电化学工作站测定极化曲线的方法。

二、研究背景

金属腐蚀是现代工业中的一个极为严重的破坏因素，据估计，我国每年因腐蚀造成的直接经济损失约占国民生产总值的 3%～4%，所以腐蚀问题早已引起人们的重视，并不断地有防止腐蚀的新方法、新材料和新的科研成果问世。

凡在介质中添加少量物质能降低介质的腐蚀性、防止金属免遭腐蚀的物质，称之为缓蚀剂，又称抑制剂。缓蚀剂由于制备设备简单，使用方便，投资小，收获大，从而得以广泛应用。近半个世纪以来，缓蚀剂的研究进展很快，现在仅酸性介质缓蚀剂的品种就超过 5000 余种。这种发展速度是其他化学助剂、添加剂无法相比的。近年来，虽然研究生产的缓蚀剂种类很多，但许多缓蚀剂却是有毒、有害的，如铬酸盐、汞盐、有机磷酸盐等。随着科学技术的不断发展，"绿色"缓蚀剂的开发及对缓蚀剂的缓蚀机理、评价方法等方面的研究越来越受到业界的普遍重视。

我国作为柑橘大国，长期以来，柑橘皮大部分没有得到很好的利用。柑橘鲜食和加工下脚料的柑橘皮数量约占柑橘产量的 20%，除了水分、纤维素、木质素外，还含有丰富的桔皮香精油、色素、果胶、橙皮苷等，是一种可以更新的生物资源。

人们在缓蚀剂的研究中发现柑橘皮的提取物对金属腐蚀具有很好的缓蚀效果。目前，柑橘皮除少量用于药用和食品添加剂外，大部分柑橘皮被作为垃圾丢弃。因此，对柑橘果皮中有价值成分的提取和应用进行研究，对发展乡村经济，综合利用自然资源具有较为重要的社会效益和经济效益。本实验要求用柑橘皮提取物作为 A3 钢在酸性介质中缓蚀剂，研究其在室温条件下的缓蚀效果。

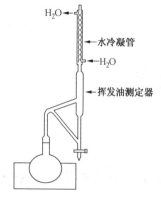

图 3 - 48 - 1　水蒸气蒸馏装置图

三、基本原理

柑橘皮中含有桔皮油、果胶、橙皮苷、桔皮色素、维生素、柠檬酸、萜类化合物等成分，具有天然缓蚀剂的作用，这些成分可由柑橘皮用浸泡法和水蒸气蒸馏法得到。

浸泡法是一种最简单的萃取方法，根据相似相溶的原理，用一定浓度的盐酸、乙醇对果皮直接进行浸泡，提取其中的活性成分可作为酸洗缓蚀剂。

水蒸气蒸馏法（实验装置如图 3 - 48 - 1 所示）是利用共沸点低于每一种纯物质沸点这个原理，可以把不溶于水的高沸点的液体和水一起蒸馏，使两液体在低于水的沸点下共沸，达到提纯的目的。桔油是一种挥发性芳香油，存在于果皮细胞中，利用水蒸气蒸馏时，因温度升高和水分侵入，含油细胞胀破，油随水蒸气蒸馏出来，经冷凝及油水分离，从而得到桔油。而本实验是利用水蒸气蒸馏原理，使天然缓蚀剂的一些有效成分在100℃以下能随水蒸气一起蒸馏出来。当馏出液冷却后不需要分离就可以作为天然缓蚀剂（水层也溶有缓蚀活性成分）。

实验采用极化曲线法表征天然缓蚀剂的缓蚀性能。关于缓蚀效率及腐蚀速率公式参见式（3－28－2），式（3－28－3）。

四、主要仪器及药品

主要仪器：如图3－48－1所示的装置；中药粉碎机；电化学分析仪（电化学工作站）；碳钢电极；饱和甘汞电极；铂电极；A3钢片；酸度计。

药品：鲜橘皮；无水硫酸钠；去离子水；无水乙醇；HCl；50mL容量瓶；100mL容量瓶；10mL吸量管；5mL移液管。

五、实验要求

1. 查阅资料，了解国内外植物性绿色缓蚀剂研究进展及现状，拟定研究方案。

2. 研究如下内容：

用浸泡法从橘子皮中提取天然缓蚀物；用水蒸气蒸馏法从橘子皮中提取天然缓蚀物；采取极化曲线法研究提取液在室温下酸性介质中对A3钢的缓蚀性能。

3. 掌握极化曲线的测量技术。定性分析天然缓蚀剂在工作电极上的电化学行为。

4. 实验完毕，完成一篇4000字左右的论文。

六、实验提示

1. 阅读电化学分析仪的使用说明书，工作（碳钢）电极的处理见实验二十八。

2. 可以参考下面几点对实验进行设计：

（1）橘子皮粒度大小对缓蚀率的影响；

（2）不同浓度盐酸、乙醇的浸泡液对提取物缓蚀性能的影响；

（3）橘子皮浸泡时间对缓蚀率的影响；

（4）水蒸气蒸馏时间对缓蚀率的影响；

（5）天然缓蚀剂用量对缓蚀率的影响；

（6）不同方法提取的天然缓蚀剂对缓蚀率的影响。

3. 浸泡法实验操作流程（参考）

4. 水蒸气蒸馏实验操作流程（参考）

5. 水蒸气蒸馏控制馏出速度为1滴/s。

6. 可用无水硫酸钠干燥提取产物，滤弃干燥剂即可用作缓蚀剂。

第四章　实验技术

第一节　热化学测量技术

一、温标

温度是表征体系中物质内部大量分子、原子平均动能的一个宏观物理量。物体内部分子、原子平均动能的增加或减少，表现为物体温度的升高或降低。物质的物理化学特性，无不与温度有着密切的关系，温度也是确定物体状态的一个基本参量。因此，准确测量和控制温度，在科学实验中十分重要。

温度是一个很特殊的物理量，两个物体的温度不能像两个物体的质量那样互相叠加，两个温度间只有相等或不相等的关系。为了表示温度的数值，需要建立温标，即温度间隔的划分与刻度的表示，这样才会有温度计的读数。国际温标是规定一些固定点，对这些固定点用特定的温度计做精确测量，在规定的固定点之间的温度的测量是以约定的内插方法及指定的测量仪器以及相应的物理量的函数关系来定义。确立一种温标，需要有以下三条：

（1）选择测温物质　选择的测温物质其某种物理性质（如体积、电阻、温差电势以及辐射电磁波的波长等）与温度有依赖关系而又有良好的重现性。

（2）确定基准点　测温物质的某种物理特性，只能显示温度变化的相对值，因此必须确定其相当的温度值，才能实际使用。通常是以某些高纯物质的相变温度（如：凝固点、沸点等）作为温标的基准点。

（3）划分温度值　基准点确定后，还需要确定其准点之间的分隔。实际上，一般所有物质的某种特性，与温度之间并非严格呈线性关系，因此，用不同物质做的温度计测量同一物体时，所显示的温度往往不完全相同。

1. 摄氏温标

摄氏温标亦称"百分温标"，是经验温标之一，使用较早，应用方便。温度符号为 t，单位是摄氏度，国际代号"℃"。较早的定义是，以水银玻璃温度计来测定水的相变点，规定在标准压力下，水的凝固点为0℃，水的沸点为100℃，在这两点之间划分为100等份，每等份代表1℃。

2. 热力学温标

1848年开尔文（Kelvin）提出热力学温标，它是建立在卡诺（Carnot）循环基础上，与测温物质性质无关的一种理想的、科学的温标。1927年第七届国际计量大会曾采用为基本温标。1960年第十一届国际计量大会规定热力学温度以开尔文为单位，简称"开"，以 K 表示。根据定义，1K 等于水的三相点的热力学温度的 1/273.16。由于水的三相点在摄氏温标上为0.01℃，所以0℃ =273.15K。热力学温标的零点，即绝对零度，记为"0K"。

在定义热力学温标时，规定水的三相点的温度为273.16K，使得水的凝固点和沸点之差仍保持100℃，这就使热力学温标和摄氏温标之间只相差一个常数，换算关系为

$$T/\text{K} = 273.15 + t/\text{℃} \qquad\qquad (4-1-1)$$

二、温度计

温度计是测温仪器的总称。它利用物质的某一物理性质随温度的变化来标志温度。要求测量的物理性质都与温度成函数关系而又能严格重现，根据这些特性设计并制作成各类温度计。下面介绍几种常见的温度计。

1. 水银温度计

水银温度计是实验室常用的温度计。它的测温物质为水银。因为水银具备容易提纯、导热系数大、比热容小、膨胀系数比较均匀、不容易附着在玻璃壁上、不透明便于读数等特点。在相当大的温度范围内，水银体积随温度的变化接近于线性关系。水银温度计可用于 −35℃到360℃（水银的熔点是 −38.7℃，沸点是356.7℃）。如果用石英玻璃做管壁，在水银上面充入氮气或氩气，最高可测至750℃；如果在水银中加入8.5%的 Tl，可测到 −60℃的低温。常用水银温度计刻度间隔有：2℃、1℃、0.5℃、0.2℃、0.1℃等，与温度计量程范围有关，可根据测量精度选用。

（1）水银温度计的种类和使用范围

①一般使用：有 −5～105℃、150℃、250℃、360℃等，每分度1℃或0.5℃。

②供量热学用：有 9～15℃、12～18℃、15～21℃、18～24℃、20～30℃等，每分度0.01℃。

③测温差的贝克曼温度计：有升高或降低两种，一般供 −6～120℃用，分度0.01℃。

④分段温度计：从 −10～200℃，分为24支，每支温度范围10℃，每分度0.1℃，另外有 −40～400℃的，每隔50℃一支，每分度0.1℃。

⑤测定冰点降低的温度计：有 −50～0.50℃，每分度0.01℃。

（2）引起温度计误差的主要因素

①水银膨胀不均匀。此项较小，一般情况下可忽略不计。

②玻璃球体积的改变。一支精密的温度计，每隔一段时间要作定点校正，以作为温度计本身的误差。

③压力效应。通常温度计读数指外界压力为105Pa而言的，故当压力改变时，应对压力产生的影响进行校正。对于直径为5～7mm的水银球，压力系数的数量级约为0.1℃/105Pa。

④露丝误差。水银温度计有"全浸"与"非全浸"两种。"全浸"指测量温度时，只有温度计全部水银柱浸在介质内时，所示温度才正确。"非全浸"指温度计的水银球及部分毛细管浸在加热介质中。如果一支温度计原来全浸没标定刻度，而在使用时未完全浸没，则由于器外温度与被测物体的温度不同，必然会引起误差。

⑤其他误差。如延迟误差，由于温度计水银球与被测介质达到热平衡时需要一定的时间，因此在快速测量时，时间太短容易引起误差。此外还有辐射误差以及刻度不均匀、水银附着、毛细管粗细不均匀及毛细现象等引起的误差。

（3）水银温度计校正

①读数校正

a. 以纯物质的熔点或沸点作为标准进行校正。

b. 以标准水银温度计为标准，与待校正的温度计同时测定某一体系的温度，将对应值一一记录，作出校正曲线。使用时利用校正曲线对温度计进行校正。

标准水银温度计由多支测量范围不同的温度计组成，每支都经过计量部门的鉴定，读数准确。

②露茎校正

对于"全浸"式水银温度计，由于不能全部浸没在被测体系中，露出部分与被测体系温度不同，如图4-1-1所示，因此有必要对水银温度计作露茎校正。

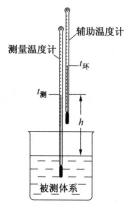

图4-1-1　温度计的露茎校正

使用摄氏度时，校正值计算式为：

$$\Delta t_露 = Kh(t_测 - t_环) \qquad (4-1-2)$$

式中，$K = 1.6 \times 10^{-4}$，是水银对玻璃的相对膨胀系数；h 为露出于被测体系之外的水银柱长度，称露茎高度，以温度差值表示；$t_测$ 为测量温度计上的读数；$t_环$ 为环境温度，可用辅助温度计读出，其水银球置于测量温度计露茎的中部（即 h 的一半处）。

（4）使用水银温度计的注意事项

①温度计应尽可能垂直放置，以免温度计内部水银压力不同而引起误差。

②防止骤冷骤热，以免引起破裂和变形。

③不能以温度计代替搅拌棒。

④根据测量需要，选择不同量程、不同精度的温度计。

⑤根据测量精度需要对温度计进行各种校正。

⑥温度计插入待测体系后，待体系温度与温度计之间的热传导达到平衡后进行读数。

2. 贝克曼（Beckmann）温度计

贝克曼温度计是一种能够精确测量温差的温度计。有些实验（如燃烧热、凝固点降低法测摩尔质量等），要求测量的温度准确到 0.002℃，显然一般的水银温度计不能满足要求，但贝克曼温度计可以达到此测量精度要求。它能很精确地测量温差。

贝克曼温度计构造如图4-1-2所示，水银球与储汞槽由均匀的毛细管连通，其中除水银外是真空。它与普通温度计的区别在于下端有一个大的水银球，球中的水银量根据不同的起始温度而定，它是借助于温度计顶端的贮汞槽来调节的，刻度范围只有 5~6℃，每度又分为100等分。借助于放大镜可以读准到 0.01℃，估计到 0.002℃。调节时只要把一定的水银移出或移入毛细管顶端的汞贮槽就可以了。显然，被测体系的温度越低，水银量就要越大。贝克曼温度计有两个主要的特点：其一是水银球内的水银量可借助储汞槽调节，可使用不同的温度区间来测量温度差值，所测温度越高，球内的水银量就越少；其二由于刻度能刻至 0.01℃，因而能较精确地测量温度差值（用放大镜可估计到 0.002℃），但不能直接用来精确测量温度的绝对值。

图 4 - 1 - 2　贝克曼温度计

（1）贝克曼温度计的使用

①接通水银柱

通过甩温度计和温热水银球的方法使上下水银接通，中间任何地方不准断开。

②调节水银量

首先测量（或估计）a 到 b 一段长度所对应的温度。将贝克曼温度计与另一支普通温度计（最小刻度 0.1℃）插入盛水的烧杯中，加热烧杯，贝克曼温度计中的水银柱就会上升，由普通温度计可以读出 a 到 b 段长度所对应的温度值，设为 R℃。一般取几次测量值的平均值。

在使用贝克曼温度计时，首先应当将它插入一杯与待测体系温度相同的水中，达到热平衡后，如果毛细管内水银面在所要求的合适刻度附近，说明水银球中的水银量合适，不必进行调节。否则，就应当调节水银球中的水银量。若球内水银量过多，毛细管水银量超过 b 点，就应当左手握住温度计的中部，将温度计倒置，右手轻击左手手腕，使贮汞槽内水银与 b 点处水银相连接，再将温度计轻轻倒转放置在温度为 t' 的水中，平衡后用左手握住温度计的顶部，迅速取出，离开水面和实验台，立即用右手轻击左手手腕，使贮汞槽内水银与 b 点处断开。此步骤要特别小心，切勿使温度计与硬物碰撞，以免损坏温度计。温度 t' 的选择可以按照下式计算：

$$t' = t + R + (5 - x) \qquad\qquad (4 - 1 - 3)$$

式中，t 为实验温度；x 为 t 时贝克曼温度计的设定读数。

当水银球中的水银量过少时，左手握住贝克曼温度计的中部，将温度计倒置，右手轻击左手腕，水银就会在毛细管中向下流动，待贮汞槽内水银与 b 点处水银连接后，再按上述方法调节。

调节后，将贝克曼温度计放在实验温度为 t 的水中，观察温度计水银柱是否在所要求的刻度 x 附近，如相差太大，再重新调节。

③验证所调温度

把调好的贝克曼温度计断开水银丝后，插入温度为 t 的水中，检查水银柱是否落在预先确定的刻度内，如不合适，应检查原因，重新调节。

由于不同温度下水银密度不同，因此在贝克曼温度计上每 100 小格未必真正代表 1 度，因此在不同温度范围内使用时，必须作刻度的校正，校正值见表 4-1-1。

表 4-1-1 贝克曼温度计读数校正值

调整温度/℃	读数 1℃ 相当的摄氏度数	调整温度/℃	读数 1℃ 相当的摄氏度数
0	0.9936	55	1.0093
5	0.9953	60	1.0104
10	0.9969	65	1.0115
15	0.9985	70	1.0125
20	1.0000	75	1.0135
25	1.0015	80	1.0144
30	1.0029	85	1.0153
35	1.0043	90	1.0161
40	1.0056	95	1.0169
45	1.0069	100	1.0176

（2）注意事项

①贝克曼温度计下端水银球的玻璃很薄，中间的毛细管很细，价格较贵。因此，使用时要特别小心，不要同任何硬的物件相碰。用完后必须立即放回盒内，不可任意放置。

②调节时不要骤冷、骤热。

③已经调节好的温度计，注意不要使毛细管中水银再与贮汞槽中的水银相连接。

④使用夹子固定温度计时，必须垫有橡胶垫，不能用铁夹直接夹住温度计。

3. 精密温差测量仪

由于贝克曼温度计使用时调节较麻烦，所以目前代替贝克曼温度计用来测量微小温度差的仪器是贝克曼精密温差测量仪。这种测量仪的准确度达到（±0.020 ~ ±0.001）℃。测量温差的范围是 -20~80℃。仪器操作简单，其测量原理为：温度传感器将温度信号转换成电压信号，经过多极放大器组成测量放大电路后变成为对应的模拟电压量。单片机将采样值数字滤波和线性校正，将结果实时送四位半的数码管显示和 RS232 通讯口输出。见本书第五章中 SWC-ⅡD 精密数字温度温差仪。

4. 热电偶温度计

（1）热电偶温度计工作原理

两种不同金属导体构成一个闭合线路，如果连接点温度不同，回路中将会产生一个与温差有关的电势，称为温差电势。这样的一对金属导体称为热电偶（如图 4-1-3 所示），可以利用其温差电势测定温度。但也不是任意两种不同材料的导体都可做热电偶，对热电偶材料的要求一是物理、化学性质稳定，在测定的温度范围内不发生蒸发和相变现象，不发生化学变化，不易氧化、还原，不易腐蚀；二是热电势与温度成简单函数关系，最好是呈线性关系；三是微分热电势要大，电阻温度系要比导电率高；四是易于加工，重复性好；价格便宜。不同材质的热电偶使用温度及热电势系数见表 4 - 1 - 2。

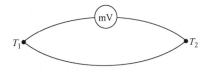

图 4 - 1 - 3　热电偶示意图

表 4 - 1 - 2　热电偶使基本参数

材质及组成	新分度号	旧分度号	使用温度范围/K	热电势系数/(mV·K⁻¹)
铁 - 康铜(CuNi40)		FK	273 ~ 1073	0.0540
铜 - 康铜		CK	73 ~ 573	0.0428
镍铬 10 - 考铜(CuNi43)		EA - 2	273 ~ 1073	0.0695
镍铬 - 考铜		NK	273 ~ 1073	
镍铬 - 镍硅	K	EU - 2	273 ~ 1573	0.0410
镍铬 - 镍铝(NiAl 2Si1 Mg 2)			273 ~ 1373	0.0410
铂 - 铂铑 10	S	LB - 3	273 ~ 1873	0.0064
铂铑 30 - 铂铑 6	B	LL - 2	273 ~ 2073	0.00034
钨铼 5 - 钨铼 20		WR	273 ~ 473	

这些热电偶可用相应的金属导线熔接而成。铜和康铜熔点较低，可蘸以松香或其它非腐蚀性的焊药在煤气焰中熔接。但其它几种热电偶则需要在氧焰或电弧中熔接。焊接时，先将两根金属线末端的一小部分拧在一起，在煤气灯上加热至 200 ~ 300℃，沾上硼砂粉末，然后让硼砂在两金属丝上熔成一硼砂球，以保护热电偶丝不被氧化，再利用氧焰或电弧使两金属熔接在一起。应用时一般将热电偶的一个接点放在待测物体(热端)中，而另一接点则放在储有冰水的保温瓶(冷端)中，这样可以保持冷端的温度稳定，如图 4 - 1 - 4(a)所示。有时为了使温差电势增大，增加测量精确度，可将几个热电偶串联成热电堆使用如图 4 - 1 - 4(b)所示，热电堆的温差电势等于各个电偶热电势之和。

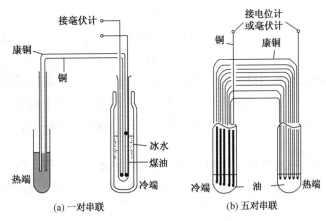

(a) 一对串联　　　　(b) 五对串联

图 4 - 1 - 4　热电偶的连接方式

温差电势可以用电位差计或直流毫伏计测量。精密的测量可使用灵敏检流计或电位差计。使用热电偶温度计测定温度，就得把测得的电动势换算成温度值，因此就要作出温度与电动势的校正曲线。

（2）热电偶的校正方法

①利用纯物质的熔点或沸点进行校正

由于纯物质发生相变时的温度是恒定不变的，因此，挑选几个已知沸点或熔点的纯物质分别测定其加热或步冷曲线（$U-T$关系曲线），曲线上水平部分所对应的电压 U（毫伏数）数即相应于该物质的熔点或沸点，据此作出 $U-T$ 曲线，即为热电偶温度计的工作曲线。在以后的实际测量中，只要使用的是这套热电偶温度计，就可使用这条工作曲线确定待测体系的温度。

②利用标准热电偶校正

将待校热电偶与标准热电偶（电势与温度的对应关系已知）的热端置于相同的温度处，进行一系列不同的温度点的测定，同时读取 mV 数，借助于标准热电偶的电动势与温度的关系而获得待校热电偶温度计的一系列 $mV-T$ 关系，制作工作曲线。高温下，一般常用铂－铂铑为标准热电偶。

（3）使用热电偶温度计应注意的问题

①易氧化的金属热电偶（铜－康铜）不应插在氧化气氛中，易还原的金属热电偶（铂－铂铑）则不应插在还原气氛中。

②热电偶可以和被测物质直接接触的，一般都直接插在被测物中；如不能直接接触的，则需将热电偶插在一个适当的套管中，再将套管插在待测物中，在套管中加适当的石蜡油，以便改进导热情况。

③冷端的温度需保证准确不变，一般放在冰水中。

④接入测量仪表前，需先小心判别其"＋"、"－"端。

⑤选择热电偶时应注意，在使用温度范围内，温差电势与温度最好成线性关系。并且选温差电势的温度系数大的热电偶，以增加测量的灵敏度。

热电偶是目前工业测温中最常用的传感器，这是由于它具有以下优点：测温点小；准确度高；反应速度快；品种规格多；测温范围广，在 $-270\sim2800℃$ 范围内有相应新产品可供选用；结构简单；使用维修方便，可作为自动控温检测器等。

5. 电阻温度计

电阻温度计是利用物质的电阻随温度变化的特性制成的测温仪器。任何物质的电阻都与温度有关，因此都可以用来测量温度。但是，能满足温度测量要求的物质并不多。在实际应用中，不仅要求有较高的灵敏度，而且要求有较高的稳定性和重现性。目前，按感温元件的材料来分，用于电阻温度计的材料有金属导体和半导体两大类。金属导体有铂、铜、镍、铁和铑铁合金。目前大量使用的材料为铂、铜和镍。铂制成的为铂电阻温度计，铜制成的为铜电阻温度计等，都属于定型产品。半导体有锗、碳和热敏电阻（氧化物）等。

（1）铂电阻温度计

铂容易提纯，化学稳定性高，电阻温度系数稳定且重现性很好。所以，铂电阻与专用精密电桥或电位差计组成的铂电阻温度计有极高的精确度，被选定为 13.81～903.89K 范围的标准温度计。

铂电阻温度计用的纯铂丝，必须经 933.35K 退火处理，绕在交叉的云母片上，密封在硬质玻璃管中，内充干燥的氩气，成为感温元件，用电桥法测定铂丝电阻。

(2)热敏电阻温度计

由金属氧化物半导体材料制成的电阻温度计也叫热敏电阻温度计,热敏电阻的电阻值会随着温度的变化而发生显著的变化,它是一个对温度变化极其敏感的元件。它对温度的灵敏度比铂电阻、热电偶等其他感温元件高得多。目前,常用的热敏电阻能直接将温度变化转换成电性能,如电压或电流的变化,测量电性能变化就可得到温度变化结果。

热敏电阻与温度之间并非线性关系,但当测量温度范围较小时,可近似为线性关系。实验证明,其测定温差的精度足以和贝克曼温度计相比,而且还具有热容量小、响应快、便于自动记录等优点。现在,实验中已用此种温度计制成的温差测量仪代替贝克曼温度计。

根据热敏电阻器的电阻 – 温度特性可分为两类:具有正温度系数的热敏电阻器(简称PTC)和具有负温度系数的热敏电阻器(简称 NTC)。

热敏电阻器的基本构造为用热敏材料制成的热敏元件、引线和壳体。它可以做成各种形状。如图 4 – 1 – 5 是珠形热敏电阻器的示意图。在实验中可将热敏电阻作为电桥的一臂,其余三臂是纯电阻,如图 4 – 1 – 6 所示。图中 R_2、R_3 为固定电阻,R_1 为可变电阻,R_r 为热敏电阻,E 为电池。当在某温度下将电桥调平衡。记录仪中无电压讯号输入,当温度改变后,电桥不平衡,则有电压讯号输给记录仪,记录仪的笔将移动,只要标定出记录仪的笔相应每摄氏度时的走纸格数,就很容易求得所测的温度。实验时要特别注意防止热敏电阻器两条引线间受潮漏电,否则必将影响所测结果和记录仪的稳定性。

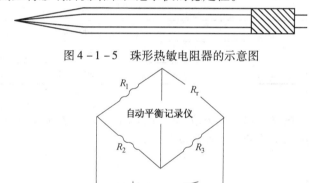

图 4 – 1 – 5　珠形热敏电阻器的示意图

图 4 – 1 – 6　热敏电阻测温示意图

三、恒温槽

物质的物理化学性质,如黏度、密度、蒸气压、表面张力、折光率等都随温度而改变,要测定这些性质必须在恒温条件下进行。一些物理化学常数如平衡常数、化学反应速率系数等也与温度有关,这些常数的测定也需恒温,因此,掌握恒温技术非常必要。

1. 液浴恒温槽

液浴恒温槽是实验室中控制恒温最常用的设备,全套装置如图 4 – 1 – 7 所示。它的主要构件及其作用分述如下:

(1)浴槽

最常用的是水浴槽,在较高温度时采用油浴,不同液浴的恒温范围如表 4 – 1 – 3 所示。浴槽的作用是为浸在其中的研究系统提供一个恒温环境。

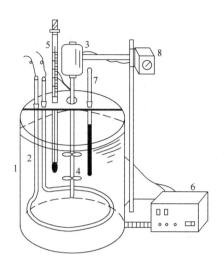

图 4 – 1 – 7 液浴恒温槽

1—浴槽；2—电热棒；3—马达；4—搅拌器；5—电接点水银温度计；
6—晶体管或电子管继电器；7—精密温度计；8—调速变压器

表 4 – 1 – 3　不同液浴的恒温范围

恒温介质	恒温范围/℃
水	5 ~ 95
棉籽油、菜油	100 ~ 200
52 ~ 62 号汽缸油	200 ~ 300
55% KNO$_3$ + 45% NaNO$_3$	300 ~ 500

（2）加热器

常用的是电阻丝加热棒。对于容积为 20L 的水浴槽，一般采用功率约 1kW 的加热器。为提高控温精度常通过调压器调节其加热功率。

（3）搅拌器

其功能是促使浴槽内温度均匀。

（4）温度调节器

常用电接点水银温度计（即水银导电表）。它相当于一个自动开关，用于控制浴槽达到所要求的温度。控制精度一般在 ±0.1℃。其结构如图 4 – 1 – 8 所示。它的下半部与普通温度计相仿，但有一根铂丝 6（下铂丝）与毛细管中的水银相接触；上半部在毛细管中也有一根铂丝 5（上铂丝），借助顶部磁钢 2 旋转可控制其高低位置。温度指示标杆 4 配合上部温度刻度板 2 旋转可控制其高低位置，定温指示温度值。当浴槽内温度低于指示温度时，上铂丝与汞柱（下铂丝）不接触；当浴槽内温度升到下部温度刻度板 7 指示温度时，汞柱与上铂丝接通。原则上依靠这种“断”与“通”，即可直接用于控制电加热器的加热与否。但由于电接点水银温度计只允许 1mA 电流通过（以防止铂丝与汞接触面处产生火花），而通过电热棒的电流却较大，所以两者之间应配合继电器以过滤。

（5）继电器

常用的是各种型式的电子管或晶体管继电器，它是自动控温的关键设备。其简明工作原理如图 4 – 1 – 9 所示。

插在浴槽中的电接点温度计，在没有达到所要求控制的温度时，汞柱与上铂丝之间断

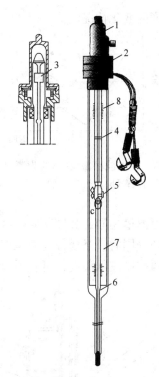

图 4 - 1 - 8　电接点水银温度计

1—调节帽；2—磁钢；3—调温转动铁芯；4—定温指示标杆；5—上铂丝引出线；

6—下铂丝引出线；7—下部温度刻度板；8—上部温度刻度板

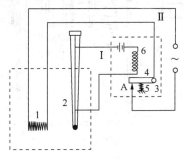

图 4 - 1 - 9　控温原理

1—电热棒；2—电接点温度计；3—固定点；4—衔铁；5—弹簧；6—线圈

路，即回路 I 中没有电流。衔铁 4 由弹簧 5 拉住与 A 点接触，从而在回路 II 中没有电流通过电热棒，这时继电器上红灯亮表示加热。随着电热棒加热使得浴槽温度升高，当电接点温度计中汞柱上升到所要求的温度时就与上铂丝接触，回路 I 中电流使线圈 6 产生磁性将衔铁 4 吸起，回路 II 断路。因此继电器上绿灯亮表示停止加热。当热浴槽温度由于向周围散热而下降，汞柱又与上铂丝脱开，继电器重复前一动作，回路 II 有接通……如此不断进行，使浴槽内的介质控制在某一要求的温度。

（6）水银温度计

常用分度为 1/10℃ 的温度计，供测定浴槽的实际温度。应该指出，恒温槽控制的某一恒定温度，实际上只能在一定范围内波动，因为控温精度与加热器的功率、所用介质的热容、环境温度、温度调节器及继电器的灵敏度，搅拌的快慢等都有关系。图 4 - 1 - 10 表示了因加热功率不同而导致恒温精度的变化情况。

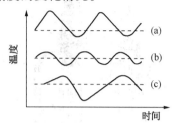

图 4 - 1 - 10　温度波动曲线(虚线为要控制的温度)

(a)加热功率过大；(b)加热功率适当；(c)加热功率过低

2. 超级恒温槽

基本结构和工作原理与上述恒温槽相同，如图 4 - 1 - 11 所示。特点是内有水泵，可将浴槽内恒温水对外输出并进行循环。同时，浴槽外壳有保温层，浴槽内设有恒温筒，筒内可作液体恒温或空气恒温之用。若要控制较低温度，可在冷凝管中通冷水予以调节。

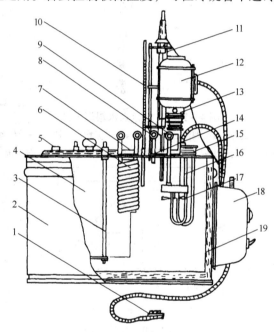

图 4 - 1 - 11　超级恒温槽

1—电源插头；2—外壳；3—恒温筒支架；4—恒温筒；5—恒温筒加水口；6—冷凝管；7—恒温筒盖子；

8—水泵进水口；9—水泵出水口；10—温度计；11—电接点温度计；12—电动机；13—水泵；

14—加水口；15—加热元件；16—两组加热元件；17—搅拌叶；18—电子继电器；19—保温层

3. 低温获得

低温的获得主要靠一定配比的组分组成冷冻剂，并使其在低温建立相平衡。表 4 - 1 - 4 列举了常用的冷冻剂及其致冷温度。

表 4 - 1 - 4　常用冷冻剂及其致冷温度

冷冻剂	液体介质	致冷温度/℃
冰	水	2
冰与 NaCl(3:1)	20% NaCl 溶液	−21

冷冻剂	液体介质	致冷温度/℃
冰与 $MgCl_2 \cdot 6H_2O$	20% NaCl 溶液	$-27 \sim -30$
冰与 $CaCl_2 \cdot 6H_2O(2:3)$	乙醇	$-20 \sim -25$
冰与浓 $HNO_3(2:1)$	乙醇	$-35 \sim -40$
干冰	乙醇	-60
液氮		-196

第二节　真空及测压技术

压力是描述体系状态的重要参数之一，许多物理化学性质，例如蒸气压、沸点、熔点几乎都与压力密切相关。在研究化学热力学和动力学中，压力是一个十分重要的参数。因此，正确掌握测量压力的方法、技术是十分重要的。

物理化学实验中，常常涉及高压、常压以及真空系统。对于不同压力范围，测量方法不同，所用仪器的精确度也会有所不同。

一、压力单位

物理学中把垂直作用在物体单位面积上的力称为压强。在国际单位制中，计量压力量值的单位为"牛/米^2"，它就是"帕斯卡"，其表示的符号是 Pa，简称"帕"，其物理概念就是 1N 的力作用于 $1m^2$ 的面积上所形成的压强（即压力）。

实际在工程和科学研究中常用到的压力单位还有以下几种：物理大气压、工程大气压、毫米水柱和毫米汞柱。各种压力单位可以按照定义互相换算。压力单位"帕斯卡"是国际上正式规定的单位，而其他如"物理大气压"和"巴"这两个压力单位暂时保留与"帕"一起使用，如表 4-2-1 所示。

表 4-2-1　压力单位名称及换算

序号	压力单位名称	符号	单位	说明	换算
1	帕	Pa	牛/米^2（N/m^2）	1 牛 = 1 公斤·米·秒^2 = 10^5 达因	
2	标准大气压（物理大气压）	atm		在标准状态下 760mm Hg 高。Hg 的密度 = $13595.1kg \cdot m^{-3}$；$g = 9.80665m \cdot s^{-2}$	$1atm = 1.01325 \times 10^5 Pa$
3	毫米汞柱	Torr	mmHg	温度 $= 0°C$ 的汞柱 1mm 高对底部面积的静压力	$1mmHg = 1.333224 \times 10^2 Pa$
4	巴	bar	10^6 达因/厘米^2		$1bar = 10^5 Pa$
5	工程大气压	$1kgf \cdot cm^{-2}$			$1kgf \cdot cm^{-2} = 9.80665 \times 10^4 Pa$

二、U 形液柱压力计

1. 开式、闭式 U 形压力计与零压计

U 形液柱压力计由于它制作容易，使用方便，能测量微小的压差，而且准确度也较高。实验室中广泛用于测量压差或真空度。

图 4-2-1(a)为两端开口的 U 形压力计。液面高度差 h 与压差$(p_1 - p_2)$有如下关系：

$$h = \frac{1}{\rho g}(p_1 - p_2) = \frac{1}{\rho g}Vp_t \qquad (4-2-1)$$

式中，ρ 为 U 形管内液体密度，g 为重力加速度。由此式可见，液柱高与压差成正比，故可用 h 数值表示。显然，选用液体的密度愈小，测量的灵敏度愈高。常用的液体是油、水或汞。液面差靠肉眼观察可精确到约 $\pm 0.2\text{mm}$，若用测高仪，可进一步提高精度。

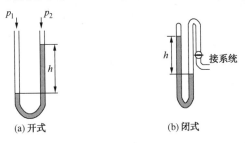

图 4-2-1 U 形压力计

由于 U 形压力计两边玻璃管得内径难于完全相等，因此 h 值不可用一边的液柱高度变化乘以 2 来确定，以免引起读数误差。

测量低于 20kPa(约相当于 150mmHg)的压力，常用闭式 U 形汞压力计，如图 4-2-1(b)所示。其封闭端上部为真空，图中汞柱高 h 即代表系统压力。与开口式比较，使用时不必测量大气的压力。

在测定某一恒温系统的压力时(如固体分解压力、气体反应平衡压力等)，因为 U 形汞压力计体积较大，很难组合在恒温系统中，所以常借助于零压力计与 U 形汞压力计配套使用。其装置如图 4-2-2 所示。通过调节三通活塞 5，使零压计两边液面相平，这时，从外接的 U 形汞压力计上即可读得某温度下系统的压力。

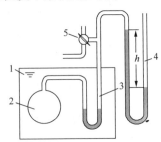

图 4-2-2 零压计测压装置

1—恒温槽；2—试样瓶；3—零压计；4—U 形汞压力计；5—三通活塞

零压计中的液体通常选用硅油或石蜡油，因其蒸气压小(当然不能与系统中的物质有化学作用)。当它与 U 形泵压力计连用时，因硅油的密度与汞相差甚大，故零压计中两液面若

有微小高度差，可以忽略不计。若零压计中充以汞，在计算时则要考虑两汞面之间的高度差。

2. 汞柱压力计读数的校正

(1)温度校正

由于 mmHg 作为压力单位是用汞标准密度而定义的，所以汞柱压力计的测量值必须进行温度校正。

汞的体膨胀系数为 $\beta = 1.815 \times 10^{-2}/℃$（压力计木标尺的线膨胀系数为 $\alpha \approx 10^{-6}/℃$），ρ_0、ρ_t 分别为汞标准密度与温度 t 时的密度，h、h_t 分别为校正到汞标准密度与温度 t 时从标尺上读到的汞柱高度。根据

$$\rho_0 = \rho_t(1 + \beta t) \tag{4-2-2}$$

$$h\rho_0 g = h_t(1 + \alpha t)\rho_t g \tag{4-2-3}$$

$$h = h_t\left(1 - \frac{\beta - \alpha}{1 + \beta t}t\right) \tag{4-2-4}$$

因木标尺的 α 值很小，对测量值的影响可忽略不计，则

$$h = \frac{h_t}{1 + \beta t} \approx h_t(1 - 0.00018t) \tag{4-2-5}$$

或

$$\Delta p = \Delta p_t(1 - 0.00018t) \tag{4-2-6}$$

所以，

$$\frac{|\Delta p - \Delta p_t|}{\Delta p} = \frac{0.00018t}{1 - 0.00018t} \tag{4-2-7}$$

从上式计算可知在 $t = 25℃$ 时若不进行温度校正，引入的相对误差约为 0.5%。

应该指出，用 U 形汞压力计测得的 $h_t(\text{mm})$ 应根据 $1\text{mmHg} = 1.333 \times 10^2 \text{Pa}$ 的关系式将它换算为以 Pa 表示的压差 Δp_t，按式(4-2-6)进行温度校正。

(2)液柱弯月面校正

在压力计中充以汞(或水)时，因其对玻璃润湿情况不同，分别形成凸弯月面与凹弯月面。读数时视线应与弯月面相切。汞的表面张力较大，由标尺读得的压力值要比实际的低些，故在精确测量时应加上弯月面校正值。此校正值不仅与玻璃管的内径大小有关，还与管壁清洁程度有关。所以，同一管径的 U 形玻璃管中两边液柱的弯月面也会有不同的高度。表4-2-2列出不同管径的玻璃管内汞弯月面高度的校正值。

【例4-1】玻璃管内径为6mm，汞弯月面高度为1.2mm时，由表4-2-2可知其汞弯月面校正值为 $0.98 \times 133 = 130\text{Pa}$。

表4-2-2 在玻璃管内汞弯月面的校正值(×133Pa)

管径/mm	弯月面高度/mm					
	0.6	0.8	1.0	1.2	1.4	1.6
5	0.65	0.86	1.19	1.45	1.8	—
6	0.41	0.56	0.78	0.98	1.21	1.43
7	0.28	0.40	0.53	0.67	0.82	0.97
8	0.20	0.29	0.38	0.46	0.56	0.65

三、气压计的使用与读数校正

1. 福廷式气压计的构造(图4-2-3)

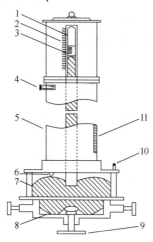

图4-2-3　福廷式气压计

1—玻璃管；2—黄铜标尺；3—游标尺；4—调节螺栓；5—黄铜管；6—象牙针；
7—汞槽；8—羚羊皮袋；9—调节汞面的螺栓；10—气孔；11—温度计

2. 福廷式气压计的使用

(1)慢慢旋转螺旋9,调节水银槽中的水银面的高度,使槽内水银面升高。利用水银槽后面白瓷片的反光,注视水银面与象牙针尖的空隙,直至水银面与象牙针尖刚刚接触,然后用手轻轻扣一下铜管上面,使玻璃管上部水银面凸面正常。稍等几秒钟,待象牙针尖与水银面的接触无变动为止。

(2)调节游标尺。转动气压计旁的螺旋4,使游标尺升起,并使下沿略高于水银面。然后慢慢调节游标,直到游标尺底边及其后边金属片的底边同时与水银面凸面顶端相切。这时观察眼睛的位置应和游标尺前后两个底边的边缘在同一水平线上。

(3)读取汞柱高度。当游标尺的零线与黄铜标尺中某一刻度线恰好重合时,黄铜标尺上该刻度的数值便是大气压值,不需使用游标尺。当游标尺的零线不与黄铜标尺上任何一刻度重合时,那么游标尺零线所对标尺上的刻度,则是大气压值的整数部分。再从游标尺上找出一根恰好与标尺上的刻度相重合的刻度线,则游标尺上刻度线的数值便是气压值的小数部分。

(4)整理工作。记下读数后,将气压计底部螺旋向下移动,使水银面离开象牙针尖。记下气压计的温度及所附卡片上气压计的仪器误差值,然后进行校正。

3. 气压计的读数校正

人们规定温度为$0℃$,纬度为$45°$,海平面上同760mm水银柱高相平衡的大气压强为标准大气压(760mmHg,SI单位为$1.01325 \times 10^5 Pa$)。然而,实际测量的条件不尽符合上述规定,因此实际测得的值需进行校正。

除进行仪器误差校正外,在精密的工作中还必须进行温度、纬度及海拔高度的校正。

(1)仪器误差的校正。由于仪器本身制造的不精确而造成读数上的误差称为"仪器误差"。仪器出厂时都附有仪器误差的校正卡片,应首先加上此项校正。

(2)温度影响的校正。由于温度的改变,水银密度也随之改变,因而会影响水银柱的高度。同时由于铜管本身的热胀冷缩，也会影响刻度的准确性。当温度升高时，前者引起偏高，后者引起偏低。由于水银的膨胀系数较铜管的大，因此当温度高于0℃时，经仪器校正后的气压值应减去温度校正值，当温度低于0℃时，要加上温度校正值。

若 p_t 是在温度为 t 时与黄铜标尺上读得的气压读数，已知汞的体膨胀系数为 β，黄铜标尺的线膨胀系数为 α，参照式(4-2-4)则有

$$p_{大气} = p_t\left(1 - \frac{\beta - \alpha}{1 + \beta t}t\right) \tag{4-2-8}$$

令 Δ_t 为温度校正项，显然

$$\Delta_t = \frac{(\beta - \alpha)t}{1 + \beta t}p_t \tag{4-2-9}$$

所以

$$p_{大气} = p_t - \Delta_t \tag{4-2-10}$$

式中 $p_{大气}$ 为将汞柱校正到0℃时读数(因为标准大气压是规定在海平面，纬度45°及温度为0℃时的大气压力)；p_t 为在 t℃时读数。

已知汞的平均体膨胀系数 $\beta = 0.0001815/℃$，黄铜标尺的线膨胀系数 $\alpha = 0.0000184/℃$，则 Δ_t 可简化为

$$\Delta_t = \frac{0.0001631t}{1 + 0.0001815t}p_t \tag{4-2-11}$$

代入式(4-2-10)中，化简后可得气压计的温度校正公式

$$p_{大气} = p_t(1 - 0.000163t) \tag{4-2-12}$$

【例4-2】在15.7℃下从气压计上测得气压读数 $p_t = 100.43\text{kPa}$，求经温度校正后的气压值。

$$p_{大气} = p_t(1 - 0.000163t) = 100.43(1 - 0.000163 \times 15.7) = 100.17\text{kPa}$$

(3)海拔高度及纬度的校正。重力加速度 g 随海拔高度及纬度不同而异，致使水银的重力受到影响，从而导致气压计读数的误差。可以根据气压计所在地纬度及海拔高度进行校正。已知在纬度为 θ、海拔高度为 H 处的重力加速度 g 和标准重力加速度 g_0 的关系式是：

$$g = (1 - 0.0026\cos 2\theta - 3.14 \times 10^{-7}H)g_0 \tag{4-2-13}$$

可见，对在某一地点使用的气压计而言，θ、H 均为定值，所以此项校正值为一常数。此项校正值很小，在一般实验中可不必考虑。

因此，在实验室中常将重力加速度和仪器误差这两项校正值合并，设其为 Δ，则大气压力 $p_{大气}$ 应为

$$p_{大气} = p_t - \Delta_t - \Delta \tag{4-2-14}$$

有上述例题，已求得 $\Delta_t = 0.26\text{kPa}$，若 $\Delta = 0.12\text{kPa}$，则

$$p_{大气} = 100.43 - 0.26 - 0.12 = 100.05\text{kPa}$$

(4)水银蒸气压的校正、毛细管效应的校正等。因校正值极小，一般都不考虑。

4. 注意事项

(1)调节螺旋时动作要缓慢，不可旋转过急。

(2)在调节游标尺与汞柱凸面相切时，应使眼睛的位置与游标尺前后下沿在同一水平线上，然后再调到与水银柱凸面相切。

(3)发现槽内水银不清洁时，要及时更换水银。

205

四、电测压力计的原理

电测压力计是由压力传感器、测量电路和电性指示器三部分组成。压力传感器感受压力并把压力参数变换为电阻(或电容)信号输到测量电路，测量值由指示仪表显示或记录。电测压力计有便于自动记录、远距离测量等优点，应用日益广泛。用于测量负压的电阻式 BFP-1 型负压传感器即为一例。

BFP-1 型负压传感器外形及结构如图 4-2-4 所示，它的工作原理是：有弹性的应变梁 2，一端固定，另一端和连接系统的波纹管 1 相连，称为自由端。当系统压力通过波纹管底部作用在自由端时，应变梁便发生挠曲，使其两侧的上下四块 BY-P 半导体应变片 3 因机械变形而引起电阻值变化。测量时，利用这四块应变片组成的不平衡电桥(在应变梁同侧的两块分别置于电桥的对臂位置)如图 4-2-5 所示。

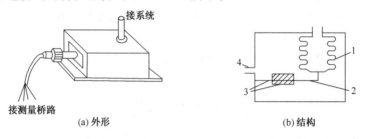

图 4-2-4 BFP-1 型负压传感器外形与内部结构
1—波纹管；2—应变梁；3—应变片(两侧前后共四块)；4—导线引出孔

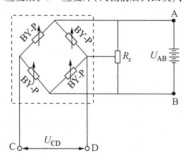

图 4-2-5 负压传感器测压原理

在一定的工作电压 U_{AB} 下，首先调节电位器 R_x 使桥路平衡，即输出端的电位差 U_{CD} 为零。这表示传感器内部压力恰与大气压相等。随后将传感器接入负压系统，因压力变化导致应变片变形，电桥失去平衡，输出端得到一个与压差成正比的电位差 U_{CD}，通过电位差计(或数字电压表)即测得该电位差值。利用在同样条件下得到电位差-压力的工作曲线，即可得到相应的压力值。

在使用传感器之前，要先做测量条件下的标定工作，即求得输出电位差 U_{CD} 与压差 Δp 之间的比例系数 k，$k = \dfrac{\Delta p}{U_{CD}}$，以便确定不同 U_{CD} 下对应的 Δp 值。在对于精度要求不十分高的情况下，可按图 4-2-6 装置进行标定。在一定的 U_{AB} 下，通过真空泵对系统造成不同的负压，从 U 型汞压力计和电位差计可测得相应的 Δp 和 U_{CD} 值。用按式(4-2-5)经温度校正后的 Δp 值对 U_{CD} 作图，直线的斜率即为此传感器的 k 值。

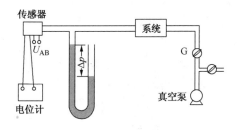

图 4 - 2 - 6　负压传感器标定装置

五、恒压控制

实验中常要求系统保持在恒定的压力(如恒定于 101325Pa 或某一负压)下操作,这就需要组装一套恒压装置。其基本原理如图 4 - 2 - 7 所示:在 U 形的控压计中充以汞(或电解质溶液),其中设有 a、b、c 三个电接点。当待控制的系统压力升高到规定的上限时,b、c 两接点通过汞(或电解质溶液)接通,随之电控系统工作使泵停止对系统加压;当压力降到规定的下限时,a、b 接点接通(b、c 断路),泵向系统加压,如此反复操作以达到控压目的。

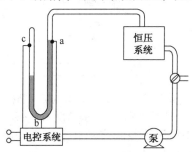

图 4 - 2 - 7　控压原理示意图

下面对恒压控制装置中的主要部件作一介绍。

1. 控压计

常用的是如图 4 - 2 - 8 所示的 U 形硫酸控压计。在右支管中插一铂丝,在 U 形管下部接入另一铂丝,加入浓硫酸,使液面与上铂丝下端刚好接触。这样,通过硫酸在两铂丝间形成通路。使用时,先开启左边活塞,使两支管内均处于要求控制的压力下,然后再关闭活塞。若系统压力发生变化,则右支管液面波动,两铂丝之间的电信号时通时断地传给继电器,以此控制泵或电磁阀工作,从而达到控压目的(这与电接点温度计控温原理相同)。控压计左支管中间有扩大球,其作用是只要系统中压力有微小的变化都会导致右支管液面较大的波动,从而提高控压的灵敏度。由于浓硫酸黏度较大,控压计的管径应取是一般 U 形汞压力计管径的 3~4 倍。至于控制恒常压的装置,一般采用 KI(或 NaCl)水溶液的控压计,就可取得很好的灵敏度。

2. 电磁阀

它是靠电磁力来控制气路阀门的开启或关闭,以切换气体流出的方向,从而使系统增压或减压。常用的电磁阀结构如图 4 - 2 - 9 所示。在装置中电磁阀工作受继电器控制,当线圈 2 中未通电时,铁芯 4 受弹簧 5 压迫,盖住出气口通路,气体只能从排气口流出。当线圈 2 通电时,磁化了的铁箍 1 吸引铁芯 4 往上移动,盖住了排气口通路,同时把出气口通路开启,气体从出气口排出。此电磁阀称为二位三通电磁阀。

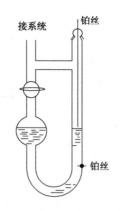

图 4 - 2 - 8　U 形硫酸控压计

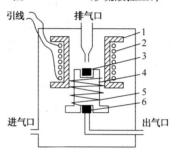

图 4 - 2 - 9　Q23XD 型电磁阀结构
1—铁箍；2—螺管线圈；3，6—压紧橡皮；4—铁芯；5—弹簧

图 4 - 2 - 10 为另一种利用稳压管控制流动系统压力的装置。从钢瓶输出的气体，经针形阀 3 与毛细管 4 缓冲后，再经过水柱稳压管 5 流入系统。通过调节水平瓶的高度，给定了流动气体的压力上限，若流动空气的表压大于稳压管中水柱的静压差 h，某气体便从水柱稳压管的出气口逸出而达到控压目的。

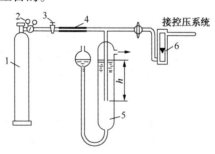

图 4 - 2 - 10　流动系统控压流程
1—钢瓶；2—减压阀；3—针形阀；4—毛细管；5—水柱稳压管；6—流量针

六、真空的获得与测量

1. 真空的获得

压力低于 101. 325kPa 的气态空间统称真空。按气体的稀薄程度，真空可以分几个范围：

粗真空　　101. 32 ~ 1. 33kPa

低真空　　1. 33 ~ 0. 133Pa

高真空　　<0. 133Pa

在实验室中，欲获得粗真空常用水抽气泵；欲获得低真空用机械真空泵；欲获得高真空则需要机械真空泵与油扩散泵并用。现分述如下：

（1）水抽气泵

水抽气泵结构如图4-2-11所示，它可用玻璃或金属制成。其工作原理是当水从泵内的收缩口高速喷出时，静压降低，水流周围的气体便被喷出的水流带走。使用时只要将进水口接到水源上，调节水的流速就可以改变泵的抽气速度。显然它的极限真空度受水的饱和蒸气压限制，如15℃时为1.70kPa，25℃时为3.17kPa等等。实验室中水抽气泵还广泛地用于抽滤沉淀物以及捡拾散落在地的水银微粒。

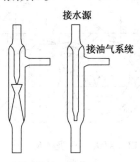

接水源

接油气系统

图4-2-11　水抽气泵

（2）旋片式机械真空泵

单级旋片式机械真空泵的内部有一圆筒形定子4与一精密加工的实心圆柱转子5，转子偏心地装置在定子腔壁上方，分隔进气管和排气管，并起气密作用。两个翼片S及S′横嵌在转子圆柱体的直径上，被夹在他们中间的一根弹簧压紧，如图4-2-12所示。S及S′将转子和定子之间的空间分隔成三部分。当旋片在（a）所示位置时，气体有待抽空的容器经过进气管C进入空间A；当S随转子转动而处于（b）所示位置时，空间A增大，气体经C管吸入；当继续转到（c）所示位置，S′将空间A与进气管C隔断；待转到（d）所示位置，A空间气体从排气管D排出。转子如此周而复始地转动，两个翼片所分隔的空间不断地吸气和排气，使容器抽空达到一定的真空度。

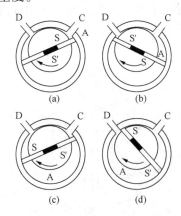

图4-2-12　旋片式机械真空泵抽气过程

旋片式机械真空泵的压缩比可达到700∶1，若待抽气体有水蒸气或其他可凝性气体存在，当气体受压缩时，蒸气就可能凝结成小液滴混入泵内的机油中。这样，一方面破坏了机油的密封与润滑作用，另一方面蒸气的存在也降低了系统的真空度。为解决此问题，在泵内排气阀附近设一个气镇空气进入的小口。当旋片转到一定位置时气镇阀门会自动打开，在被压缩的气体中掺入一定量的空气，使之在较低的空气压缩比时，即可凝性气体尚未冷凝为液体之际，便可顶开排气阀而把含有可凝性蒸气的气体抽走。

单级旋片机械泵能达到的极限压强一般约为1.33~0.133Pa。欲达到更高的真空度，可采用双级泵结构，如图4-2-13所示。当进气口压力较高时，后级泵体Ⅱ所排出的气体可顶开排气阀1，也可进入内通道3。当进气口压力较低时，泵体Ⅱ所压缩的气体全部经内通道3被泵体Ⅰ抽走，再由排气阀2排出。这样便减低了单级泵前后的压差，避免了转子与定子的漏气现象，从而使双级机械泵极限真空可抽达0.133Pa左右。

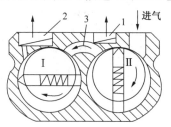

图4-2-13　双级旋片机械泵工作原理示意图
1，2—排气阀；3—内通道

使用机械泵时，因被抽气体中多少含有可凝性气体，所以在进气口前应接一冷阱或吸收塔(如用氯化钙或分子筛吸收水蒸气，用活性炭吸附有机蒸气等)当停泵前，应先使泵与大气想通，避免停泵后因存在压差而把泵内的机油倒吸到系统中去。

(3)扩散泵

扩散泵的类型很多，构成泵体的材料有金属和玻璃两种。按喷嘴个数有"级"之分，如三级泵、四级泵等。泵中工作介质常用硅油。扩散泵总是作为后级泵与上述的机械泵作为前级泵联合使用。

图4-2-14表示三级玻璃油扩散泵。它的结构和工作原理简述如下：泵的底部为蒸发器2，内盛一定量的低蒸气压扩散泵油。待系统被前级机械泵减压到1.33Pa后，由电炉8加热至油沸腾，油蒸气沿中央导管上升，从加工成一定角度的伞形喷嘴3、5、5射出，形成高速的射流，油蒸气射到泵壁上冷凝为液体，又流回到泵底部的蒸发器中，循环使用。

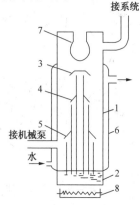

图4-2-14　三级油扩散泵
1—玻璃泵体；2—蒸发器与扩散泵油；3，4，5—一、二、三级伞形喷嘴；
6—冷却水夹套；7—冷阱；8—加热电炉

与此同时，周围系统中的气体分子被油蒸气分子夹带进入射流，从上到下逐级富集于泵体的下部，而被前级泵抽走。

由于硅油（聚甲基硅氧烷或聚苯基硅氧烷）摩尔质量大，其蒸气动能大，能有效地富集低压下的气体分子，且其蒸气压低（室温下小于 1.33×10^{-5} Pa），所以是油扩散泵中理想的工作介质。为避免硅油氧化裂解，要待前级泵将系统压力抽到小于 1.33Pa 后才可启动扩散泵。停泵时，应先将扩散泵前后的旋塞关闭（使泵内处于高真空状态），再停止加热，待泵体冷却到50℃以下再关泵体冷却水。

2. 真空的测量

测量真空系统压力的量具称为真空规。真空规可分两类：一类是能直接测出系统压力的绝对真空规，如麦克劳（Mcleod）真空规；另一类是经绝对真空规标定后使用的相对真空规，热偶真空规与电离真空规是最常用的相对真空规。

（1）热偶真空规

热偶真空规（又称热偶规），由加热丝和热电偶组成，如图 4 - 2 - 15 所示，其顶部与真空系统相连。当给加热丝以某一恒定的电流时（如 120mA），则加热丝的温度与热电偶的热电势大小将由周围气体的热导率决定。在一定压力范围内，当系统压力 p 降低，气体的热导率减小。则加热丝温度升高，热电偶热电势随之增加。反之，热电势降低。p 与 λ（对应于热电势值）的关系可表示为

$$p = c\lambda \qquad\qquad (4-2-15)$$

式中，c 为热偶规管常数。该函数关系经绝对真空规标定后，以压力数值标在与热偶规匹配的指示仪表上。所以，用热偶规测量时从指示仪表上可直接读得系统压力值。

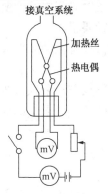

图 4 - 2 - 15　热偶真空规

热偶规测量的范围为 133.3 ~ 0.133Pa。这是因为若压力大于 133.3Pa，则热电势随压力变化不明显；若压力小于 0.133Pa，则加热丝温度过高，导致热辐射和引线传热增加，因此而引起的加热丝温度变化不决定于气体压力，即热电势变化与气体压力无关。

（2）电离真空规

又称电离规，其结构和原理如图 4 - 2 - 16 所示，实际上它相当于一个三极管，具有阴极（即灯丝）、栅极（又称加速极）和收集极。使用时将其上部与真空系统相连，通电加热阴极至高温，使之发射热电子。由于栅极电位（如 200V）比阴极高，故吸引电子向栅极加速。加速运动中的电子碰撞管内低压气体分子并使之电离为正离子和电子。由于收集极的电位更低，所以电离后的离子被吸引到收集极形成了可测量的离子流。发射电流 I_e，气体的压力 p 与离子流强度 I_i 之间有如下关系

$$I_i = kpI_e \tag{4-2-16}$$

式中，k 为电离规管常数。可见，当 I_e 恒定时，I_i 与 p 成正比。这种关系经标定后，在与电离规匹配的指示仪表上即可直接读出系统的压力值。

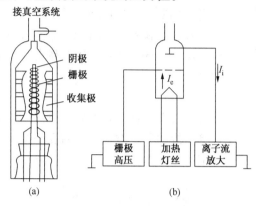

图 4-2-16　电离真空规及其测量原理

为防止电离规阴极氧化烧坏，应先用热偶规测量系统压力，待小于 0.133Pa 后方可使用电离规。此外，阴极也易被各种蒸气(如真空泵油蒸气)沾污，以致改变了电离规管常数 k 的数值，所以在其附近设置冷阱是必要的。电离规的测量范围在 $0.133 \sim 0.133 \times 10^{-5}$Pa。

3. 真空系统的组装与检漏

任一真空系统，不论管路如何复杂，总是可以分解为三个部分：由机械泵和扩散泵组成的真空获得部分；由热电偶、电离规及其指示仪表组成的真空测量部分；以及待抽真空的研究系统。为减少气体流动的阻力，在较短时间内达到要求的真空度，在管路设计时一般要求少弯曲，少用旋塞，且管路要短、管径要粗。

新组装的真空系统难免在管路接口处有微裂缝形成小漏孔，使系统不能达到要求的真空度。如何找到存在的小漏孔，即检漏，在真空技术中是一项重要的工作。

对玻璃的真空系统，检漏常用高频火花检漏仪。外型如手枪，如图 4-2-17 所示。按下开关接通电源后，通过内部塔形线圈便在放电簧端形成高频高压电场，在大气中放电产生高频火花。当放电簧在玻璃管道表面移动时，若无漏孔，在玻璃管道表面形成散开的杂乱的火花；若移动到漏孔处，由于气体导电率比玻璃大，将出现细长而又明亮的火花束。束的末端指向玻璃表面上一个亮点，此亮点即漏孔所在。根据火花束在管内引起的不同的辉光颜色，还可估计系统在低真空下的压力。如表 4-2-3 所示。

图 4-2-17　高频火花检漏仪

表 4-2-3　不同压力下辉光颜色

p /Pa	10^5	10	1	0.1	0.01	<0.01
颜色	无色	红紫	淡红	灰白	玻璃荧光	无色

此外，也可利用热偶（或电离）真空规的示值变化检漏：将丙酮、乙醚等易挥发的有物涂于有漏孔的可疑之处后，如果真空规示值突然变化随后又复原，即表明该处确有漏孔。

第三节　光学量测量技术

光与物质相互作用可以产生各种光学现象（如光的折射、反射、散射、透射、吸收、旋光以及物质受激辐射等），通过分析研究这些光学现象，可以提供原子、分子及晶体结构等方面的大量信息。所以，在物质的成分分析、结构测定及光化学反应等方面，都离不开光学测量。任何一种光学测量系统都包括光源、滤光器、盛试样器和检测器这些部件，它们可以用各种方式组合以满足实验需要。下面介绍几种物理化学实验中常用的光学测量仪器。

一、折射率与阿贝（Abbe）折射仪

折射率是物质的重要常数之一，许多纯物质都具有一定的折射率，如果其中含有杂质则折射率将发生变化，出现偏差。因此，通过测定物质的折射率，可以了解物质的纯度、浓度及其结构，在实验室中可使用折射仪来测量液体物质的折射率。

1. 工作原理

当一束单色光从介质 A 进入介质 B（两种介质密度不同）时，光线在通过界面时改变了方向，这一现象称为光的折射，它遵守光的折射定律。

$$\frac{\sin\alpha}{\sin\beta} = \frac{n_B}{n_A} = n_{A,B} \qquad (4-3-1)$$

式中，α、β 分别为入射角和折射角，n_A、n_B 分别为介质 A，B 的折射率。

按式（4-3-1），若光线由折射率小的介质进入折射率大的介质时，即 $n_B > n_A$，则入射角一定大于折射角即 $\alpha > \beta$，当入射角增大时，折射角也增大，当入射角增大到 90° 时，则折射角为 β_c，此角称为临界折射角。如图 4-3-1 所示。因此，当光线由 A 介质进入 B 介质时，折射线只能落在临界折射角 β_c 之内，即 $\beta < \beta_c$，故大于折射角处构成了暗区，所以临界角 β_c 决定明暗两区分界线的位置，具有特征意义。因 $\sin 90° = 1$，式（4-3-1）可简化为

$$n_A = n_B \sin \beta_c \qquad (4-3-2)$$

若 B 介质为棱镜，则其折射率 n_B 是已知的，只要测出临界折射角 β_c，则可通过式（4-3-2）计算出被测试样的折射率 n_A。阿贝折射仪就是根据这一原理设计的。

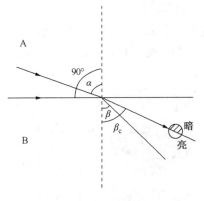

图 4-3-1　光的折射

2. 阿贝折射仪的构造

阿贝折射仪的构造如图4-3-2所示。

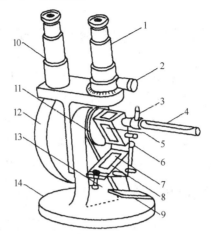

图4-3-2　阿贝折射仪

1—测量望远镜；2—消色散手柄；3—恒温水入口；4—温度计；
5—测量棱镜；6—铰链；7—辅助棱镜；8—加液槽；9—反射镜；
10—读数望远镜；11—转轴；12—刻度盘罩；13—闭合旋钮；14—底座

3. 阿贝折射仪的使用方法

（1）仪器安装　将阿贝折光仪安放在光亮处，但应避免阳光的直接照射，以免液体试样受热迅速蒸发。将超级恒温槽与其相连接使恒温水通入棱镜夹套内，检查棱镜上温度计的读数是否符合要求，一般选用(20 ± 0.1)℃或(25 ± 0.1)℃。

（2）清洗　用纯乙醇清洗上下棱镜→用擦镜纸擦干（不可来回擦）。

（3）加样　旋开测量棱镜和辅助棱镜的闭合旋钮，使辅助棱镜的磨砂斜面处于水平位置，用滴管滴加数滴试样于辅助棱镜的毛镜面上，迅速全上辅助棱镜，旋紧闭合旋钮。

（4）对光　转动手柄，使刻度盘标尺上的示值为最小，于是调节反射镜，使入射光进入棱镜组。同时，从测量望远镜中观察，使视场最亮。调节目镜，使视场准丝最清晰。

（5）粗调　转动手柄，使刻度盘标尺上的示值逐渐增大，直到观察到视场中出现彩色光带或黑白分界线为止。

（6）消色散　转动消色散手柄，使视场内呈现一清晰的明暗分界线。

（7）精调　再转动手柄，使分界线正好处于×形准丝交点上。

（8）读数　从读数望远镜中读出刻度盘上的折射率数值，如图4-3-3所示。常用的阿贝折射仪可读至小数点后的第四位，为了使读数准确，一般应将试样重复测量三次，每次相差不超过0.0002，然后取平均值。

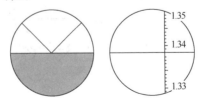

图4-3-3　读数时目镜下的视野与测量值

（9）仪器校正　折射仪刻度盘上的标尺的零点有时会发生移动，须加以校正。校正的方

214

法是用一种已知折射率的标准液体，一般是用纯水，按上述的方法进行测定，将平均值与标准值比较，其差值即为校正值。纯水在 20℃时折射率为 1.3325，在 15 ~ 30℃之间的温度系数为 - 0.0001℃$^{-1}$。在精密的测量工作中，须在所测范围内用几种不同折射率的标准液体进行校正，并画出校正曲线，以供测试时对照校核。

4. 注意事项

（1）使用时要注意保护棱镜，清洗时只能用擦镜纸而不能用滤纸等。加样时不能将滴管口触及镜面。对酸碱等腐蚀性液体不得使用阿贝折射仪。

（2）每次测定时，试样不可加得太多，一般只需加 2 ~ 3 滴即可。

（3）要注意保持仪器清洁，保护刻度盘。每次实验完毕，要在镜面上加几滴丙酮，并用擦镜纸擦干。最后用两层擦镜纸夹在两棱镜镜面之间，以免镜面破坏。

（4）读数时，有时在目镜中观察不到清晰的明暗分界线，而是畸形的，这是由于棱镜间未充满液体，若出现弧形光环，则可能是由于光线未经过棱镜而直接照射到聚光透镜上。

（5）若待测试样折射率不在 1.3 ~ 1.7 范围内，则阿贝折射仪不能测定。

二、旋光度与旋光仪

1. 偏振光与旋光度

偏振光：一般光源发出的光其光波在与光传播方向垂直的一切可能方向上振动，这种光称为自然光，而只在一个固定方向有振动的光称为偏振光。

旋光性：当偏振光通过某些介质时，有的介质对偏振光没有作用，即透过介质的偏振光仍在原方向上振动，而有的介质却能使偏振光的振动方向发生旋转，这种现象称为物质的旋光现象。物质的这种能使偏振光的振动面发生旋转的性质叫做物质的旋光性，这种物质称为旋光物质。旋光物质使偏振光振动面旋转的角度称为旋光度。旋光度表示系统旋光性质的量度，旋光度用 α 表示。

偏振光通过旋光物质时，对着光的传播方向看，如果使偏振面向右旋转的物质，称为右旋性物质；而如果使偏振面向左旋转的物质，称为左旋性物质。

一束可在各个方向振动的单色光，通过各向异性的晶体（如冰晶石）时，产生两束振动面相互垂直的偏振光如图 4 - 3 - 4 所示。由于这两束偏振光在晶体中的折射率不同，所以当单色光投射到用加拿大树胶粘贴的冰晶石组成的尼科尔（Nicol）棱镜时，按照全反射原理，此两束偏振光中，垂直于纸面的一束发生全反射而被棱镜框的涂黑表面所吸收。因此只得到另一束与纸面平行的平面偏振光如图 4 - 3 - 5 所示，这种产生平面偏振光的物体称为起偏镜。常用的起偏镜除尼科尔棱镜外，还有聚乙烯醇人造起偏片。要测定起偏镜出来的偏振光在空间的振动平面，还需要一块检偏镜与之配合使用。

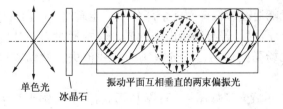

单色光　　冰晶石　　振动平面互相垂直的两束偏振光

图 4 - 3 - 4　偏振光示意图

若起偏镜与检偏镜的光路相互平行，则起偏镜出来的偏振光全部通过检偏镜，在检偏镜

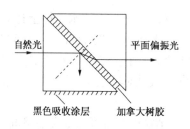

图 4 – 3 – 5　尼科尔起偏镜

后得到亮视场；若两者光路相互垂直，则从起偏镜出来的偏振光不能通过检偏镜，在检偏镜后得到暗视场。此时，若在两偏振镜之间放一旋光性物质，它使起偏镜出来的偏振光振动面旋转过了 α 角，为了在检偏镜后依然得到暗视场，那么必须将检偏镜也相应地旋转 α 角。这里检偏镜旋转的角度(有左旋、右旋之分)即为该物质的旋光度。旋光仪就是测定旋光性物质旋光度的仪器。

旋光度除主要决定于物质的立体结构外，还因实验条件的不同而有很大的不同。为了比较各物质旋光度的大小，引入比旋光度作为标准。比旋光度，即当偏振光通过 10cm 长，每立方厘米含有 1×10^{-3} kg 旋光性物质溶液的试样管后产生的旋光度定义为该物质的比旋光度，用 $[\alpha]_\lambda^t$ 或 $[\alpha]_D^t$ 表示。角标 t、λ 表示测定时的温度和所用光的波长，角标 D 为钠光。如蔗糖 $[\alpha]_D^{20} = 66.00^\circ$(右旋)、葡萄塘 $[\alpha]_D^{20} = 52.50^\circ$(右旋)、果塘 $[\alpha]_D^{20} = -92.90^\circ$(左旋)等。

2. 旋光仪的工作原理

为了提高测量的准确性，旋光仪采用三分视场的方法来确定读数。在起偏镜后安置一块占视场宽度约 1/3 的石英片，使起偏镜出来的偏振光透过石英片的那部分光旋转某一角度 φ，再经检偏镜后即出现三分视场。如图 4 – 3 – 6 所示。A 是通过起偏镜的偏振光的振动方向，A′ 是通过石英片旋转一个角度后的振动方向，此两偏振方向的夹角 φ，称为半暗角。转动检偏镜于不同位置，在三分视场中可见到三种不同的情况：

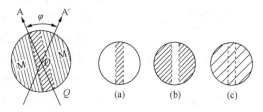

图 4 – 3 – 6　三分视野示意图

若起偏镜出来的光，通过石英片的部分不能通过检偏镜，而其余均能通过，则出现中间较暗、两旁较亮的视场，如图 4 – 3 – 6(a)所示。

若通过石英片的光能通过检偏镜而其余部分却不能通过，则出现中间较亮、两旁较暗的视场，如图 4 – 3 – 6(b)所示。若起偏镜出来的光，包括通过石英片的光都以同样的分量通过检偏镜，则出现整视场亮度均匀，三分视场的界线消失，此谓零度视场，如图 4 – 3 – 6(c)所示。

WZZ 型自动数字显示旋光仪如图 4 – 3 – 7 所示是用 20W 钠光灯为光源，光线通过聚光镜、小孔光柱和物镜后形成一束平行光，然后由起偏镜产生平行偏振光，这束偏振光经过磁旋线圈时，其振动面产生 20Hz 的一定角度的往复振动，该偏振光线通过检偏镜透射到光电倍增管上，产生交变光电讯号。当检偏镜的透光面与偏振光的振动面正交时，即为仪器的光

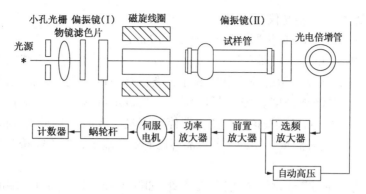

图 4 - 3 - 7　WZZ 型自动数字显示旋光仪的工作原理

学零点，此时出现平衡指示。而当偏振光通过一定旋光度的测试试样时，偏振光的振动面转动一个角度 α，此时光电讯号驱动工作频率为 50Hz 的伺服电机，并通过蜗轮杆带动检偏镜转动 α 角而使仪器回到光学零点，此时读数盘上的示值即为所测物质的旋光度。

　　测量时，以试样管中不放溶液（即空管）或装入去离子水后的零度视场，定为旋光仪的零点。然后，当试样管中装有含旋光性物质的溶液后，旋转检偏镜位置，待出现零度视场时，此旋转角即为该物质旋光度。利用调节三分视场中亮与暗的变化进行读数要比视场中仅有亮与暗的两分场灵敏得多。

　　影响旋光度的因素有：光的波长、温度、旋光管长度、溶液浓度。通常用钠光灯作光源。温度升高 1℃，旋光度约降低 0.3%，因此对要求高的测量应配以恒温装置。溶液浓度增加，旋光角增大。对旋光性小的物质应选择较长的试样管。

3. WZZ - 2S 数字式旋光仪

（1）WZZ - 2S 数字式旋光仪装置（图 4 - 3 - 8）

图 4 - 3 - 8　WZZ - 2S 数字式旋光仪

（2）仪器面板（图 4 - 3 - 9）

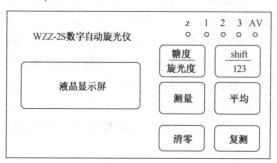

图 4 - 3 - 9　WZZ - 2S 数字式旋光仪面板图

（3）WZZ – 2S 数字式旋光仪的使用

①打开电源开关（POWER 仪器左侧），待 5 ~ 10min。

②打开光源开关（LIGHT 仪器左侧），开关指 DC 挡，此时钠灯在直流电下点燃。

③按"测量"键，液晶显示屏应有数字显示，要测体系的旋光度，按"糖度/旋光度"键，使"z"灯灭，表示的是测旋光度。按"测量"键，液晶显示屏应有数字显示。注意：开机后"测量"键只需按一次，如果误按该键，则仪器停止测量，液晶无显示。可再按一次"测量"键，液晶重新显示，此时需重新校零。若液晶屏已有数字显示，则不需"测量"键。

（4）清零

将准备好（洗净并用蒸馏水洗 3 次）的旋光管（如图 4 – 3 – 10 所示）一端的套盖旋紧，由另一端注满蒸馏水（空白试剂）并使其呈凸液面，取玻璃盖片沿管口轻轻推入盖好，再旋紧套盖，勿使漏液或有较大气泡产生。旋紧套盖时注意用力适当，若用力过大，易压碎玻璃盖片，或使玻璃片产生应力，影响旋光度。若管中液体有微小气泡，可将其赶至管一端的凸肚部分。用干布或滤纸擦干旋光管表面，用镜头纸擦净两端玻璃片，将旋光管放入旋光仪试样室的试样槽中，盖上仪器面盖。待旋光仪面板上的示数稳定后，按下"清零"键，使显示为零。

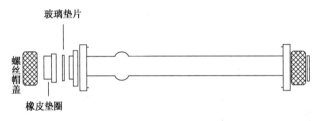

图 4 – 3 – 10　旋光管

（5）测量

倒去旋光管中的蒸馏水，旋光管内腔用少量待测试样涮洗 3 次，注入待测试样，仪器试样室的试样槽中，指示灯"1"点亮，液晶屏上显示的值为所测的旋光度值。（如果所测旋光度随时间变化时，则指示灯"1"点亮时，先记录时间，再记录旋光度值。）

按"复测"键一次，指示灯"2"点亮，表示仪器显示第二次测量结果，再次按"复测"键，指示灯"3"点亮，表示仪器显示第三次测量结果。按"shift/123"键，可切换显示各次测量的旋光度值。按"平均键"显示平均值，指示灯"AV"点亮。

三、光的吸收与分光光度计

1. 基本原理

分光光度计是一种利用物质分子对不同波长的光具有吸收特性而进行定性或定量分析的光学仪器。根据选择光源的波长不同，有可见光分光光度计（波长 380 ~ 780nm）、近紫外分光光度计（波长 185 ~ 385nm）、红外分光光度计（波长 780 ~ 300000nm）等等。

当一束平行光通过均匀、不散射的溶液时，一部分被溶液吸收，一部分透过溶液。能被溶液吸收的光的波长取决于溶液中分子发生能级跃迁时所需的能量。所以，利用物质对某波长的特定吸收光谱可作为定性分析的依据。

朗伯 – 比尔（Lambert – Beer）定律指出：溶液对某一单色光吸收的强度与溶液的浓度 c、液层的厚度 b 有如下的关系：

$$\lg \frac{I_0}{I} = kcb \qquad (4-3-3)$$

或
$$\frac{I_0}{I} = 10^{-kcb} \qquad (4-3-4)$$

式中 I_0——某波长单色光的入射光的光强度;

　　　I——某波长单色光的透过溶液的透射光的光强度;

　　　k——决定于入射光波长、溶液组成及其温度的常数;

$\dfrac{I_0}{I}$——透光度,常以 T 表示;

$\lg \dfrac{I_0}{I}$——吸光度,常以 A 表示。

所以上述两式又可写为
$$A = kcb \qquad (4-3-3a)$$
$$T = 10^{-kcb} \qquad (4-3-4a)$$

当溶液浓度以 $mol \cdot L^{-1}$ 为单位,吸收池(亦称比色皿)厚度以 cm 为单位时,常数 k 称为摩尔吸光系数,通常以 ε 表示。故朗伯 – 比尔定律也可写作
$$A = \varepsilon bc \qquad (4-3-3b)$$

显然,当装溶液的吸收池厚度 b 一定时,吸光度即与溶液浓度成正比,故在实际应用中多采用式(4-3-3b)作为定量分析的依据。

当溶液中含有多种组分时,总的吸光度则等于各组分吸光度的加和,即
$$A = b \sum_i k_i c_i \qquad (4-3-5)$$

某浓度的两组分溶液在一定波长下,它们的吸光度的加和关系如图 4-3-11 所示。若溶液中含有浓度分别为 c_1、c_2 的两组分,设 A_{λ_1} 与 A_{λ_2} 分别为在 λ_1 与 λ_2 波长下实验测得的总吸光度,已知吸收池厚度 b 为 1cm,则有
$$A_{\lambda 1} = k'_{\lambda 1} c_1 + k''_{\lambda 1} c_2 \qquad (4-3-6)$$
$$A_{\lambda 2} = k'_{\lambda 2} c_1 + k''_{\lambda 2} c_2 \qquad (4-3-7)$$

联立此两方程求解,即得 c_1、c_2。

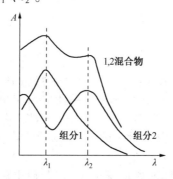

图 4-3-11　吸光度的加和性

使用分光光度计除了可测定组分浓度外,还可通过测定吸光度,对有色弱酸或有色弱碱的离解常数、配合物的配位数进行测定,其原理和具体的解析式可参阅有关的分析化学教材。

2. 可见光区分光光度计的光路简介

图4-3-12是722型可见分光光度计(适用波长为420~700nm)的结构示意图。光源1(钨丝灯)发出白光,经单色器2(棱镜)色散成不同波长的单色光,由狭缝(图中未画出)射出某一选定波长的单色光,入射到吸收池3盛放的溶液中,一部分光被溶液吸收后,透射光照射到光电管5上,经过光电转换,微弱的光电信号通过微电流放大器6放大后,由数字显示屏7显示吸光度A(或透光度T)的数值。

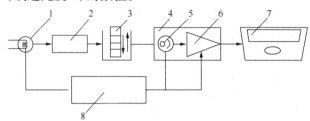

图4-3-12 722型可见分光光度计结构示意图

1—光源;2—单色器;3—吸收池;4—光电管暗盒;5—光电管;

6—放大器;7—数字显示屏;8—稳压器

紫外分光光度计的光路,其光源→单色器分光→吸收光检测系统原则上与上述相同。主要区别在于因需要的波长不同,所以采用的光源也不同。在紫外区分光中,一般用重氢灯(波长为200~365m)做光源。分光单色器不用玻璃棱镜,而用不易被湿气侵蚀的玻璃光栅(如在玻璃片的1mm内刻1200条刻痕,在两刻痕之间通过的光线,形成光栅的衍射光谱,起分光作用)。吸收光转换为电信号后,也可采用自动记录。

3.722型分光光度计

(1)722型分光光度计的装置如图4-3-13所示。

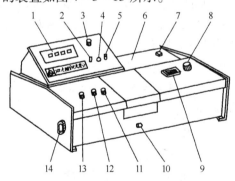

图4-3-13 722型分光光度计

1—数字显示器;2—吸光度调零旋钮;3—选择开关;4—吸光度调斜率电位器;

5—浓度旋钮;6—光源室;7—电源开关;8—波长手轮;9—波长刻度窗;

10—试样架拉手;11—100%T旋钮;12—0T旋钮;13—灵敏度调节旋钮;14—干燥器

(2)722型分光光度计的使用

①将灵敏度旋钮调整"1"挡(放大倍率最小)。开启电源,指示灯亮,仪器预热20min,选择开关置于"T"。

②打开试样室盖(光门自动关闭),调节"0T"旋钮,使数字显示为"00.0"。将装有溶液的比色皿放置比色架中。

③旋动仪器波长手轮,把测试所需的波长调节至刻度线处。

④盖上试样室盖，将参比溶液比色皿置于光路，调节透过率"100％T"旋钮，使数字显示为"100.0T"（如果显示不到100％T，则可适当增加灵敏度的档数，同时应重复"②"，调整仪器的"00.0"）。

⑤将被测溶液置于光路中，数字表上直接读出被测溶液的透过率(T)值。

⑥吸光度 A 的测量，参照"②""④"调整仪器的"00.0"和"100.0"，将选择开关置于 A 旋动吸光度调零旋钮，使得数字显示为 .000，然后移入被测溶液，显示值即为试样的吸光度 A 值。

⑦浓度 c 的测量，选择开关由 A 旋至 C，将已标定浓度的溶液移入光路，调节浓度按钮，使得数字显示为标定值，将被测溶液移入光路，即可读出相应的浓度值。

⑧仪器在使用时，应常参照本操作方法中"②""④"进行调"00.0"和"100.0"，的工作。每台仪器所配套的比色皿不能与其他仪器上的比色皿单个调换。

⑨本仪器数字显示后背部，带有外接插座，可输出模拟信号，插座 1 脚为正，2 脚为负接地线。

⑩如果大幅度改变测试波长时，需等数分钟后才能正常工作。因波长由长波向短波或短波向长波移动时，光能量变化急剧，光电管受光后响应较慢，需一段光响应平衡时间。当稳定后，重新调整"00.0"和"100.0"，即可工作。

（3）注意事项

①仪器要放在稳固的工作台上，避免震动，避免阳光直射，避免灰尘及腐蚀性气体。

②仪器要保持干燥、清洁。

③比色皿每次使用后清洗，并用擦镜纸轻轻拭干净，存于比色皿盒中备用。

④测定波长在 360nm 以上时，可用玻璃比色皿；波长在 360nm 以下时要用石英比色皿；比色皿外部要用吸水纸吸干，不能用手触摸光滑面的表面。

⑤仪器配套的比色皿不能与其他仪器的比色皿单个调换。如需增补时，应经校正后方可使用。

⑥不测量时，应使试样室盖处于开启状态，否则会使光电管疲劳，数字显示不稳定。

⑦开关试样室盖时，应小心操作，防止损坏光门开关。

4. 测量条件的选择

为了保证光度测定的准确度和灵敏度，在测量吸光度时还需注意选择适当的测量条件，包括入射光波长、参比溶液和读数范围三方面的选择。

（1）入射光波长的选择　由于溶液对不同波长的光，吸收程度不同，即进行选择性的吸收，因此应选择最大吸收时的波长 λ_{max} 为入射光波长，这时摩尔吸光系数 ε 数值最大，测量的灵敏度较高。有时共存的干扰物质在待测物质的最大吸收波长 λ_{max} 处也有强烈吸收，或者最大吸收波长不在仪器的可测波长范围内，这时可选用 ε 值随波长改变而变化不太大的范围内的某一波长作为入射光波长。

（2）参比溶液的选择　入射光照射装有待测溶液的吸收池时，将发生反射、吸收和透射等情况，而反射以及试剂、共存组分等对光的吸收也会造成透射光强度的减弱，为使光强度减弱仅与溶液中待测物质的浓度有关，必须通过参比溶液对上述影响进行校正，选择参比溶液的原则是：

①若共存组分、试剂在所选入射光波长 $\lambda_{测量}$ 处均不吸收入射光，则选用蒸馏水或纯溶剂作参比溶液；

②若试剂在所选入射光波长 $\lambda_{测量}$ 处吸收入射光，则以试剂空白作参比溶液；

③若共存组分在 $\lambda_{测量}$ 处吸收入射光，而试剂不吸收入射光，则以原试液作参比溶液；

④若共存组分和试剂在 $\lambda_{测量}$ 处都吸收入射光，则取原试液，掩蔽被测组分，再加入试剂后作为参比溶液。

除采用参比溶液进行校正外，还应使用光学性质相同、厚度相同的吸收池盛放待测溶液和参比溶液。

5. 分光光度计的校正

主要是波长读数和吸光度读数的校正。波长读数可通过测绘已知标准特征峰的物质（如镨钕玻璃或苯蒸气）的吸收光谱与其标准吸收光谱图相比较而进行校正（图 4 - 3 - 14）。吸光度读数校正值是利用与标准溶液（如铬酸钾溶液）的吸光度相比较而得。一般在 25℃ 下，取 0.0400g 铬酸钾溶于 1L0.05mol·L^{-1} 的 KOH 溶液中，在不同波长下测量其吸光度。现将其部分标准吸光度数据列于表 4 - 3 - 1 中。

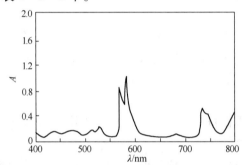

图 4 - 3 - 14　镨钕玻璃滤光片吸收光谱

表 4 - 3 - 1　标准铬酸钾溶液吸光度

λ/nm	500	450	400	350	300	250	200
吸光度	0.0000	0.0325	0.3872	0.5528	0.1518	0.4962	0.4559

第四节　电化学测量技术

电化学测量技术在物理化学实验中占有重要地位，常用它来测量电解质溶液的电导、离子迁移数、原电池电动势等参量。作为基础实验，主要介绍传统的电化学测量与研究方法，对于目前利用光、磁、电、声、辐射等到非传统的电化学研究方法，一般不予介绍。只有掌握了传统的基本方法，才有可能正确理解和运用近代电化学研究方法。

一、电导的测量及仪器

测量待测溶液电导的方法称为电导分析法。

电导是电阻的倒数，是表示物质导电能力的物理量，通常用 G 表示。单位为西门子，用 S 表示。

$$G = \frac{1}{R} \tag{4 - 4 - 1}$$

电导率是电阻率的倒数，表示单位长度、单位面积的导体所具有的电导。对电解质而言，其电导率表示相距单位长度、单位面积的两平行板电极间充满电解质溶液时的电导。以

κ 表示，单位为 $S \cdot m^{-1}$。

因此，电导、电导率的测量实质就是测电阻。即电导、电导率的测量方法与电阻的测量方法相同。在溶液电导的测定过程中，当电流通过电极时，由于离子在电极上会发生放电，产生极化引起误差，故测量电导时要使用频率足够高的交流电，以防止电解产物的产生。另外，所用的电极镀铂黑是为了减小超电势，提高测量结果的准确性。

目前测量溶液电导率的仪器主要用 DDS – 11A 电导率仪，下面对其测量原理及操作方法做较详细的介绍。

1. 测量原理

电导率仪的工作原理如图 4 – 4 – 1 所示。把振荡器产生的一个交流电压 E，送到电导池 R_x 与量程电阻（分压电阻）R_m 的串联电路里，电导池里的溶液电导愈大，R_x 愈小，R_m 获得电压 E_m 也就越大。将 E_m 送到交流放大器放大，再经过信号整流，以获得推动表头的直流信号输出，从表头直接读出电导率。

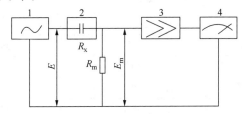

图 4 – 4 – 1 电导率仪测量原理示意图

由图 4 – 4 – 1 可知此回路电流 I 为

$$I = \frac{E}{R_m + R_x} \tag{4 – 4 – 2}$$

在 R_m 两端的电压降 E_m 为

$$E_m = IR_m = \frac{ER_m}{R_m + R_x} \tag{4 – 4 – 3}$$

由于

$$R_x = \frac{1}{G} = \frac{K_{cell}}{k} \tag{4 – 4 – 4}$$

故

$$E_m = \frac{ER_m}{R_m + \dfrac{K_{cell}}{\kappa}} \tag{4 – 4 – 5}$$

式中，K_{cell} 为电导池常数。当 E、R_m 和 K_{cell} 均为常数时，$E_m = f(\kappa)$，所以测出 E_m 的大小，也就测出了溶液的电导率 κ 值。经数字转换，在电导率仪指示屏上可直接读得溶液的电导率值。

为了消除电导池两电极间的分布电容对 R_x 的影响，电导率仪中设有电容补偿电路，它通过电容产生一个反相电压加在 R_m 上，使电极间分布电容的影响得以消除。

电导仪的工作原理与电导率仪相同。根据式（4 – 4 – 4），当 E、R_m 为定值时，E_m 是溶液电导 G 的函数。据此，即可在电导仪的显示屏上直接读得溶液的电导值。

2. 测量范围

（1）测量范围 $0 \sim 1 \times 10^5 \mu S/cm$，分 12 个量程。

（2）配套电极 DJS – 1 型光亮电极；DJS – 1 型铂黑电极；DJS – 10 型铂黑电极。光亮电极用于测量较小的电导率（$0 \sim 10 \mu S/cm$），而铂黑电极用于测量较大的电导率（$10 \sim 10^5 \mu S/cm$）。

通常用铂黑电极，因为它的表面积较大，这样降低了电流密度，减少或消除了极化。但在测量低电导率溶液时，铂黑对电解质有强烈的吸附作用，出现不稳定的现象，这时宜用光亮铂电极。

（3）电极选择原则（表4-4-1）

表4-4-1　电极选择

量程	电导率/(μS/cm)	测量频率	配套电极
1	0 ~ 0.1	低周	DJS-1型光亮电极
2	0 ~ 0.3	低周	DJS-1型光亮电极
3	0 ~ 1	低周	DJS-1型光亮电极
4	0 ~ 3	低周	DJS-1型光亮电极
5	0 ~ 10	低周	DJS-1型光亮电极
6	0 ~ 30	低周	DJS-1型铂黑电极
7	$0 ~ 10^2$	低周	DJS-1型铂黑电极
8	$0 ~ 3 \times 10^2$	低周	DJS-1型铂黑电极
9	$0 ~ 10^3$	高周	DJS-1型铂黑电极
10	$0 ~ 3 \times 10^3$	高周	DJS-1型铂黑电极
11	$0 ~ 10^4$	高周	DJS-1型铂黑电极
12	$0 ~ 10^5$	高周	DJS-10型铂黑电极

3. DDS-11A电导率仪面板图

仪器面板如图4-4-2所示。

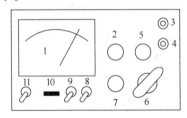

图4-4-2　DDS-11A电导率仪的面板图

1—指示表；2—电极常数调节器；3—10mV输出插口；4—电极插口；

5—电容补偿调节器；6—量程选择器；7—校正调节器；8—校正/测量换挡开关；

9—高周/低周换挡开关；10—电源指示灯；11—电源开关

4. DDS-11A电导率仪的使用

（1）开电源开关之前，先检查仪表指针是否指向零，若不指零则调整调节螺丝使之为零。

（2）将"校正/测量"换挡开关扳到"校正"挡，接好电源线，打开电源开关，通电预热3min。

（3）连接电极引线：低电导（10μS/cm以下）为光亮铂电极，大于10μS/cm时用铂黑电极。将电极用电导水冲洗干净，用滤纸吸水，将电极引线插入插口，并旋紧固定螺丝。后插入待测液中，要求铂片完全浸泡在被测液中。

（4）根据使用量程范围（溶液的电导率）选择高周波或低周波下测量。若测量范围（300μS/cm以下）将调至低周波，在30 ~ 1×10^5 μS/cm时，调至高周波（高周波记号频率

100Hz，低周波记号频率140Hz）。

（5）根据电极上所标注的电导池常数值，将电导池常数调节器旋至该常数的位置。

（6）如预先不知被测溶液电导率的大小，应将量程选择器扳到最大挡，然后逐挡下调至所需量程范围（能读数），以免表针被打弯。

（7）调节校正调节器使指针刚好指在满刻度位置。

（8）再将"校正/测量"换挡开关扳到"测量"挡，将指示表中的读数乘以量程选择器上的倍率，即得被测液的电导率。

（9）每测一个数据之前须先将"校正/测量"换挡开关扳到"校正"位置，进行校正。

（10）取出电极。重复上述操作（可示测量范围更换电极）。整个实验结束后，取下电极，用电导水冲洗后放回盒内，切断仪器电源。

5. 注意事项

（1）电极引线不得潮湿，否则将引入测量误差。

（2）低电导测量（电导率小于100μS/cm），例如测量纯水，锅炉水，去离子水，矿泉水等水质的电导率时，请选用 DJS – 1C 光亮电极。测量 $3 \times 10^3 \sim 1 \times 10^4 \mu S/cm$ 的高电导溶液时，应使用常数为 10 的铂黑电极。测量一般溶液的电导率（$30 \sim 3000 \mu S/cm$），请采用 DJS – 1C 铂黑电极。

（3）高纯水被告盛入容器后应迅速测量，否则因空气中 CO_2 的溶入产生 HCO_3^-，电导率将显著增大。

（4）盛被测溶液的容器必须清洁，无电解质玷污。

（5）如果需要用已知电导率的 KCl 标准溶液测定电极常数，KCl 必须用一级试剂，且要先干燥处理。所需蒸馏水要用三次蒸馏水，其电导率小于 $0.5 \mu S/cm$。

（6）仪器应在环境温度为 $5 \sim 40^\circ C$，空气相对湿度 ≤85%，电源电压为 $(220 \pm 22) V$，电源频率为 $(50 \pm 1) Hz$，无强磁场干扰及无强腐蚀性气体的环境条件下使用。

二、原电池电动势的测量及仪器

原电池电动势一般是用直流电位差计并配以饱和式标准电池和检流计来测量的。电位差计可分为高阻型和低阻型两类，使用时可根据待测系统的不同选用不同类型的电位差计。通常高电阻系统选用高阻型电位差计，低电阻系统选用低阻型电位差计。但不管使用何种电位差计，其测量原理是一样的。此外，随着电子技术的发展，一种新型的电子电位差计也得到了广泛的应用。下面主要介绍常见的 UJ – 25 型电位差计和 SDC – ⅡA 型数字电位差综合测试仪的原理及使用方法。

1. 电位差计的测量原理

电位差计是按照对消法测量原理而设计的一种平衡式电学测量装置，能直接给出待测电池的电动势（以 V 表示）。图 4 – 4 – 3 是对消法测量电池电动势原理图。对消法是用一个方向相反，数值相等的外电势来抵消原电池的电动势，使连接两电极的导线上 $I \to 0$，这时所测出的 E 就等于被测电池的电动势 E。

电位差计有三个回路构成：

（1）工作回路　也叫电源回路。从工作电源正极开始，经电阻 R_N、R_x，再经工作电流调节电阻 R，回到工作电源负极，其作用是借助于调节电阻 R 使在补偿电阻上产生一定的电位降。

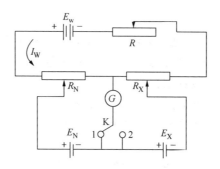

图 4 - 4 - 3　对消法测量电池电动势的原理图

E_W—工作电池；E_X—待测电池；E_N—标准电池；G—检流计；

R—调节电阻；R_x—待测电池电动势补偿电阻；

K—转换电键；R_N—标准电池电动势补偿电阻

（2）标准回路　从标准电池的正极开始（当换向开关 K 扳向"1"一方时），经电阻 R_N，再经检流计 G 回到标准电池的负极。其作用是校准工作电流回路以标定补偿电阻上的电位降。通过调节 R 使 G 中电流为零，此时产生的电位降 V 与标准电池的电动势 E_N 相抵消，也就是说大小相等而方向相反。校准后的工作电流 I 为某一定值 I_0。

（3）测量回路　从待测电池的正极开始（当换向开关 K 扳向"2"一方时），经检流计 G 再经电阻 R_x，回到待测电池负极。在保证校准后的工作电流 I_0 不变，即固定 R 的条件下，调节电阻 R_x，使得 G 中电流为零。此时产生的电位降 V 与待测电池的电动势 E_x 相抵消。

从以上工作原理可见，用直流电位差计测量电动势时，具有以下两个优点：

①在两次平衡中检流计都指向零，没有电流通过，也就是说，电位差计既不从标准电池中吸收能量，也不从被测电池中吸收能量，表明测量时没有改变被测对象的状态，因此在被测电池的内部就没有电压降，测得的结果是被测电池的电动势，而不是端电压。

②被测电动势 E_x 的值是由标准电池电动势 E_N 和电阻 R_N，R_x 来决定的。由于标准电池的电动势的值十分准确，并且具有高度的稳定性，而电阻元件也可以制造得具有很高的准确度，所以当检流计的灵敏度很高时，用电位差计测量的准确度就非常高。

2. UJ - 25 型电位差计

（1）UJ - 25 型电位差计的面板图

仪器面板如图 4 - 4 - 4 所示。电位差计使用时都配用灵敏检流计和标准电池以及工作电源。UJ - 25 型电位差计测电动势的范围其上限为 600V，下限为 0.000001V，但当测量高于 1.911110V 以上电压时，就必须配用分压箱来提高上限。

（2）UJ - 25 型电位差计的使用

下面说明测量 1.911110V 以下电压的方法

①连接线路

先将（N、X_1、X_2）转换开关放在"断"的位置，并将左下方 3 个电计按钮（粗、细、短路）全部松开，然后依次将检流计、标准电池、被测电池以及工作电源按正、负极性接在相应的接线端钮上，检流计无极性的要求。

②工作电流校正（标准化）

调好检流计零点，根据室温按公式 $E_S/V = 1.0183 - 4.06 \times 10^{-5}(t/\text{℃} - 20) - 9.5 \times 10^{-7}$
$(t/\text{℃} - 20)^2$，计算室温下标准电池的电动势 E_S。调节温度补偿旋钮（A，B），使数值为校

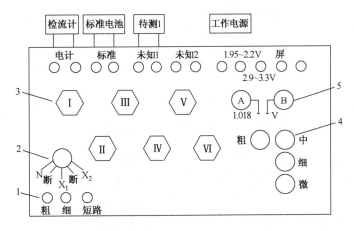

图 4 - 4 - 4　UJ - 25 型电位差计面板图
1—电计按钮(共 3 个);2—转换开关;3—电势测量旋钮(共 6 个);
4—工作电流调节旋钮(共 4 个);5—标准电池温度补偿旋钮

正后的标准电池电动势。将(N、X_1、X_2)转换开关放在 N(标准)位置上,按"粗"电计按钮,旋动右下方(粗、中、细、微)4 个工作电流调节旋钮,使检流计指示零。然后再按"细"电计按钮,旋动右下方(粗、中、细、微)4 个工作电流调节旋钮,使检流计指示零。注意按电计按钮时,每次约 2s,不能长时间按住不放,以免电池放电量过大影响测量,需要"按"和"松"交替进行。注意按下按钮前旋钮调整的方向与按键时检流计光点的偏移方向和速度的关系。

③测量未知电动势

将(N、X_1、X_2)转换开关放在 X_1 或 X_2(未知)的位置上,按下电计"粗"按钮,由左向右依次调节 6 个测量旋钮,使检流计示零。然后再按下电计"细"按钮,重复以上操作使检流计示零。读出 6 个旋钮下方小孔示数的总和即为待测电池的电动势。

(3)注意事项

①由于工作电源的电压会发生变化,故在测量过程中要经常标准化。

②标准电池在使用中要避免振动和倒置。

③检流计的光点在使用中振荡不已时,要使用短路开关使之停于零点,以保护检流计。

④在测定过程中,若检流计一直向一边偏转,这可能是由工作电池、标准电池或待测电池中某一个电池的正负极安错,线路接触不良,导线有断路,工作电源电压不够或安错位置,待测电池电动势超过仪器当前的量程等原因引起,应仔细检查。

3. SDC - ⅡA 型数字电位差综合测试仪

(1)SDC - ⅡA 型数字电位差综合测试仪面板图

仪器面板如图 4 - 4 - 5 所示。

(2)SDC - ⅡA 型数字电位差综合测试仪的作用

①开机

用电源线将仪表后面板电源插座与 220V 电源连接。打开面板上电源开关(ON),预热 15min。

②标准电池的校正

根据室温,按公式 $E_s/V = 1.0183 - 4.06 \times 10^{-5}(t/℃ - 20) - 9.5 \times 10^{-7}(t/℃ - 20)^2$,计

227

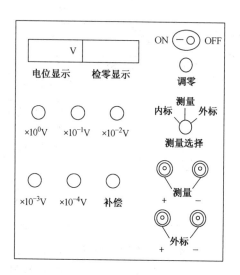

图 4 - 4 - 5 SDC - ⅡA 型数字电位差综合测试仪

算室温下标准电池的电动势 E_s。

将"测量选择"旋钮置于"外标"。

用测试线将已知电动势的标准电池按" + "极接" + "极，" - "极接" - "极的原则，与电位差综合测试仪面板上的"外标插孔"相连接。

注意：标准电池在使用中要避免振动及倒置。

调节面板上"$10^0 \sim 10^{-4}$"5 个旋钮和"补偿"旋钮，使"电位指示"显示为数值与计算的标准电池电动势 E_s 数值相同。

待"检零指示"数值稳定后，调节"调零"旋钮，使"检零指示"显示为"0000"。

注意：用标准电池修正后，在测量电动势过程中，"调零"旋钮不用再动。

③测量

拔出"外标插孔"的测试线，再用测试线将被测电池按正、负极对应插入"测量插孔"。

将"测量选择"旋钮置于"测量"，将"补偿"旋钮逆时针旋到最小。

调节面板上"$10^0 \sim 10^{-4}$"五个旋钮，使"电位指示"显示的数值负且绝对值最小。

调节"补偿旋钮"，使"检零指示"显示为"0000"，此时"电位指示"数值即为被测电池电动势的值。

注意：测量过程中若"检零指示"显示溢出符号"OU. L"，说明"电位指示"显示的数值与被测电池电动势相差过大。调节"100 - 10 - 4"5 个旋钮，当差值减少到一定程度时就会正常显示数字了。

④关机

实验结束后关闭电源。

三、其他配套仪器及设备

1. 甘汞电极

由于甘汞电极结构简单，性能比较稳定，是实验室中最常用的参比电极。目前，作为商品出售的有单液接与双液接的两种，它们的结构如图 4 - 4 - 6 所示。

甘汞电极的电极反应为：

$$Hg_2Cl_2(s) + 2e^- \longrightarrow 2Hg(l) + 2Cl^-(a)$$

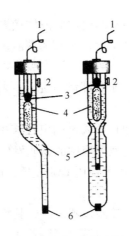

图4-4-6 甘汞电极

1—导线；2—加液口；3—汞；4—甘汞；5—KCl溶液；

6—素瓷塞；7—外管；8—外充满液（KCl或KNO₃溶液）

它的电极电势可表示为：

$$E_{(Cl^- \mid Hg_2Cl_2 \mid Hg)} = E^{\ominus}_{(Cl^- \mid Hg_2Cl_2 \mid Hg)} - \frac{RT}{F} \ln a_{Cl^-} \qquad (4-4-6)$$

由此式可知，$E_{(Cl^- \mid Hg_2Cl_2 \mid Hg)}$ 值仅与温度 T 和氯离子活度 a_{Cl^-} 有关。甘汞电极中常用的 KCl 溶液有 $0.1000\,mol \cdot L^{-1}$、$1.000\,mol \cdot L^{-1}$ 和饱和等三种浓度；其中以饱和式为最常用（使用时溶液内应保留少许 KCl 晶体，以保证饱和）。各种浓度的甘汞电极的电极电势与温度的关系如表4-4-2所示。

表4-4-2 不同 KCl 浓度的甘汞电极电极电势 E 与温度 T 的关系

KCl 浓度/(mol · L⁻¹)	电极电势 $E_{(Cl^- \mid Hg_2Cl_2 \mid Hg)}$/V
饱和	$0.2412 \sim 7.6 \times 10^{-4}(t-25)$
1.0	$0.2801 \sim 2.4 \times 10^{-4}(t-25)$
0.1	$0.3337 \sim 7.0 \times 10^{-5}(t-25)$

2. 银-氯化银电极

银-氯化银电极与甘汞电极相似，都是属于金属-微溶盐-负离子型的电极。它的电极反应和电极电势表示如下：

$$AgCl(s) + e^- \longrightarrow Ag(s) + Cl^-(a)$$

$$E_{(Cl^- \mid AgCl \mid Ag)} = E^{\ominus}_{(Cl^- \mid AgCl \mid Ag)} - \frac{RT}{F} \ln a_{Cl^-} \qquad (4-4-7)$$

可见，$E_{(Cl^- \mid AgCl \mid Ag)}$ 也只决定于温度与氯离子活度。制备银-氯化银电极方法很多。较简便的方法是取一根洁净的银丝与一根铂丝，插入 $0.1\,mol \cdot L^{-1}$ 的盐酸溶液中，外接直流电源和可调电阻进行电镀。控制电流密度为 $5\,mA \cdot cm^{-2}$，通电时间约 $5\,min$，在作为阳极的银丝表面即镀上一层 AgCl。用去离子水洗净，为防止 AgCl 层因干燥而剥落，可将其浸在适当浓度的 KCl 溶液中，保存待用。

银-氯化银电极的电极电势在高温下较甘汞电极稳定。但 AgCl(s) 是光敏性物质，见光易分解，故应避免强光照射。当银的黑色微粒析出时，氯化银将略呈示紫黑色。

3. 盐桥

当原电池中存在两种电解质界面时，产生一种电动势，称为液体的接界电势，它干扰电池电动势的测定。盐桥的作用在于减小原电池的液体接界电势。常用盐桥的制备方法如下：

在烧杯中配制一定量的 KCl 饱和溶液，再按溶液质量的 1% 称取琼脂粉浸入溶液中，用水浴加热并不断搅拌，直至琼脂全部溶解。随后用吸管将其灌入 U 形玻璃管中(注意，U 形管中不可夹有气泡)，待冷却后凝成冻胶即制备完成。将此盐桥浸于饱和 KCl 溶液中保存待用。

盐桥内除用 KCl 外，也可用其他正负离子的电迁移率接近的盐类，如 KNO_3 NH_4NO_3 等。具体选择时应防止盐桥中离子与原电池溶液中的物质发生反应，如原电池溶液中含有 Ag^+ 离子或 Hg_2^{2+} 离子，为避免沉淀产生，不可使用 KCl 盐桥，而应选用 KNO_3 或 NH_4NO_3 盐桥。

4. 标准电池

标准电池是电化学实验中的基本校验仪器之一，其构造如图 4-4-7 所示。

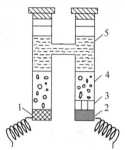

图 4-4-7　标准电池
1—含 Cd12.5% 的镉汞齐；2—汞；3—硫酸亚汞的糊状物；
4—硫酸镉晶体；5—硫酸镉饱和溶液

电池由一 H 形管构成，负极为镉汞齐(Cd 12.5%)，正极为汞和硫酸亚汞的糊状物，两极之间盛有硫酸镉的饱和溶液，管的顶端加以密封。电池反应如下：

$$(-)Cd(Hg)(a) + SO_4^{2-} + 8/3H_2O(l) \longrightarrow CdSO_4 \cdot 8/3H_2O(s) + Hg(l) + 2e^-$$
$$(+)Hg_2SO_4(s) + 2e^- \longrightarrow 2Hg(l) + SO_4^{2-}$$

电池反应 $Cd(Hg)(a) + Hg_2SO_4(s) + 8/3H_2O \rightarrow CdSO_4 \cdot 8/3H_2O(s) + 2Hg(l)$

标准电池的电动势很稳定，重现性好，20℃ 时其电动势值为 1.0183V，其他温度下其电动势可按下式来计算

$$E_S/V = 1.0183 - 4.06 \times 10^{-5}(t/℃ - 20) - 9.5 \times 10^{-7}(t/℃ - 20)^2$$

使用标准电池时应注意：①使用温度为 4~40℃；②正负极不能接错；③不能振荡，不能倒置，携取要平稳；④不能用万用表直接测量标准电池；⑤标准电池只是校验器，不能作为电源使用，测量时间必须短暂，间歇按键，以免电流过大，损坏电池；⑥电池若未加套直接暴露于日光，会使硫酸亚汞变质，电动势下降；⑦按规定时间，需要对标准电池进行计量校正。

5. 检流计

检流计灵敏度很高，常用于检查电路中有无电流通过。主要用在平衡式直流电测量仪器如电位差计、电桥中作示零仪器。另外，在光 - 电测量、差热分析等实验中测量微弱的直流电流。目前实验室中使用最多的是磁电式多次反射光点检流计，它可以和分光光度计及 UJ - 25 型电位差计配套使用。

(1)工作原理

磁电式检流计结构如图 4-4-8 所示。

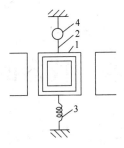

图4-4-8　磁电式检流计结构示意图

1—动圈；2—悬丝；3—电流引线；4—反射小镜

当检流计接通电源后，由灯泡、透镜和光栏构成的光源发射出一束光，投射到平面镜上，又反射到反射镜上，最后成像在标尺上。

被测电流经悬丝通过线圈时，使动圈发生偏转，其偏转的角度与电流的强弱有关。因平面镜随动圈而转动，所以在标尺上光点移动距离的大小与电流的大小成正比。

电流通过动圈时，产生的磁场与永久磁铁的磁场相互作用，产生转动力矩，使动圈偏转。但动圈的偏转又使悬丝的扭力产生反作用力矩，当两力矩相等时，动圈就停在某一偏转角度上。

（2）AC15型检流计的使用

仪器面板如图图4-4-9所示。

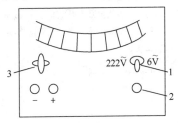

图4-4-9　AC15型检流计面板图

1—电源开关；2—零点调节器；3—分流器开关

①检查电源开关所指示的电压是否与所使用的电源电压一致，然后接通电源。

②旋转零点调节器，将光点准线调到零位。

③用导线将输入接线柱与电位差计上的"电计"接线柱接通。

④测量时先将分流器开关旋至最低灵敏度挡（0.01挡），然后，逐渐增大灵敏度进行测量（"直接"挡灵敏度最高）。

⑤在测量中如果光点剧烈摇晃时，可按电位差计短路键，使其受到阻尼作用而停止。

⑥实验结束或移动检流计时，应将分流器开关置于"短路"，以防止损坏检流计。

第五章 仪器的使用

一、HR3000F 氧弹量热计

1. HR3000F 氧弹量热计示意图(图 5 – 1 – 1)

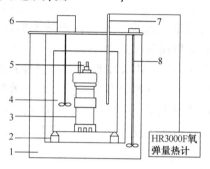

图 5 – 1 – 1　HR300F 氧弹量热计示意图

1—外筒，实验时充满水，通过搅拌器搅拌形成恒温环境；2—绝热定位圈；

3—氧弹；4—水桶，用以盛装量热介质；5—电极；6—水桶搅拌器；

7—温度传感器探头；8—外筒搅拌器

2. 氧弹的结构示意图(图 5 – 1 – 2)

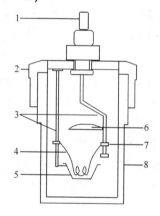

图 5 – 1 – 2　HR300F 氧弹的结构示意图

1—氧弹头，既是充气头又是放气头；2—氧弹盖；3—电极；

4—点火丝；5—燃烧皿；6—燃烧挡板；7—卡套；8—氧弹体

3. HR3000F 氧弹量热计的使用

（1）开机顺序

打印机→数据处理仪→开电脑，预热 30min，关机则相反。

（2）热容量或燃烧热的测定

① 压片　用台秤粗称试样→压片→去其表面松散的粉末→准确称量其质量后放入燃烧皿。

② 装弹　剪取 18cm 长点火丝→中间捏成 V 形→两端与两电极相连→盖上氧弹盖。

③ 充氧 充氧压力 2.5MPa→0.5~1min→检查是否通路。

④ 检漏 将氧弹放入水中,检查其是否漏气。

⑤ 装桶 将氧弹放入量热计水桶中→插入两电极→量取比量热计的外筒低 1℃左右的水 2.6L,→倒入水桶内桶中。

⑥ 测量 双击电脑桌面上 hr3000f 图标,进入实验操作界面,分别录入实验编号、实验内容(热容量或发热值)、测试公式(国标)、试样重量、点火丝热值(80J),按"开始"实验键,此时只有"中断实验"按钮处于激活状态,是黑色,其他按钮全部变灰,表示实验已经开始,按温升曲线处提示进行实验,"请将测温探头外筒",放入外筒,2~3min 后又提示"请将测温探头内筒"放入内筒。当"开始实验"再次变黑,测试结束。点击"存储设置","数据打印",点击"退出"键退出。

二、FA2004 电子天平

FA2004 电子天平的使用

(1)准备 在使用前观察水平仪,如水平仪水泡偏移,需调整水平调节脚,使水泡位于水平仪中心。

(2)开机 接通电源,预热 3min,轻按 ON 键,显示器全亮,先显示天平型号,然后自动至称量模式,0.0000g。读数时应关上天平门。

(3)去皮 将容器或称量纸置于称量盘上,显示出质量,轻按 TAR 键,显示全零状态 0.0000g,表示容器的质量已去除。

(4)称量 将被测物置于称量盘上,待数值稳定——即显示器左边"O"的标志熄灭后,该数字即为被测物的质量。

(5)关机 轻按 OFF 键,显示器熄灭即可。若长时间不用天平,应拨去电源。

三、气体钢瓶

1. 气体钢瓶的颜色标记

我国气体钢瓶常用彩色标记如表 5-3-1 所示。

表 5-3-1 我国气体钢瓶的常用彩色标记

气体	钢瓶颜色	钢瓶标字	标字颜色	气体	钢瓶颜色	钢瓶标字	标字颜色
氢	淡绿	氢	红	氦	银灰	氦	深绿
氧	淡兰	氧	黑	乙炔	白	乙炔	红
氮	黑	氮	黄	石油气	银灰	液化石油气	红
压缩空气	黑	压缩空气	白	一氧化氮	白	一氧化氮	黑
二氧化碳	铝白	液化二氧化碳	黑	二氧化氮	白	液化二氧化氮	黑
氨	淡黄	液化氨	黑	纯氩	银灰	纯氩	深绿
氯	深绿	氯	白	氟	白	氟	黑

2. 氧气钢瓶

(1)氧气钢瓶的装置示意图(图 5-3-1)

(2)氧气钢瓶的使用

① 使用前要检查连接部位是否漏气,可涂上肥皂液进行检查,确认不漏气后才进行实验。

图 5-3-1 氧气减压阀

1—钢瓶；2—钢瓶总阀；3—钢瓶与减压阀连接螺母；4—高压表；5—低压表；6—低压表调节螺杆；7—出口；8—安全阀

② 将导气管接头与要充氧的体系相连，并用扳手拧紧；

③ 关闭（逆时针）氧气钢瓶的减压阀；

④ 打开（逆时针）氧气钢瓶总阀门，此时高压表显示出钢瓶内气体压力；

⑤ 慢慢打开（顺时针）氧气钢瓶的减压阀，使减压表上的压力处于所需压力，记录减压表上的压力数值；

⑥ 关闭（逆时针）氧气钢瓶的减压阀；

⑦ 使用结束后，先顺时针关闭钢瓶总开关，再逆时针旋松减压阀。

（3）注意事项

① 室内必须通风良好，保证空气中氢气最高含量不超过 1%（体积比）。室内换气次数每小时不得少于 3 次，局部通风每小时换气次数不得少于 7 次。

② 氧气瓶与盛有易燃、易爆物质及氧化性气体的容器和气瓶的间距不应小于 8m。

③ 与明火或普通电气设备的间距不应小于 10m。

④ 与空调装置、空气压缩机和通风设备等吸风口的间距不应小于 20m。

⑤ 与其他可燃性气体贮存地点的间距不应小于 20m。

⑥ 禁止敲击、碰撞；气瓶不得靠近热源；夏季应防止曝晒。

⑦ 必须使用专用的氧气减压阀，开启气瓶时，操作者应站在阀口的侧后方，动作要轻缓。

⑧ 阀门或减压阀泄漏时，不得继续使用；阀门损坏时，严禁在瓶内有压力的情况下更换阀门。

⑨ 瓶内气体严禁用尽，应保留 0.5MPa 以上的余压。

四、氧气减压阀

在物理化学实验中，经常要用到氧气、氮气、氢气、氩气等气体。这些气体一般都是储存在专用的高压气体钢瓶中。使用时通过减压阀使气体压力降至实验所需范围，再经过其他控制阀门细调，使气体输入使用系统。最常用的减压阀为氧气减压阀，简称氧气表。

1. 氧气减压阀的工作原理

（1）氧气减压阀的外观及工作原理如图 5-3-1 和图 5-4-1 所示。

（2）氧气减压阀的高压腔与钢瓶连接，低压腔为气体出口，并通往使用系统。高压表的示值为钢瓶内贮存气体的压力。低压表的出口压力可由调节螺杆控制。

（3）使用时先打开钢瓶阀门总开关，然后顺时针转动低压表压力调节螺杆，使其压缩主弹簧并传动薄膜、弹簧垫块和顶杆而将活门打开。这样，进口的高压气体由高压室经节流减压

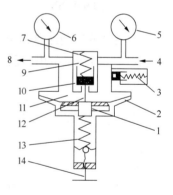

图 5-4-1 氧气减压阀的工作原理示意图

1—弹簧垫块；2—传动薄膜；3—安全阀；4—接气体钢瓶进口；5—高压表；6—低压表；7—压缩弹簧；8—接使用系统出口；9—高压气室；10—活门；11—低压气室；12—顶杆；13—主弹簧；14—低压表压力调节螺杆

后进入低压室，并经出口通往工作系统。转动调节螺杆，改变活门开启的高度，从而调节高压气体的通过量并达到所需的压力值。

（4）减压阀都装有安全阀。它是保护减压阀并使之安全使用的装置，也是减压阀出现故障的信号装置。如果由于活门垫、活门损坏或由于其他原因，导致出口压力自行上升并超过一定许可值时，安全阀会自动打开排气。

2. 氧气减压阀的使用

（1）按使用要求的不同，氧气减压阀有许多规格。最高进口压力大多为 $150 \times 10^5 Pa$，最低进口压力不小于出口压力的 2.5 倍。出口压力规格较多，一般为 $1 \times 10^5 Pa$，最高出口压力约为 $40 \times 10^5 Pa$。

（2）安装减压阀时应确定其连接规格是否与钢瓶和使用系统的接头相一致。减压阀与钢瓶采用半球面连接，靠旋紧螺母使二者完全吻合。因此，在使用时应保持两个半球面的光洁，以确保良好的气密效果。安装前可用高压气体吹除灰尘。必要时也可用聚四氟乙烯等材料做垫圈。

（3）氧气减压阀应严禁接触油脂，以免发生火警事故。

（4）停止工作时，应将减压阀中余气放净，然后拧松调节螺杆以免弹性元件长久受压变形。

（5）减压阀应避免撞击振动，不可与腐蚀性物质相接触。

3. 其他气体减压阀

有些气体，例如氮气、空气、氩气等永久性气体，可以采用氧气减压阀。但还有一些气体，如氨等腐蚀性气体，则需要专用减压阀。市面上常见的有氮气、空气、氢气、氨、乙炔、丙烷、水蒸气等专用减压阀。这些减压阀的使用方法及注意事项与氧气减压阀基本相同。但是，还应该指出：专用减压阀一般不用于其他气体。为了防止误用，有些专用减压阀与钢瓶之间采用特殊连接口。例如氢气和丙烷均采用左牙螺纹，也称反向螺纹，安装时应特别注意。

五、SWC–ⅡD 精密数字温度温差仪

1. SWC–ⅡD 精密数字温度温差仪的实物图及面板图

SWC–ⅡD 精密数字温度温差仪是在 SWC–ⅡC 数字贝克曼温度计的基础上制作而开发的产品，实物图和面板分别如图 5–5–1 和图 5–5–2 所示。

图 5–5–1　SWC–ⅡD 型精密
数字温度温差仪

图 5–5–2　SWC–ⅡD 型精密
数字温度温差仪面板图

2. SWC–ⅡD 精密数字温度温差仪的特点

它除具备 SWC–ⅡC 数字贝克曼温度计的显示清晰、直观、分辨率高、稳定性好、使用

安全可靠等特点外，还具备以下特点：

（1）温度－温差双显示。

（2）基温自动选择。替代 SWC－Ⅱ_C 数字贝克曼温度计的手动波段开关选择。

（3）读数采零及超量程显示的功能，使温差测量显示更为直观，温差超量程自动显示 OUL 符号。

（4）可调报时功能。可以在定时读数时间范围 6～99s 内任意选择。

（5）具有基温锁定功能，避免因基温换挡而影响实验数据的可比性。

（6）"测量/保持"功能，可确保温度快速变化时的准确读数。

（7）配置 RS－232C 串行口，便于与计算机连接，实现联机测试。

3. SWC－Ⅱ_D 精密数字温度温差仪的使用

（1）为了安全起见，在接通电源前，必须将传感器插入后面板的传感器接口。

（2）将传感器插入被测物中（插入深度应大于 50mm）。

（3）开启电源，显示屏显示实时温度，温差显示基温为 20℃ 时的温差值。

（4）当温度温差显示稳定后，按一下"采零"键，仪器以当前温度为基温，温差显示窗口显示"0.000"。再按一下"锁定"键，稍后的变化值为采零后温差的相对变化量。

（5）要记录读数时，可按一下"测量/保持"键，使仪器处于保持状态（此时，保持指示灯亮）。读数完毕，再按一下"测量/保持"键，即可转换到测量状态，进行跟踪测量。

（6）定时读数。按增、减键，设定所需的定时间隔（应大于 5s，定时读数才会起作用）。设定完后，定时显示将进行倒计时，当一个计数周期完毕时，蜂鸣器鸣叫且读数保持约 2s，保持指示灯亮，此时可观察和记录数据。消除定时鸣叫，只需将定时读数设置小于 5s 即可。

（7）配置 RS－232C 串行口，便于与计算机连接，实现联机测试。

4. 注意事项

（1）在测量过程中，"锁定"键需慎用，一旦按"锁定"键后，基温自动选择和"采零"将不起作用，直至重新开机。

（2）当仪器显示数据紊乱或显示"OUL"时，表明仪器温差测量已超量程，应检查被测物的温度或传感器是否连接好，且重新"采零"。

（3）仪器数字不变时，可检查仪器是否处于"保持"状态。

六、SWC－LGB 凝固点实验装置

1. 凝固点测定装置的面板图（图 5－6－1）

2. SWC－LG_B 凝固点实验装置的使用

（1）实验准备

① 开机　打开电脑开关和凝固点实验装置的电源开关，此时装置"温度"显示初始状态（实时温度），"温差"初始显示以 20℃ 为基础温度的温差值，即（$t-20$）。预热 5min，使输出信号稳定。

② 寒剂调配　将冰浴槽（保温不锈钢水桶）装入 1/3 体积自来水，2/3 体积碎冰，留出 3cm 高度的体积空间，待用。

（2）溶剂凝固点的测定

① 安装仪器　用移液管移取 30mL 溶剂（例如环己烷）放入干净的凝固点测定管中，同时，放入搅拌磁子，插入温度传感器，塞紧胶塞。注意，温度传感器应尽量处于测定管圆心

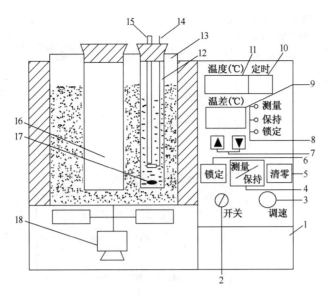

图 5-6-1　凝固点测定装置的面板图

1—机箱；2—电源开关；3—磁力搅拌器调速旋钮；4—测量与保持状态的转换；5—温差清零键；

6—锁定键；7—定时设置按键；8—状态指示灯；9—温差显示窗口；10—定时显示窗口；

11—温度显示窗口；12—凝固点测定管；13—冰浴槽(保温筒)；14—手动搅拌器；

15—温度传感器；16—空气套管；17—搅拌磁珠；18—磁力搅拌器

位置，且温度传感器下顶端离凝固点测定管底部 5mm 为宜。速将凝固点测定管插入空气缓冲套管中，空气缓冲套管直接插入寒剂中，空气缓冲套管尽量靠近并对齐凝固点实验装置仪后部的"▼"处。

② 调节搅拌速度　将凝固点实验装置右下角的调速旋钮先向左旋到最小，慢慢由左向右旋旋钮，同时贴近测定管听，直到听到旋转声为止。此时，溶剂缓缓降温。

③ 设置　双击桌面"凝固点实验数据采集处"图标 ，进入凝固点数据采集系统界面，然后：

ⅰ. 点击电脑菜单中如图 5-6-2 所示的"设置"下拉菜单的"通讯口"选择通讯口，比如 3 号机的同学选择通讯口 3，即"COM3"；4 号机的同学选择通讯口 4，即"COM4"。此时"通讯口"窗口处，显示 COM3(在凝固点实验装置上贴有几号机的标签)。

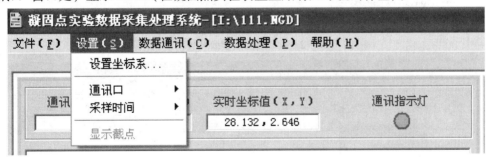

图 5-6-2(a)　凝固点实验装置的演示图

ⅱ. 点击"设置"→"采样时间"：1s

ⅲ. 点击"设置"下拉菜单的"设置坐标系"，设置"纵坐标值"范围在 -2.5~0℃，"时间

237

坐标值"范围在 0 ~ 10min，点击"确定"。

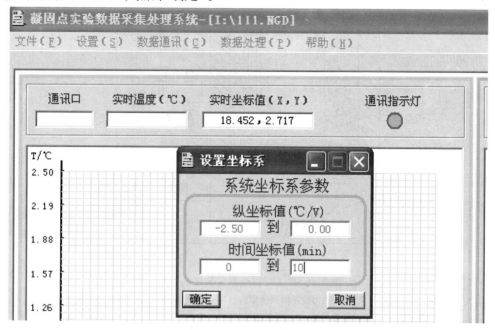

图 5 - 6 - 2(b)　凝固点实验装置的演示图

ⅳ.选中电脑下部的"实验进程"中选"溶剂凝固点Ⅰ"。（即第一次测溶剂的凝固点，第二次就选）"溶剂凝固点Ⅱ"。

图 5 - 6 - 2(c)　凝固点实验装置的演示图

ⅴ.点击电脑菜单中"数据通讯"下拉菜单的"开始通讯"，弹出"是否开始实验"的对话框，此时注意千万不要点击"是"，等下面清零锁定后再点击。

图 5 - 6 - 2(d)　凝固点实验装置的演示图

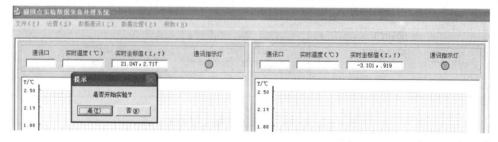

图 5 - 6 - 2(e)　凝固点实验装置的演示图

④ 清零及锁定　观察凝固点实验装置的"温度显示窗口"，待溶剂的温度降至 8.0℃（高

于溶剂的熔点 3℃）左右时，即刻相继按"清零"键和"锁定"键。同时，点击③的 v 中凝固点数据采集系统界面的"是"开始实验。此时菜单下方的"通讯指示灯"亮，电脑上会自动记录温差与时间的关系。

注：例在 8.002℃ 时按清零，此时表示以 8.002℃ 为基温 0，清零后，"温差显示窗口"显示"0"，锁定此记录的温度 8.002℃ 为基温，仪器将不会改变基温。"温差显示窗口"显示的温差值 = 温度显示窗口的温度 - 8.002℃。

⑤ 停止实验　实验 8min 左右，待曲线基本不随时间而改变斜率时，点击"数据通讯"的下拉菜单的"停止通讯"。

⑥ 重复测定溶剂的凝固点　选中电脑下部"实验进程"中"溶剂凝固点Ⅱ"，取出凝固点测定管，用掌心捂住管壁片刻，使凝固点测定管内固体完全融化后，再将测定管直接插入冰浴槽中，此时，"温度显示窗口"显示溶液的温度最好不超过10℃。后将凝固点测定管插入空气缓冲套管中，待温度差显示为 0 时，点击③中 v 凝固点数据采集系统界面的"是"开始实验。重复步骤③中ⅲ、v 操作 2 次。

⑦ 分别选择曲线及计算溶剂凝固点。如下：

ⅰ. 分别点击"实验进程"中"溶剂凝固点Ⅰ、Ⅱ、Ⅲ"，并相应点击"数据处理"中"计算溶剂凝固点"，这时凝固点值栏中显示相应的凝固点值，比如：$T_f = -1.594$。（实际是与设定基础温度的差值）。要求每两次的测定凝固点值偏差不超过 0.006℃，否则需要重做，直到取得三次所测凝固点值达到要求为止。

ⅱ. 如果在第 n 次"溶剂凝固点"测量中数据不理想，需要重新实验。

A. 点击打开不理想曲线，即点击"实验进程"中"溶剂凝固点 n"。

B. 点击"数据通讯"中"清屏"，之后，重复步骤⑥操作步骤即可。

（3）溶液凝固点的测定

① 选择实验内容　选中"实验进程"中"溶液凝固点Ⅰ"。

② 设置　取出凝固点测定管，如前将管中固体完全熔化，取出（连同胶塞）温度传感器（避免溶剂损失），精确称量溶质（例 0.1300g 左右的萘）放入管中，使其完全溶解。重复步骤（2）中②～③，⑤～⑦。但（2）③中ⅲ"纵坐标值"要设置为 -3.5～0℃。（2）⑦ⅰ中要点击"数据处理"中的"溶液的凝固点"。注意不用再"清零及锁定"。

③重复测定溶液的凝固点　再重复精确测定溶液的凝固点 2 次。

④分别选择溶液凝固点曲线及计算溶液凝固点　分别点击"实验进程"中"溶液凝固点Ⅰ、Ⅱ、Ⅲ"。并相应点击"数据处理"中"计算溶液凝固点"。这时凝固点值栏中显示相应的凝固点值（实际是与设定基础温度的差值）。要求每两次的测定凝固点值偏差不超过 0.006℃，否则需要重做，直到取得三次所测凝固点偏差不超过 0.006℃ 的数据为止。即按（2）中⑦操作，只需将"溶剂凝固点"改"溶液凝固点"即可。

七、饱和蒸气压减压装置

1. 减压装置示意图（图 5 - 7 - 1）

2. 减压装置的使用

（1）缓冲储气罐的气密性检查

① 整体密封性检查。如图 5 - 7 - 1 所示将装置分别与被测系统及压力表连接。先将泵前阀通大气（以防泵油倒吸污染实验系统），接通真空泵电源，0.5min 后将泵前阀旋至与被

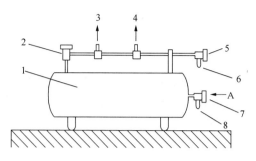

图 5 – 7 – 1　减压装置

1—压力罐；2—平衡阀；3—接压力表；4—接实验装置；

5—进气阀；6—通大气；7—抽气阀；8—接真空泵

测系统连通，关闭进气阀，打开抽气阀和平衡阀，系统开始抽气，压力减至约为 – 50kPa 时，关抽气阀，并停止气泵工作。观察数字压力表示数，若数字下降值 < 0.01kPa/4s，说明系统整体密封性能好。若压力计示数逐渐变小，则说明系统漏气，此时应对各接口进行检查，找出漏气原因，并设法消除。

② 微调部分密封性检查。关闭平衡阀，调节进气阀，缓慢使压力表读数上升为大罐压力的 1/2（ – 50kPa 左右），关闭进气阀，观察压力表示数，若数字下降值 < 0.01kPa/4s，说明微调部分密封性能好。

（2）与被测系统连接进行测试

① 关进气阀，打开抽气阀和平衡阀，启动压力泵抽气，至压力数值略低于所需压力。

② 关闭进气阀和平衡阀，并停止气泵工作。缓慢调节（垫一块毛巾）进气阀至所需压力。

（3）实验结束

将空气放入，使被测系统泄压至零，（缓慢关闭平衡阀，打开进气阀），使系统处于常压下备用。

八、福廷式气压计

福廷式气压计的读数校正、使用及注意事项见本书第四章气压计的使用与读数校正相关内容。

九、DP – AF 精密数字(真空)压力计

1. DP – AF 精密数字(真空)压力计的面板如图 5 – 9 –1 所示：

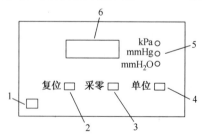

图 5 – 9 – 1　精密数字(真空)压力计

1—电源开关；2—校正；3—采零；4—单位选择；5—单位指示；6—压力显示

2. DP - AF 精密数字(真空)压力计的使用

（1）开电源　打开电源开关，预热 2min。按"单位"键，使"kPa"指示灯亮，LED 显示的压力值为 kPa。

（2）采零　通大气，待压力计示数稳定后，按"采零"键，以消除仪表系统的零点漂移，此时 LED 显"0000"。

（3）检漏　对系统进行抽气 2min，停止气泵工作。观察数字压力计示数，若数字下降值 <0.01kPa/4s，说明系统整体密封性能好。若压力计示数逐渐变小，则说明系统漏气，此时应对各接口进行检查，找出漏气原因，并设法消除。

（4）测试　仪器采零后连接实验系统，此时压力计显示的压力值为表压，（系统压力 = 大气压力 + 表压）。

（5）关机　泄压后，再关掉电源开关。

十、SYP 型玻璃恒温水浴

SYP 型玻璃恒温水浴使用

（1）向玻璃缸中注入其容积 3/4 的清水。

（2）将 SWQ - ⅠA 智能数字恒温控制器的传感器，插入水浴塑料盖前方左边孔中。

（3）将 SWQ - ⅠA 智能数字恒温控制器后面板"加热器电源"插座与水浴后面板"加热器电源"插座用配备的对接线连接。

（4）接通电源，根据所需温度选择控温温度(具体操作参阅智能数字恒温控制器 SWQ - ⅠA 型的使用)。

（5）温度设定完后，打开水浴面板上的加热器电源开关、水搅拌开关。需要快搅拌时"水搅拌"置于"快"位置。通常情况下置于"慢"位置即可。

（6）升温过程中使升温速度尽可能快，可将加热器功率置于"强"位置。当温度接近设定温度 2~3 度时，将加热器功率置于"弱"位置，以免过冲，从而达到较为理想的控温目的。

（7）关机：首先关断 SWQ 智能数字恒温控制器 ~220V 电源，然后关断水浴 ~220V 电源，最后拔下两仪器"加热器电源"的对按线，同时将水浴前面板各开关分别置于"关""快""强"的位置。

十一、SWQ - ⅠA 智能数字恒温控制器

1. SWQ - ⅠA 智能数字恒温控制器面板(图 5 - 11 - 1)

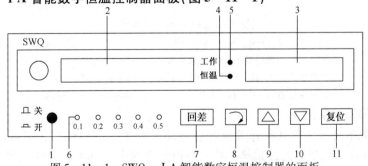

图 5 - 11 - 1　SWQ - ⅠA 智能数字恒温控制器的面板

1—电源开关；2—显示实际温度；3—显示设定温度；4—恒温指示灯；5—工作指示灯；

6—回差指示灯；7—回差键；8—移动键；9，10—温度设定增减按钮；11—复位键

241

2. 数字恒温控制器使用

（1）开启恒温控制器的电源开关，显示初始状态。"恒温"指示灯亮，"回差"处于 0.5。

（2）按"回差"键，回差将依次显示为 0.5→0.4→0.3→0.2→0.1，选择所需的回差值即可。

（3）温度设置控制：按 $\fbox{∿}$ $\fbox{▲}$ $\fbox{▼}$ 各键，依次调整"设定温度"的数值至所需温度值，设置完毕转换到工作状态（"工作"指示灯亮）。

说明：当介质温度≤设定温度 – 回差，加热器处于加热状态。

当介质温度≥设定温度，加热器停止加热。

（4）当系统温度达到"设定温度"值时，工作指示灯自动转换到"恒温"状态。

（5）若按下"复位"键，仪器返回开机时的初始状态，此时可重复进行步骤（2），（3）的操作。

十二、超级恒温槽

1. 超级恒温槽的构造

超级恒温槽的基本结构和工作原理如图 5 – 12 – 1 所示。

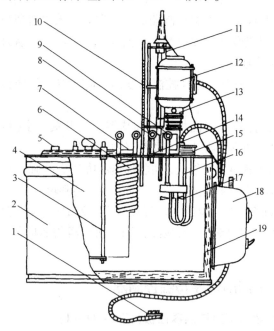

图 5 – 12 – 1　超级恒温槽

1—电源插头；2—外壳；3—恒温筒支架；4—恒温筒；5—恒温筒加水口；

6—冷凝管；7—恒温筒盖子；8—水泵进水口；9—水泵出水口；10—温度计；

11—电接点温度计；12—电动机；13—水泵；14—加水口；15—加热元件；

16—两组加热元件；17—搅拌叶；18—电子继电器；19—保温层

2. 超级恒温槽的使用

（1）接好循环水→开启电源开关→开启电动泵开关，使加热质作循环（为节约加热时间，加热解质在使用前最好经过预热，接近使用温度约为 5~6℃，再注入超级恒温器内）。

（2）将接触温度计调至所需温度，或比希望值低 1~2℃。

（3）开启加热开关，直到恒温指示灯开始呈明灭状态，表示恒温器内的温度已进入恒温，观察槽中精密温度计的温度，据其与所需温度的差异，再旋动接触温度计上的调整帽，顺时针为调节器调高，逆时针为调低（注意微调），反复进行调节，直到指示灯频繁交替呈明灭状态时的温度为所需的温度值。

（4）将固定螺丝旋紧。

（5）如需要用低于环境室温时，可外加与超级恒温器相同之电动泵一只，将冰水引入冷凝管内，同时在引进冰水的橡皮管上加管子夹一只，作控制冰水流量。此时，电加热器开关应按温度控制要求决定其通断。

3. 使用注意事项

本恒温器加热解质，最好使用蒸馏水。禁止用河水和硬水，倘用自来水，则应在每次作用后，对恒温器内进行一次清洗工作，防止加热器上因积聚水垢而影响恒温灵敏度。

十三、2W 阿贝折射仪

2W 阿贝折射仪的构造、原理及使用参见第四章。

十四、SWKT 数字控温仪

1. 仪器面板（图 5 - 14 - 1）

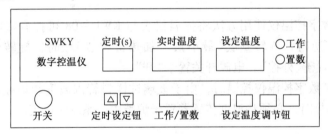

图 5 - 14 - 1　SWKT 数字控温仪的面板

2. SWKT 数字控温仪的使用

（1）将传感器（Pt 100）、加热器分别与后盖板的"传感器插座"、"加热器电源"对应连接。

（2）将 220V 电源接入后盖板上的插座。

（3）按技术要求的插入深度。将传感器插入到被测物中，一般插入深度大约等于 50mm。

（4）打开电源开关，显示初始状态，其中，实时温度显示一般为室温，320℃为系统初始设置温度。"置数"指示灯亮。

（5）设置控制温度。按"工作/置数"钮，置数灯亮。依次按"×100"、"×10"、"×1"、"×0.1"设置"设定温度"的百、十、个及小数位的数字，每按动一次，显示数码按 0 ~ 9 依次上翻，至调整到所需"设定温度"的数值。设置完毕，再按"工作/置数"钮，转到工作状态。工作指示灯亮。

注意：置数工作状态时，仪器不对加热器进行控制。

（6）若需隔一段时间观测记录，可按"工作/参数"钮，"置数"灯亮，按定时上翻、下翻键调节所需间隔的定时时间，有效调节范围：10 ~ 99s。时间倒数至零，蜂鸣器鸣响，鸣响时间为 5s。若无需定时提醒功能，可将时间调至 0 ~ 9s。时间设置完毕，再按"工作/参数"

钮，切换到工作状态（"工作"指示灯亮）。

（7）使用结束后，切断电源。

十五、KWL – 08 可控升降电炉

1. 仪器面板（图 5 – 15 – 1）

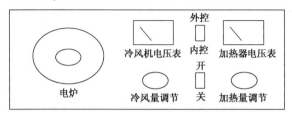

图 5 – 15 – 1　KWL – 08 可控升降电炉的面板

2. KWL – 08 可控升降电炉的使用

（1）采用"外控"系统控温的使用方法

用"内控"虽可实现对炉温的控制，但易产生较大的温度过控；采用外控（即用控温仪）实现自动控温就较理想。一般采用 SWKT 数字控温仪与之配套使用。使用方法详见 SWKT 数字控温仪。

① 按 SWKT 数字控温仪使用方法将控温仪表与 KWL – 08 可控升降电炉进行连接。同时，将冷风量调节逆时针旋转到底（最小）；"加热量调节"顺时针旋转到底（最大），"内控"、"外控"开关置于"外控"。电源开关置于"开"。

② 采用 SWKT 数字控温仪控温时，由于玻璃试样料管内温度较炉膛内的温度滞后，故当设置完成进行加热时，必须将温度传感器置于炉膛内。系统需降温时，再将温度传感器置于玻璃试样料管内。

③ 在对 KWL – 08 电炉进行降温操作的过程中，如需要提高温度速度，关掉炉子的加热电源；亦可按 SWKL 数字控温仪的"工作/置数"按钮，将其处于置数状态，调节电炉"冷风量调节"按钮，将冷风机电压调节到 6 ~ 8V，这时一般可降温达 7 ~ 8℃/min。

（2）采用"内控"系统控制温度的方法

① 将面板控制开关置于"内控"位置。

② 将温度传感器置于炉膛或试样管中，放置高度以传感器高温端点与试样高度距离最近为佳。

③ 将电炉面板开关置于"开"位置，接通过电源，调节"加热量调节"按钮，对炉子进行升温。

④ 炉温接近所需温度时，适当调节"加热量调节"旋钮，降低加热电压，使炉内升温趋缓，必要时开启"冷风量调节"。使炉膛升温平缓，以保证达到所用温度时基本稳定。

⑤ 降温时，首先将"加热量调节"按钮逆时针旋转至底位（关断炉子的加热电源），然后调节"冷风量调节"按钮来控制降温速度。说明：温度较高时，降温明显；当炉温接近室温时，则降温效果不明显。

⑥ 为使炉内降温均匀，请耐心用"加热量调节"和"冷风量调节"两旋钮配合调节来实现。

十六、ZRY−1P 热分析仪

使用方法如下：

（1）开启仪器

打开 ZRY−1P 综合热分析仪（其使用参见第五章 5.16）总电源，依次打开仪器的各个控制单元电源，调温控单元处于暂停状态（注意不要打开电炉电源）；调节仪器各单元面板上的参数。差热单元：量程开关放在 ±100；斜率开关在 5 挡。天平单元：量程开关放在 2mg；倍率开关放在 100 挡；微分单元：量程开关放在 5 挡。预热 30min，然后打开计算机，进入 ZRY−1P 应用软件窗口。

（2）前处理

松开加热炉，将炉中盛放试样的坩埚取出，倒出试样并擦净后放回原位。检查参比坩埚的氧化铝是否干净，若被污染，则换上装有氧化铝的新坩埚，否则不换，还原加热炉。

（3）通气

气氛控制单元：先调整氮气钢瓶输出压力为 0.2MPa，再把气氛控制单元的通气开关拨到 N_2 处，调整流量计流量在 $20 \sim 40 \text{mL} \cdot \text{min}^{-1}$ 之间。

（4）调零

运行计算机的热天平控制程序，设置【采样】参数，同时观察设置参数与相应仪器控制面板是否一致，若不一致，改为一致。调节电减码使重量显示为零。单击【调零结束】，完成天平调零。

（5）称量

松开加热炉，在试样坩埚中加入适量试样，试样质量为 $7 \sim 9 \text{mg}$ 为宜，还原加热炉。待质量显示稳定后，输入显示的试样质量。

（6）设定控温程序

温控程序参数：起始温度为 0℃，终止温度为 500℃；升温速率为 10℃/min。升温速度的选择是非常重要的实验条件，若选择不当，直接影响图谱特征。升温速度过快，会使某些热效应小得峰不明显甚至丢掉；升温速度过慢，会使峰形变宽，在仪器噪声大的情况下，以至使某些小峰不易辨认。不同的物质，需要选择不同的升温速度，不可一概而论。

（7）运行程序

按下加热控制单元的绿色电炉【启动】按钮，绿灯亮；单击程序窗口的【Run】按钮（注意不可先按【Run】后启动电炉，否则会烧坏电炉!），实验开始。

（8）关机

采样结束后，单击"存盘返回"，再点击【Stop】，当仪器的输出电压显示在 10V 以下时按加热控制电源的红色电炉【停止】按钮（该操作顺序不能颠倒）。等待仪器温度控制单元红色 PV 显示温度低于 100℃ 时，才可关闭载气和风扇。按照步骤（2）取出试样坩埚，换上吸纳的空坩埚，还原加热炉。在计算机上退出所有控制程序，再关闭各单元电源及总电源。

十七、DDS—11A 电导率仪

DDS—11A 电导率仪原理及使用参见本书第四章相关内容。

十八、DDS – 11 电导仪

1. DDS – 11 电导仪的面板图

仪器的面板如图 5 – 18 – 1 所示。

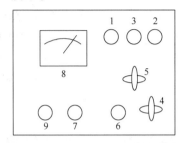

图 5 – 18 – 1　DDS – 11 电导仪的面板图

1~3—电极接线柱；4—校正/测量；5—范围选择；

6—校正调节器；7—电源开关；8—指示表；9—电源指示灯

2. DDS – 11 电导仪的使用

（1）接通电源前，先检查表针是否指零，如不指零，可调节表头上校正螺丝使表针指零。

（2）打开"电源开关"，指示灯即亮，预热 5min 即可开始工作。

（3）将测量"范围选择"旋钮拨到所需的范围档，如不知被测液电导的大小范围，则应将旋钮置于最大量程挡，然后逐渐减小，以保护表不被损坏。

（4）选择电极。本仪器附有三种电极，分别适用于下列电导范围：被测液电导低于 5μS 时，使用 260 型光亮电极；被测液电导在 5 ~ 150μS 时，使用 260 型铂黑电极；被测液电导高于 150μS 时，使用 U 形电极。

（5）连接电极引线。使用 260 形电极时，电极上两根同色引出线分别接在接线柱 1、2 上，另一根引出线接在电极屏蔽线接线柱 3 上。使用 U 形电极时，两根引出线分别接在电极接线柱 1、2 上。

（6）用少量待测液洗涤电导池及电极 2 ~ 3 次，然后将电极浸入待液溶液中，并恒温。

（7）将"测量/校正"开关板向"校正"，调节"校正调节器"，使指针停在红色倒三角处，应注意在电导池接好的情况下方可进行校正。

（8）将"测量/校正"开关板向"测量"，这时指针指示的读数即为被测液的电导值。当被测液电导很高时，每次测量都应在校正后方可读数，以提高测量精度。

十九、SDC – ⅡA 型数字电位差综合测试仪

SDC – ⅡA 型数字电位差综合测试仪的原理及使用参见本书第四章相关内容。

二十、UJ – 25 型电位差计

UJ – 25 型电位差计的原理及使用参见 4.4.2。

二十一、HDV – 7C 晶体管恒电位仪

1. HDV – 7C 晶体管恒电位仪的面板

仪器面板如图 5 – 21 – 1 所示。

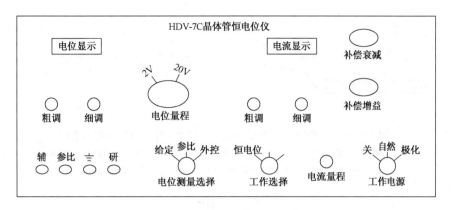

图 5 - 21 - 1　HDV - 7C 晶体管恒电位仪

2. HDV - 7C 晶体管恒电位仪的使用

（1）仪器预热

恒电位仪开机前，将"电流量程"选择在"2A"（在测量时再选适当的量程），"电位量程"置"20V"挡，"补偿衰减"置"0"位，"补偿增益"置"2"位，"工作选择置""恒电位"。"电位测量选择"置"外控"，"电源开关"置"自然"挡，预热 15min。

（2）接线

仪器面板的"研究"接线柱，"接地"接线柱分别用两根导线接电解池的研究电极，"参比"接线柱接电解池参比电极。"辅助"接线柱接电解池辅助电极。

（3）测量

将"电位测量选择"置于"参比"，这时电势表指示的电势为参比电极相对于研究电极的稳定电势，即开路电势（自腐蚀电势），将"电位测量选择"置于"给定"，转动恒电势"粗调"和"细调"选钮，使"给定电势"等于"开路电势"，也即调节仪器，使研究电极从开路电势为起点开始极化来进行测量。

把电源开关置"极化"，适当地转动恒电势"粗调"和"细调"，记下相应的电势和电流值。

（4）结束

实验完成后，"电源开关"置于"关"。

二十二、PHS - 3C 型精密酸度计

1. PHS - 3C 型精密酸度计的外型结构及后面板

仪器外型结构及后面板如图 5 - 22 - 1（a）（b）所示。PHS - 3C 型精密酸度计的附件如图 5 - 22 - 2 所示。

2. 仪器键盘说明

（1）"pH - mV"键，此键为双功能键，在测量状态下，按一次进入"pH"测量状态，再按一次进入"mV"测量状态；在设置温度、定位及设置斜率时为取消键，按此键退出功能模块，返回测量状态。

（2）"定位"键，此键为定位选择键盘，按此键上部"△"为调节定位数值上升；按此键下部"▽"为调节定位数值下降。

（3）"斜率"键，此键为斜率选择键，按此键上部"△"为调节斜率数值上升；按此键下

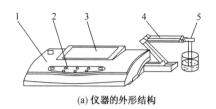 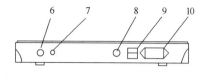

(a) 仪器的外形结构   (b) 仪器后面板

图 5 – 22 – 1   PHS – 3C 型精密酸度计的外型结构及后面板示意图

1—机箱；2—键盘；3—显示屏；4—多功能电极架；5—电极；6—测量电极插座；
7—参比电极接口；8—保险丝；9—电源开关；10—电源插座

图 5 – 22 – 2   PHS – 3C 型精密酸度计的附件

11—Q9 短路插头；12—E – 201 – C 型 pH 复合电极；13—电极保护套

部"▽"为调节斜率数值下降。

（4）"温度"键，此键为温度选择键，按此键上部"△"为调节温度数值上升；按此键下部"▽"为调节温度数值下降。

（5）"确认"键，此键为确认键，按此键为确认上一步操作。

3. 操作步骤

（1）开机前准备

① 将多功能电极架插入多功能电极架插座中，并拧好。

② 将 pH 复合电极安装在电极架上。

③ 将 pH 复合电极下端的电极保护套拨下，并且拉下电极上端的橡皮套使其露出上端小孔。

④ 用蒸馏水清洗电极。

⑤ 开启电源开关，预热 30min，仪器先显示"PHS – 3C"字样，稍后显示上次标定后的斜率以及 $E0(\mathrm{mV})$ 值。

（2）仪器的标定

仪器在使用之前，即测未知溶液之前，先要标定。但不是每次使用前都要标定，一般说当测量间隔比较短的情况下，每天标定一次已能达到要求。

① 用蒸馏水清洗电极，并用滤纸将电极上的水滴吸干。将电极插入一已知 pH 值的缓冲溶液 1 中（如 pH = 4），把烧杯稍微摇动使之均匀。注意勿使电极与烧杯接触。

② 用温度计测出被测溶液的温度，按"温度"键，使温度显示为被测溶液的温度。

③ 待读数稳定后按"定位"键，仪器提示"Std YES"字样，按"确认"键进入标定状态，仪器自动识别并显示当前温度下的标准 pH 值。

④ 按"确认"键完成一点标定（斜率为 100.0%）。

⑤ 再次清洗电极，将电极插入标准缓冲溶液 2 中，用温度计测出被测溶液的温度，按"温度"键，使温度显示为被测溶液的温度。

⑥ 待读数稳定后按"斜率"键，仪器提示"Std YES"字样，按"确认"键进入标定状态，

仪器自动识别并显示当前温度下的标准 pH 值。

⑦ 按"确认"键完成二点标定。

（3）测量 pH 值

经标定过的仪器，即可用来测量被测溶液。

① 用蒸馏水清洗电极头部，再用被测溶液清洗一次。

② 用温度计测出被测溶液的温度，按"温度"键，使温度显示为被测溶液的温度。然后按"确认"键。

③ 将电极放入被测溶液内，用玻璃棒搅拌溶液，使溶液均匀后读出该溶液的 pH 值。

（4）测量电极电势（mV 值）

① 把离子选择电极和参比电极夹在电极架上。

② 用蒸馏水清洗电极头部，再用被测液清洗一次。

③ 把离子选择电极插入测量电极插座处。

④ 把参比电极插入仪器后部的参比电极接口处。

⑤ 把两种电极插在被测溶液内，将溶液搅拌均匀后，即可在显示屏上读出该离子选择电极的电极势（mV 值），还可自动显示正负极性。

⑥ 如果被测信号超出仪器的测量范围，或测量端开路时，显示屏会不亮，作超载报警。

二十三、722 型分光光度计

722 型分光光度计的原理及使用参见本书第四章相关内容。

二十四、WZZ - 2S 数字式旋光仪

WZZ - 2S 数字式旋光仪的原理及使用参见本书第四章相关内容。

二十五、DP - AW 精密数字(微差压)压力计

1. DP - AW 精密数字(微差压)压力计的装置

仪器装置如图 5 - 25 - 1 所示。

图 5 - 25 - 1 精密数字(真空)压力计

2. DP - AW 精密数字(微差压)压力计的使用

（1）开电源　打开电源开关，预热 2min。按"单位"键，使"kPa"指示灯亮，LED 显示的压力值为 kPa。

（2）检漏　旋开分液漏斗，使压差计显示一定的数值，旋紧分液漏斗，此值保持 1min 不变，说明系统无泄漏，泄压为零。

（3）采零　泄压为零，使系统通大气，按一下"采零"键，以消除仪表系统的零点漂移，此时 LED 显示为"0000"。

（4）测试　仪表采零后接通被测系统，此时仪表显示被测系统的压力值。

（5）关机　泄压后，再关掉电源开关。

注意：按"复位"键，可重新启动 CPU，仪表即可返回初始状态。一般用于死机时，在正常测试中，不应按此键。

二十六、NDJ - 8 型旋转黏度计

1. NDJ - 8 型旋转黏度计的示意图及板图

仪器示意图如图 5 - 26 - 1 所示，面板图如图 5 - 26 - 2 所示。

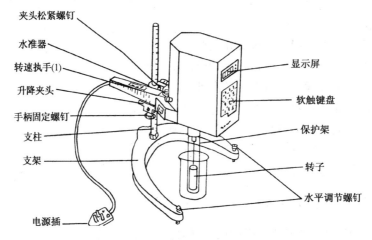

图 5 - 26 - 1　NDJ - 8 型黏度计示意图

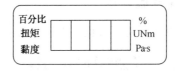

S	7	8	9	%
R	4	5	6	M
HOLD	1	2	3	η
RUN	O	·	AUTO ZERO	AUTO RANGE
			AC	

图 5 - 26 - 2　NDJ - 8 型黏度计的面板

2. NDJ - 8 型旋转黏度计的使用

（1）调水平　仪器安装好后，调节支架两端的水平调整螺钉，使仪器水平。

（2）准备被测液体　将被测液体置于直径不小于 70mm 的烧杯中，测被测液体的温度。

（3）选择转子和转速　估计被测液体的黏度，根据量程表选择适当的转子和转速。将选好的转子旋入连接螺杆，旋转升降旋钮，使转子缓慢地浸入液体中，直至液体的表面与转子的液面线相平。调整好仪器后面的"左边 - 高低档转速切换执手(上刻有 H、L 标志)，右边 - 变速执手(有高低速两挡次)"。

250

（4）开机　上述工作完毕，接通电源，打开电机电源开关，显示屏出现本机型号nd－8。

（5）输参数。具体如下：

输转子号　先按面板上 S 键，然后按数字键1（2，3，4），放手后显示 S1（S2，S3，S4 分别为1～4号转子的代号）。

输入转速　先按面板上 R 键，然后按数字键，放手后即可（如转速为60r/min,，按 R 键，再按6，0，放手后即显示 R60）。

（6）测量　在转子号及转速输入后，按 RUN 键，仪器进行测量工作。，在测量过程中，仪器一直显示0000，测量结束，显示器显示被测液体的黏度值，显示时间维持3s，然后仪器进入待测状态，显示 nd－8，如果再按 RUN 仪器进入下一次测量过程。

（7）在测量过程中，如出现"H"符号，表示超量程，此时要变换转子或转速重新测量。

（8）测量过程中，如要中途中断测量，可按 AC 键或切断电源重新接通，重复开机后操作即可。

3. 注意事项

（1）本仪器适合在常温环境下使用。

（2）仪器必须在指定频率和电压允差范围内测定，否则会影响测量精度。

（3）利用支架固定仪器测定，应保持仪器稳定和水平。

（4）装卸时应将连接螺杆微微提起操作，以免损坏轴尖。不要用力过大，不要使转子横向受力，以免转子弯曲。

（5）装上转子后，不得将仪器侧放或倒放。

（6）必须要在电机运转时变换转速。

（7）连接螺杆和转子连接端面及螺纹处应保持清洁，否则将影响转子的正确连接及转动时的稳定性。

（8）仪器升降时应用手托住仪器，防止仪器坠落。

（9）转子每次使用完毕要及时清洗（不得在仪器上进行清洗）。清洗后请正确放入转子架中。

（10）不得随意拆动调整仪器零件，不要自行加注润滑油。

（11）仪器搬动或运输先应将黄色包装套圈托起连接螺杆，然后把螺钉拧紧，放入箱内。

（12）悬浊液，乳浊液，高聚物其他高黏度液体中很多都是非牛顿液体，它的测定应规定转子，转速和时间。

（13）做到下列各点能测得较精确的数值：

精确地控制被测液体的温度；

将转子浸入液体保持足够长时间，使二者温度平衡；

测定时尽可能将转子置于容器中心；

保证液体的均匀性；

浸入液体中的转子表面应无汽泡；

变换转子或转速使百分比读数偏高些；

使用保护架进行测定；

保证转子的清洁；

测较低黏度的液体时选用1号转子。

二十七、WFZ－26A 型紫外可见分光光度计

WFZ－26A 型紫外可见分光光度计的使用

（1）开机

打开稳压电源，再开紫外仪电源，同时打开电脑，进入操作系统，进行系统初始化，显示如下：

光源复位　滤光片复位　狭缝复位　波长复位　光源检测

　正确　　　　复位　　　　正确　　　正确　　　正确

此时说明仪器正常。

（2）参数设置

① 测量模式有透过滤、吸光度，根据需要选择，而能量测定模式用于仪器性能。

② 扫描速度：根据需要选择，一般可选快速。

③ 扫描方式：一般选择重复扫描 1 次。

④ 波长范围：可在 190 ~ 900nm 范围选择设定。

⑤ 光谱宽度：可选择 2.0nm。

（3）波长检索

输入起始测定波长。

（4）在系统操作中进行系统校正

在试样池中插入黑木块进行零系数校正，之后抽走此木块进行百系数校正。

（5）基线扫描

在扫描模式中选。

（6）测样

① 定波长测定：在波长范围中设置固定波长。

② 吸收曲线测定：在波长范围中选择所需的波长范围。

（7）关机

退出操作系统，关闭紫外主机电源，再关电脑，最后关闭稳压电源。

二十八、CM - 02 型 COD 快速测定仪

使用方法如下：

（1）打开加热器和测定仪开关，按加热器的"确定"键，仪器开始升温。

（2）取 3 支洗净并且烘干的专用比色管，其中 2 支分别加入待测水样，另外 1 支加入 1.5mL 蒸馏水或纯净水作为空白，然后分别在 3 个专用比色管中加入 0.5mL 隐蔽剂、1.5mL 消解液、2.5mL 催化剂。

（3）加热器显示"OK"后将上述 3 支专用比色管放入加热器中并且按"确定"键，仪器开始计时，15min 后仪器发出报警声，表示消解时间到，取出比色管，冷却到不烫手。

（4）将 3 支专用比色管擦拭干净等待测量。

（5）首先取加入蒸馏水的专用比色管插入测定仪的比色孔，按测定仪的"功能"键加 4（按"功能"再按"4"），进入水样测量状态，显示"P"，按采用的曲线号：1 为高量程（200 ~ 2500mg/L），2 为低量程（0 ~ 200mg/L），按确定后显示"A0"，放入空白水样后按"确定"键开始调零，读数稳定后按"确定"键，仪器显示"n1"。

（6）取 2 支装有水样的专用比色管中的 1 支放入比色孔中按"确定"键，仪器显示吸光度数值，稳定后按"确定"键，显示数值即为第一个水样的 COD 实际数值，然后再按"确定"键，显示"n2"；放入第二个水样其他操作同第一个水样，仪器显示"n3"后按"."结束测量。

附　　录

附录1　国际单位制的基本单位(SI)

量		单　位	
名　称	符　号	名　称	符　号
长度	l	米	m
质量	m	千克	kg
时间	t	秒	s
电流	I	安[培]	A
热力学温度	T	开[尔文]	K
物质的量	n	摩[尔]	mol
发光强度	I	坎[德拉]	cd

附录2　国际单位制中具有专门名称导出单位

量		单　位		
名　称	符　号	名　称	符　号	定义式
频率	ν	赫[兹]	Hz	s^{-1}
能量	E	焦[耳]	J	$kg \cdot m^2 \cdot s^{-2}$
力	F	牛[顿]	N	$kg \cdot m \cdot s^{-2} = J \cdot m^{-1}$
压力	p	帕[斯卡]	Pa	$kg \cdot m^{-1} \cdot s^{-2} = N \cdot m^{-2}$
功率	P	瓦[特]	W	$kg \cdot m^2 \cdot s^{-3} = J \cdot s^{-1}$
电量;电荷	Q	库[仑]	C	$A \cdot s$
电位;电动势	U	伏[特]	V	$kg \cdot m^2 \cdot s^{-3} \cdot A^{-1} = J \cdot A^{-1} \cdot s^{-1}$
电阻	R	欧[姆]	Ω	$kg \cdot m^2 \cdot s^{-3} \cdot A^{-2} = V \cdot A^{-1}$
电导	G	西[门子]	S	$kg^{-1} \cdot m^{-2} \cdot s^3 \cdot A^2 = \Omega^{-1}$
电容	C	法[拉]	F	$A^2 \cdot S^4 \cdot kg^{-1} \cdot m^{-2} = A \cdot s \cdot V^{-1}$
磁通量密度	B	特[斯拉]	T	$kg \cdot s^{-2} \cdot A^{-1} = V \cdot s$
电场强度	E	伏特每米	$V \cdot m^{-1}$	$m \cdot kg \cdot s^{-3} \cdot A^{-1}$
黏度	η	帕斯卡秒	$Pa \cdot s$	$m^{-1} \cdot kg \cdot s^{-1}$
表面张力	γ	牛顿每米	$N \cdot m^{-1}$	$kg \cdot s^{-2}$
密度	ρ	千克每立方米	$kg \cdot m^{-3}$	$kg \cdot m^{-3}$
比热容	c	焦耳每千克每开	$J/(kg \cdot K)$	$m^2 \cdot s^{-2} \cdot K^{-1}$
热容量;熵	S	焦耳每开	$J \cdot K^{-1}$	$m^2 \cdot kg \cdot s^{-2} \cdot K^{-1}$

附录3　SI 词头

因　数	词　冠	名　称	词冠符号	因　数	词　冠	名　称	词冠符号
10^{12}	tera	太	T	10^{-1}	Deci	分	d
10^9	giga	吉	G	10^{-2}	Centi	厘	c
10^6	mega	兆	M	10^{-3}	Milli	毫	m
10^3	kilo	千	k	10^{-6}	Micro	微	μ
10^2	hecto	百	h	10^{-9}	Nano	纳	n
10^1	deca	十	da	10^{-12}	Pico	皮	p

附录4 一些物理和化学的基本常数

量	符 号	数 值	单 位	相对不确定度 (1×10^6)
光速	c	299792458	$m \cdot s^{-1}$	定义值
真空导磁率	μ_0	4π	$10^{-7} N \cdot A^{-2}$	定义值
真空电容率，$1/(\mu_0 C^2)$	ε_0	$8.854187817\cdots$	$10^{-12} F \cdot m^{-1}$	定义值
牛顿引力常数	G	6.67259(85)	$10^{-11} m^3 \cdot kg^{-1} \cdot s^{-2}$	128
普朗克常数	h	6.6260755(40)	$10^{-34} J \cdot s$	0.60
$h/2\pi$	h	1.05457266(63)	$10^{-34} J \cdot s$	0.60
基本电荷	e	1.60217733(49)	$10^{-19} C$	0.30
电子质量	m_e	0.91093897(54)	$10^{-30} kg$	0.59
质子质量	m_p	1.6726231(10)	$10^{-27} kg$	0.59
质子-电子质量比	m_p/m_e	1836.152701(37)		0.020
精细结构常数	α	7.29735308(33)	10^{-3}	0.045
精细结构常数的倒数	α^{-1}	137.0359895(61)		0.045
里德伯常数	R_∞	10973731.534(13)	m^{-1}	0.0012
阿伏加德罗常数	L，N_A	6.0221367(36)	$10^{23} mol^{-1}$	0.59
法拉第常数	F	96485.309(29)	$C \cdot mol^{-1}$	0.30
摩尔气体常数	R	8.314510(70)	$J \cdot mol^{-1} \cdot K^{-1}$	8.4
玻尔兹曼常数，R/L_A	k	1.380658(12)	$10^{-23} J \cdot K^{-1}$	8.5
斯式藩-玻尔兹曼常数 $\pi^2 k^4/60h^3 c^2$	σ	5.67051(12)	$10^{-8} W \cdot m^{-2} \cdot K^{-4}$	34
电子伏，$(e/C)J = \{e\}J$(统一)原子质量单位	eV	1.60217733(49)	$10^{-19} J$	0.30
原子质量常数，$1/12m(^{12}C)$	u	1.6605402(10)	$10^{-27} kg$	0.59

附录5 常用的单位换算

单位名称	符 号	折合 SI
力的单位		
1 千克力	kgf	$= 9.80665 N$
1 达因	dyn	$= 10^{-5} N$
黏度单位		
泊	P	$= 0.1 N \cdot s \cdot m^{-2}$
厘泊	cP	$= 10^{-3} N \cdot s \cdot m^{-2}$
压力单位		
毫巴	mbar	$= 100 N \cdot m^{-2}(Pa)$
1 达因·厘米$^{-2}$	$dyn \cdot cm^{-2}$	$= 0.1 N \cdot m^{-2}(Pa)$
1 千克力·厘米$^{-2}$	$kgf \cdot cm^{-2}$	$= 98066.5 N \cdot m^{-2}(Pa)$
1 工程大气压	at	$= 98066.5 N \cdot m^{-2}(Pa)$
标准大气压	atm	$= 101324.7 N \cdot m^{-2}(Pa)$
1 毫米水高	mmH_2O	$= 9.80665 N \cdot m^{-2}(Pa)$
1 毫米汞高	mmHg	$= 133.322 N \cdot m^{-2}(Pa)$
比热容单位		
1 卡·克$^{-1}$·度$^{-1}$	$cal \cdot g^{-1} \cdot \text{℃}^{-1}$	$= 4186.8 J \cdot kg^{-1} \cdot \text{℃}^{-1}$
1 尔格·克$^{-1}$·度$^{-1}$	$erg \cdot g^{-1} \cdot \text{℃}^{-1}$	$= 10^{-4} J \cdot kg^{-1} \cdot \text{℃}^{-1}$

单位名称	符　号	折合 SI
功能单位		
1 千克力·米	kgf·m	= 9.80665J
1 尔格	erg	$= 10^{-7}$J
1 升·大压	L·atm	= 101.328J
1 瓦特·小时	W·h	= 3600J
1 卡	cal	= 4.1868J
功率单位		
1 千克力·米·秒$^{-1}$	kgf·m·s^{-1}	= 9.80665W
1 尔格·秒$^{-1}$	erg·s^{-1}	$= 10^{-7}$W
1 大卡·小时$^{-1}$	kcal·h^{-1}	= 1.163W
1 卡·秒$^{-1}$	cal·s^{-1}	= 4.1868W
电磁单位		
1 伏·秒	V·s	= 1Wb
1 安·小时	A·h	= 3600C
1 德拜	D	$= 3.334 \times 10^{-30}$C·m
1 高斯	G	$= 10^{-4}$T
奥斯特	Oe	= 79.5775A·m^{-1}

附录 6　不同温度下水的蒸气压(p/Pa)

t/℃	0.0	0.2	0.4	0.6	0.8
−13	225.45	221.98	218.25	214.78	211.32
−12	244.51	240.51	236.78	233.05	229.31
−11	264.91	260.64	256.51	252.38	248.38
−10	286.51	282.11	277.84	273.31	269.04
−9	310.11	305.17	300.51	295.84	291.18
−8	335.17	329.97	324.91	319.84	314.91
−7	361.97	356.50	351.04	345.70	340.37
−6	390.77	384.90	379.03	373.30	367.57
−5	421.70	415.30	409.17	402.90	396.77
−4	454.63	447.83	441.16	434.50	428.10
−3	489.69	482.63	475.56	468.49	461.43
−2	527.42	519.69	512.09	504.62	497.29
−1	567.69	559.42	551.29	543.29	535.42
−0	610.48	601.68	593.02	584.62	575.95
0	610.48	619.35	628.61	637.95	647.28
1	656.74	666.34	675.94	685.81	685.81
2	705.81	716.94	726.20	736.60	747.27
3	757.94	768.73	779.67	790.73	801.93
4	713.40	824.86	836.46	848.33	860.33
5	872.33	884.59	896.99	909.52	922.19
6	934.99	948.05	961.12	974.45	988.05
7	1001.65	1015.51	1029.5	1043.64	1058.04
8	1072.58	1087.24	1102.17	1117.24	1132.44
9	1147.77	1163.50	1179.23	1195.23	1211.36

$t/℃$	0.0	0.2	0.4	0.6	0.8
10	1227.76	1244.29	1260.96	1277.89	1295.09
11	1312.42	1330.02	1347.75	1365.75	1383.88
12	1402.28	1420.95	1439.74	1458.68	1477.87
13	1497.34	1517.07	1536.94	1557.20	1577.60
14	1598.13	1619.06	1640.13	1661.46	1683.06
15	1704.92	1726.92	1749.32	1771.85	1794.65
16	1817.71	1841.04	1864.77	1888.64	1912.77
17	1937.17	1961.83	1986.90	2012.10	2037.69
18	2063.42	2089.56	2115.95	2142.62	2169.42
19	2196.75	2224.48	2252.34	2280.47	2309.00
20	2337.80	2366.87	2396.33	2426.06	2456.06
21	2486.46	2517.12	2548.18	2579.65	2611.38
22	2643.38	2675.77	2708.57	2741.77	2775.10
23	2808.83	2842.96	2877.49	2912.42	2947.75
24	2983.35	3019.48	3056.01	3092.80	3129.37
25	3167.20	3204.93	3243.19	3281.99	3321.32
26	3360.91	3400.91	3441.31	3481.97	3523.27
27	2564.90	3607.03	3649.56	3629.49	3735.82
28	3779.55	3823.67	3868.34	3913.53	3959.26
29	4005.39	4051.92	4098.98	4146.58	4194.44
30	4242.84	4291.77	4341.10	4390.83	4441.22
31	4492.28	4544.28	4595.74	4648.14	4701.07
32	4754.66	4808.66	4863.19	4918.38	4973.98
33	5030.11	5086.90	5144.10	5201.96	5260.49
34	5319.28	5378.74	5439.00	5499.67	5560.86
35	5622.86	5685.38	5748.44	5812.17	5876.57
36	5941.23	6006.69	6072.68	6139.48	6206.94
37	6275.07	6343.73	6413.05	6483.05	6553.71
38	6625.04	6696.90	6769.29	6842.49	6916.61
39	6991.67	7067.22	7143.39	7220.19	7297.65
40	7375.91	7454.0	7534.0	7614.0	7695.3
41	7778.0	7860.7	7943.3	8028.7	8114.0
42	8199.3	8284.6	8372.6	8460.6	8548.6
43	8639.3	8729.9	8820.6	8913.9	9007.2
44	9100.6	9195.2	9291.2	9387.2	9484.5
45	9583.2	9681.8	9780.5	9881.8	9983.2
46	10085.8	10189.8	10293.8	10399.1	10505.8
47	10612.4	10720.4	10829.7	10939.1	11048.4
48	11160.4	11273.7	11388.4	11503.0	11617.7
49	11735.0	11852.3	11971.0	12091.0	12211.0
50	12333.6	12465.6	12585.6	12705.6	12838.9
51	12958.9	13092.2	13212.2	13345.5	13478.9
52	13610.8	13745.5	13878.8	14012.1	14158.8
53	14292.1	14425.4	14572.1	14718.7	14852.1
54	15000.1	15145.4	15292.0	15438.7	15585.3

$t/℃$	0.0	0.2	0.4	0.6	0.8
55	15737.3	15878.7	16038.6	16198.6	16345.3
56	16505.3	16665.3	16825.2	16985.2	17145.2
57	17307.9	17465.2	17638.5	17798.5	17958.5
58	18142.5	18305.1	18465.1	18651.7	18825.1
59	19011.7	19185.0	19358.4	19545.0	19731.7
60	19915.6	20091.6	20278.3	20464.9	20664.9
61	20855.6	21038.2	21238.2	21438.2	21638.2
62	21834.1	22024.8	22238.1	22438.1	22638.1
63	22848.7	23051.4	23264.7	23478.0	23691.3
64	23906.0	24117.9	24331.3	24557.9	24771.2
65	25003.2	25224.5	25451.2	25677.8	25904.5
66	26143.1	26371.1	26597.7	26837.7	27077.7
67	27325.7	27571.0	27811.0	28064.3	28304.3
68	28553.6	28797.6	29064.2	29317.5	29570.8
69	29328.1	30090.8	30357.4	30624.1	30890.7
70	31157.4	31424.0	31690.6	31957.3	32237.3
71	32517.2	32797.2	33090.5	33370.5	33650.5
72	33943.8	34237.1	34580.4	34823.7	35117.0
73	35423.7	35730.3	36023.6	36343.6	36636.9
74	36956.9	37250.2	37570.1	37890.1	38210.1
75	38543.4	38863.4	39196.7	39516.6	39836.6
76	40183.3	40503.2	40849.9	41183.2	41516.5
77	41876.4	42209.7	42556.4	42929.7	43276.3
78	43636.3	43996.3	44369.0	44742.9	45089.5
79	45462.8	45836.1	46209.4	46582.7	46956.0
80	47342.6	47729.3	48129.2	48502.5	48902.5
81	49289.1	49675.8	50075.7	50502.4	50902.3
82	51315.6	51728.9	52155.6	52582.2	52982.2
83	53408.8	53835.4	54262.1	54688.7	55142.0
84	55568.6	56021.9	56475.2	56901.8	57355.1
85	57808.4	58261.7	58715.0	59195.0	59661.6
86	60114.9	60581.5	61061.5	61541.4	62021.4
87	62488.0	62981.3	63461.3	63967.9	64447.9
88	64941.1	65461.1	65954.4	66461.0	66954.3
89	67474.3	67994.2	68514.2	69034.1	69567.4
90	70095.4	70630.0	71167.3	71708.0	72253.9
91	72800.5	73351.1	73907.1	74464.3	75027.0
92	75592.2	76161.5	76733.5	77309.4	77889.4
93	78473.3	79059.9	79650.6	80245.2	80843.8
94	81446.4	82051.7	82661.0	83274.3	83891.5
95	84512.8	85138.1	85766.0	86399.3	87035.3
96	87675.2	88319.2	88967.1	89619.0	90275.0
97	90934.9	91597.5	92265.5	92938.8	93614.7
98	94294.7	94978.6	95666.5	96358.5	97055.7
99	97757.0	98462.3	99171.6	99884.8	100602.1
100	101324.7	102051.3	102781.9	103516.5	104257.8
101	105000.4	105748.3	106500.3	107257.5	108018.8

摘自：印永嘉主编. 物理化学简明手册. 北京：高等教育出版社，1988. 132.

附录7 不同温度下水的表面张力

$t/℃$	$10^3 \times \gamma/(\mathrm{N \cdot m^{-1}})$	$t/℃$	$10^3 \times \gamma/(\mathrm{N \cdot m^{-1}})$	$t/℃$	$10^3 \times \gamma/(\mathrm{N \cdot m^{-1}})$
0	75.64	20	72.75	40	69.56
5	74.92	21	72.59	45	68.74
10	74.22	22	72.44	50	67.91
11	74.07	23	72.28	60	66.18
12	73.93	24	72.13	70	64.42
13	73.78	25	71.97	80	62.61
14	73.64	26	71.82	90	60.75
15	73.59	27	71.66	100	58.85
16	73.34	28	71.50	110	56.89
17	73.19	29	71.35	120	54.89
18	73.05	30	71.18	130	52.84
19	72.90	35	70.38		

摘自：JohnADean. lange's Handbook of Chemistry, 1973：10~265.

附录8 不同温度下水的密度

$t/℃$	$10^{-3}\rho/(\mathrm{kg \cdot m^{-3}})$	$t/℃$	$10^{-3}\rho/(\mathrm{kg \cdot m^{-3}})$	$t/℃$	$10^{-3}\rho/(\mathrm{kg \cdot m^{-3}})$
0	0.99987	20	0.99823	40	0.99224
1	0.99993	21	0.99802	41	0.99186
2	0.99997	22	0.99780	42	0.99147
3	0.99999	23	0.99756	43	0.99107
4	1.00000	24	0.99732	44	0.99066
5	0.99999	25	0.99707	45	0.99025
6	0.99997	26	0.99681	46	0.98982
7	0.99997	27	0.99654	47	0.98940
8	0.99988	28	0.99626	48	0.98896
9	0.99978	29	0.99597	49	0.98852
10	0.99973	30	0.99567	50	0.98807
11	0.99963	31	0.99537	51	0.98762
12	0.99952	32	0.99505	52	0.98715
13	0.99940	33	0.99473	53	0.98669
14	0.99927	34	0.99440	54	0.98621
15	0.99913	35	0.99406	55	0.98573
16	0.99897	36	0.99371	60	0.98324
17	0.99880	37	0.99336	65	0.98059
18	0.99862	38	0.99299	70	0.97781
19	0.99843	39	0.99262	75	0.97489

摘自：International Critical Tables of Numerical Data, Physics, Chemistry and Technology. New York：McGraw – Hill Book ComPany Inc, 1928. Ⅲ：25.

附录9 不同温度下水的折射率、黏度和介电常数

$t/℃$	n_D	$10^3\eta/(\mathrm{kg \cdot m^{-1} \cdot s^{-1}})$ *	ε
0	1.33395	1.7702	87.74
5	1.33388	1.5108	85.76
10	1.33369	1.3039	83.83
15	1.33339	1.1374	81.95
17	1.33324	1.0828	
19	1.33307	1.0299	
20	1.33300	1.0019	80.10
21	1.33290	0.9764	79.73
22	1.33280	0.9532	79.38
23	1.33271	0.9310	79.02

$t/℃$	n_D	$10^3\eta/(kg \cdot m^{-1} \cdot s^{-1})^*$	ε
24	1.33261	0.9100	78.65
25	1.33250	0.8903	78.30
26	1.33240	0.8703	77.94
27	1.33229	0.8512	77.60
28	1.33217	0.8328	77.24
29	1.33206	0.8145	76.90
30	1.33194	0.7973	76.55
35	1.33131	0.7190	74.83
40	1.33061	0.6526	73.15
45	1.32985	0.5972	71.51
50	1.32904	0.5468	69.91

* 黏度单位: 每平方米秒牛顿, 即 $N \cdot s \cdot m^{-2}$ 或 $kg \cdot m^{-1} \cdot s^{-1}$ 或 $Pa \cdot s$(帕·秒)

摘自: John A Dean. Lange's Handbook of Chemistry. New York: McGraw – Hill Book ComPany Inc, 1985. 10 ~ 99.

附录 10 不同温度下水的蒸发焓

$t/℃$	$\Delta_{vap}H_m/(kJ \cdot mol^{-1})$	$t/℃$	$\Delta_{vap}H_m/(kJ \cdot mol^{-1})$
0	45.054	200	34.962
25	43.990	220	33.468
40	43.350	240	31.809
60	42.428	260	29.930
80	41.585	280	27.795
100	40.657	300	25.300
120	39.684	320	22.297
140	38.643	340	18.502
160	37.518	360	12.966
180	36.304	372	2.066

摘自"CRC Handbook of Chemistry and Physics". 77th ed., 10 – 264, 1996 – 1997.

附录 11 部分有机化合物的密度*

化合物	ρ_0	α	β	γ	温度范围/℃
四氯化碳	1.63255	−1.9110	−0.690		0 ~ 40
氯 仿	1.52643	−1.8563	−0.5309	−8.81	−53 ~ 55
乙 醚	0.73629	−1.1138	−1.237		0 ~ 70
乙 醇	0.78506	−0.8591	−0.56	−5	
醋 酸	1.0724	−1.1229	0.0058	−2.0	9 ~ 100
丙 酮	0.81248	−1.100	−0.858		0 ~ 50
异丙醇	0.8014	−0.809	−0.27		0 ~ 25
正丁醇	0.82390	−0.699	−0.32		0 ~ 47
乙酸甲酯	0.95932	−1.2710	−0.405	−6.00	0 ~ 100
乙酸乙酯	0.92454	−1.168	−1.95	20	0 ~ 40
环己烷	0.79707	−0.8879	−0.972	1.55	0 ~ 65
苯	0.90005	−1.0638	−0.0376	−2.213	11 ~ 72

* 表中有机化合物的密度可用方程式 $\rho_t = \rho_0 + 10^{-3}\alpha(t - t_0) + 10^{-6}\beta(t - t_0)^2 + 10^{-9}\gamma(t - t_0)^3$ 计算。式中 ρ_0 为 $t = 0℃$ 时的密度。单位: $g \cdot cm^{-3}$; $1g \cdot cm^{-3} = 10^3 kg \cdot m^{-3}$

摘自: International Critical Tables of Numerical Data, Physics, Chemistry and Technology. New York: McGraw – Hill Book ComPany Inc, 1928. Ⅲ: 28.

附录 12　部分液体的蒸气压[*]

名　称	分子式	温度范围/℃	A	B	C
四氯化碳	CCl_4		6.87926	1212.021	226.41
氯　仿	$CHCl_3$	$-30 \sim 150$	6.90328	1163.03	227.4
甲　醇	CH_4O	$-14 \sim 65$	7.89750	1474.08	229.13
1,2 - 二氯乙烷	$C_2H_4Cl_2$	$-31 \sim 99$	7.0253	1271.3	222.9
醋　酸	$C_2H_4O_2$	$0 \sim 36$	7.80307	1651.2	225
		$36 \sim 170$	7.18807	1416.7	211
乙　醇	C_2H_6O	$-2 \sim 100$	8.32109	1718.10	237.52
丙　酮	C_3H_6O	$-30 \sim 150$	7.02447	1161.0	224
异丙醇	C_3H_8O	$0 \sim 101$	8.11778	1580.92	219.61
乙酸乙酯	$C_4H_8O_2$	$-20 \sim 150$	7.09808	1238.71	217.0
正丁醇	$C_4H_{10}O$	$15 \sim 131$	7.47680	1362.39	178.77
苯	C_6H_6	$-20 \sim 150$	6.90561	1211.033	220.790
环己烷	C_6H_{12}	$20 \sim 81$	6.84130	1201.53	222.65
甲　苯	C_7H_8	$-20 \sim 150$	6.95464	1344.80	219.482
乙　苯	C_8H_{10}	$26 \sim 164$	6.95719	1424.255	213.21

[*] 表中各化合物的蒸气压 p 可用 $\lg p = A - \dfrac{B}{(C+t)} + D$ 计算。式中 A、B、C 为三常数，t 为温度（℃），D 为压力单位的换算因子，其值为 2.1249，单位：Pa。

摘自：JohnA. Dean，Lange's Handbook of Chemistry. New York：McGraw - Hill Book ComPany Inc，1979. 10 ~ 37.

附录 13　25℃下某些液体的折射率

名　称	n_D^{25}	名　称	n_D^{25}
甲　醇	1.326	四氯化碳	1.459
乙　醚	1.352	乙　苯	1.493
丙　酮	1.357	甲　苯	1.494
乙　醇	1.359	苯	1.498
醋　酸	1.370	苯乙烯	1.545
乙酸乙酯	1.370	溴　苯	1.557
正己烷	1.372	苯　胺	1.583
1 - 丁醇	1.397	溴　仿	1.587
氯　仿	1.444		

摘自：Robert C Weast. CRC Handbook of Chemistry and Physics. U. S. A.：CRC Press，Inc. 1982 ~ 1983. 63th E - 375.

附录 14　几种溶剂的凝固点降低系数

溶　剂	纯溶剂的凝固点/℃	K_f[*]
水	0	1.853
醋酸	16.6	3.90
苯	5.533	5.12
对二氧六环	11.7	4.71
萘	80.290	6.94
环己烷	6.54	20.0
樟脑	178.75	37.7

[*] K_f 是指 1mol 溶质，溶解在 1000g 溶剂中的凝固点降低系数。

摘自：John A Dean. Lange's Handbook of Chemistry. New York：McGraw - Hill Book ComPany Inc，1985. 10 ~ 80.

金　属		金属（Ⅱ）百分含量/%										
Ⅰ	Ⅱ	0	10	20	30	40	50	60	70	80	90	100
Pb	Sn	326	295	276	262	240	220	190	185	200	216	232
	Sb	326	250	275	330	395	440	490	525	560	600	632
Sb	Bi	632	610	590	575	555	540	520	470	405	330	268
	Zn	632	555	510	540	570	565	540	525	510	470	419

摘自：Robert C Weast. CRC Handbook of Chemistry and Physics. U. S. A.：CRC Press，1985～1986. 66th：D～183～184.

附录 16　常压下共沸物的沸点和组成

共沸物		各组分的沸点/℃		共沸物的性质	
甲组分	乙组分	甲组分	乙组分	沸点/℃	组成（组分甲的质量分数）/%
苯	乙　醇	80. 1	78. 3	67. 9	68. 3
环己烷	乙　醇	80. 8	78. 3	64. 8	70. 8
正己烷	乙　醇	68. 9	78. 3	58. 7	79. 0
乙酸乙酯	乙　醇	77. 1	78. 3	71. 8	69. 0
乙酸乙酯	环己烷	77. 1	80. 7	71. 6	56. 0
异丙醇	环己烷	82. 4	80. 7	69. 4	32. 0

摘自：Robert C Weast. CRC Handbook of Chemistry and Physics. U. S. A.：CRC Press，Inc. 1985～1986. 66th ed：D－12～30.

附录 17　18～25℃下难溶化合物的溶度积

化合物	K_{sp}	化合物	K_{sp}
AgBr	4.95×10^{-13}	BaSO$_4$	1.1×10^{-10}
AgCl	1.77×10^{-10}	Fe(OH)$_3$	4×10^{-38}
AgI	8.3×10^{-17}	PbSO$_4$	1.6×10^{-8}
Ag$_2$S	6.3×10^{-52}	CaF$_2$	2.7×10^{-11}
BaCO$_3$	5.1×10^{-9}		

摘自：顾庆超等编. 化学用表. 南京：江苏科学技术出版社，1979. 6～77.

附录 18　无机化合物的标准溶解热

化合物	$\Delta_{sol}H_m/(kJ \cdot mol^{-1})$	化合物	$\Delta_{sol}H_m/(kJ \cdot mol^{-1})$
AgNO$_3$		KI	
BaCl$_2$	－ 13. 22	KNO$_3$	34. 73
Ba(NO$_3$)$_2$	40. 38	MgCl$_2$	－ 155. 06
Ca(NO$_3$)$_2$	－ 18. 87	Mg(NO$_3$)$_2$	－ 85. 48
CuSO$_4$	－ 73. 26	MgSO$_4$	－ 91. 21
KBr	20. 04	ZnCl$_2$	－ 71. 46
KCl	17. 24	ZnSO$_4$	－ 81. 38

25℃下，1摩尔标准状态下的纯物质溶于水生成浓度为 $1mol \cdot dm^{-3}$ 的理想溶液过程的热效应。

附录 19　有机化合物的标准摩尔燃烧焓

名　称	化学式	$t/℃$	$-\Delta_C H_m^\ominus/(kJ \cdot mol^{-1})$
甲　醇	$CH_3OH(l)$	25	726.51
乙　醇	$C_2H_5OH(l)$	25	1366.8
甘　油	$(CH_2OH)_2CHOH(l)$	20	1661.0
苯	$C_6H_6(l)$	20	3267.5
己　烷	$C_6H_{14}(l)$	25	4163.1
苯甲酸	$C_6H_5COOH(s)$	20	3226.9
樟　脑	$C_{10}H_{16}O(s)$	20	5903.6
萘	$C_{10}H_8(s)$	25	5153.8
尿　素	$NH_2CONH_2(s)$	25	631.7

摘自：CRC Handbook of Chemistry and Physics. U.S.A：CRC Press，Inc. 1985～1986. 66th ed：D-272～278.

附录 20　18℃下水溶液中阴离子的迁移数

电解质	$C/(mol \cdot dm^{-3})$					
	0.01	0.02	0.05	0.1	0.2	0.5
NaOH			0.81	0.82	0.82	0.82
HCl	0.167	0.166	0.165	0.164	0.163	0.160
KCl	0.504	0.504	0.505	0.506	0.506	0.510
KNO_3(25℃)	0.4916	0.4913	0.4907	0.4897	0.4880	
H_2SO_4	0.175		0.172	0.175		0.175

摘自：B.A拉宾诺维奇等著，简明化学手册. 尹永烈等译. 北京：化学工业出版社，1983.620

附录 21　不同温度下 HCl 水溶液中阳离子的迁移数

$b/(kg \cdot mol^{-1})$	$t/℃$						
	10	15	20	25	30	35	40
0.01	0.841	0.835	0.830	0.825	0.821	0.816	0.811
0.02	0.842	0.836	0.832	0.827	0.822	0.818	0.813
0.05	0.844	0.838	0.834	0.830	0.825	0.821	0.816
0.1	0.846	0.840	0.837	0.832	0.828	0.823	0.819
0.2	0.847	0.843	0.839	0.835	0.830	0.827	0.823
0.5	0.850	0.846	0.842	0.838	0.834	0.831	0.827
1.0	0.852	0.848	0.844	0.841	0.837	0.833	0.829

t_+ 为阳离子的迁移数，b 为阳离子的质量摩尔浓度。

摘自：Conway B E 著. Electrochemical data. New York：Plenum Publing Corporation，1952.172.

附录 22　乙醇水溶液的混合体积与浓度的关系
(温度为 20℃，混合物的质量为 100g)

乙醇的质量分数/%	$V_混/mL$	乙醇的质量分数/%	$V_混/mL$
20	103.24	60	112.22
30	104.84	70	115.25
40	106.93	80	118.56
50	109.43		

$c_{HCl}/(mol \cdot dm^{-3})$	$10^3 \times k/min^{-1}$		
	298.2K	308.2K	318.2K
0.4137	4.043	17.00	60.62
0.9000	11.16	46.76	148.8
1.214	17.455	75.97	

注：（1）表中 k 为蔗糖水解的速率系数。

（2）乙酸乙酯皂化反应的速率系数与温度的关系 $\lg k = -1780 T^{-1} + 0.00754 T + 4.53$（$k$ 的单位为 $dm^3 \cdot mol^{-1} \cdot min^{-1}$）。

（3）丙酮碘化反应的速率系数 $k(25℃) = 1.71 \times 10^{-3} dm^3 \cdot mol^{-1} \cdot min^{-1}$；$k(35℃) = 5.284 \times 10^{-3} dm^3 \cdot mol^{-1} \cdot min^{-1}$。

摘自：International Critical Tables of Numerical D，Chemisata．Physicstry and Technology．New York：McGraw – Hill Book ComPany Inc．Ⅳ：130，146．

$c/(mol \cdot m^{-3})$	α	$10^2 \times K_c/(mol \cdot m^{-3})$
0.2184	0.2477	1.751
1.028	0.1238	1.751
2.414	0.0829	1.750
3.441	0.0702	1.750
5.912	0.05401	1.749
9.842	0.04223	1.747
12.83	0.03710	1.743
20.00	0.02987	1.738
50.00	0.01905	1.721
100.00	0.01350	1.695
200.00	0.00949	1.645

$10^{-2} \times \kappa/(S \cdot m^{-1})$	$c/(mol \cdot dm^{-3})$			
$t/℃$	1.000	0.1000	0.0200	0.0100
0	0.06541	0.00715	0.001521	0.000776
5	0.07414	0.00822	0.001752	0.000896
10	0.08319	0.00933	0.001994	0.001020
15	0.09252	0.01048	0.002243	0.001147
16	0.09441	0.01072	0.002294	0.001173
17	0.09631	0.01095	0.002345	0.001199
18	0.09822	0.01119	0.002397	0.001225
19	0.10014	0.01143	0.002449	0.001251
20	0.10207	0.01167	0.002501	0.001278
21	0.10400	0.01191	0.002553	0.001305
22	0.10594	0.01215	0.002606	0.001332
23	0.10789	0.01229	0.002659	0.001359
24	0.10984	0.01264	0.002712	0.001386
25	0.11180	0.01288	0.002765	0.001413
26	0.11377	0.01313	0.002819	0.001441
27	0.11574	0.01337	0.002873	0.001468
28		0.01362	0.002927	0.001496
29		0.01387	0.002981	0.001524
30		0.01412	0.003036	0.001552
35		0.01539	0.003312	
36		0.01564	0.003368	

附录 26　不同浓度不同温度下 KCl 溶液的电导率

t/℃	$10^2 \times \kappa/(\text{S} \cdot \text{m}^{-1})$			
	$1.000\text{mol} \cdot \text{dm}^{-3}$	$0.1000\text{mol} \cdot \text{dm}^{-3}$	$0.0200\text{mol} \cdot \text{dm}^{-3}$	$0.0100\text{mol} \cdot \text{dm}^{-3}$
0	0.06541	0.00715	0.001521	0.000776
5	0.07414	0.00822	0.001752	0.000896
10	0.08319	0.00933	0.001994	0.001020
15	0.09252	0.01048	0.002243	0.001147
20	0.10207	0.01167	0.002501	0.001278
25	0.11180	0.01288	0.002765	0.001413
26	0.11377	0.01313	0.002819	0.001441
27	0.11574	0.01337	0.002873	0.001468
28		0.01362	0.002927	0.001496
29		0.01387	0.002981	0.001524
30		0.01412	0.003036	0.001552
35		0.01539	0.003312	

摘自：复旦大学等编. 物理化学实验(第二版). 北京：高等教育出版社，1995.455.

附录 27　无限稀释离子的摩尔电导率和温度系数

离　子	$10^4 \Lambda_m/(\text{s} \cdot \text{m}^2 \cdot \text{mol}^{-1})$				$\alpha \left[\alpha = \dfrac{1}{\Lambda_i} \left(\dfrac{d\Lambda_i}{dt} \right) \right]$
	0℃	18℃	25℃	50℃	
H^+	225	315	349.8	464	0.0142
K^+	40.7	63.9	73.5	114	0.0173
Na^+	26.5	42.8	50.1	82	0.0188
NH_4^+	40.2	63.9	74.5	115	0.0188
Ag^+	33.1	53.5	61.9	101	0.0174
$1/2Ba^{2+}$	34.0	54.6	63.6	104	0.0200
$1/2Ca^{2+}$	31.2	50.7	59.8	96.2	0.0204
$1/2Pb^{2+}$	37.5	60.5	69.5		0.0194
OH^-	105	171	198.3	(284)	0.0186
Cl^-	41.0	66.0	76.3	(116)	0.0203
NO_3^-	40.0	62.3	71.5	(104)	0.0195
$C_2H_3O_2^-$	20.0	32.5	40.2	(67)	0.0244
$1/2SO_4^{2-}$	41	68.4	80.0	(125)	0.0206
F^-		47.3	55.4		0.0228

摘自：印永嘉主编. 物理化学简明手册. 北京：高等教育出版社，1988.159.

附录 28　几种胶体的 ζ 电势

水溶胶			
分散相	ζ/V	分散相	ζ/V
As_2S_3	-0.032	Bi	0.016
Au	-0.032	Pb	0.018
Ag	-0.034	Fe	0.028
SiO_2	-0.044	$Fe(OH)_3$	0.044

有机溶胶		
分散相	分散介质	ζ/V
Cd	$CH_3COOC_2H_5$	-0.047
Zn	CH_3COOCH_3	-0.064
Zn	$CH_3COOC_2H_5$	-0.087
Bi	$CH_3COOC_2H_5$	-0.091

摘自：天津大学物理化学教研室主编. 物理化学（下册）. 北京：人民教育出版社，1979.500.

附录 29 25℃下标准电极电势及温度系数

电 极	电极反应	$E^{\ominus}/V$	$dE^{\ominus}/dT/(mV \cdot K^{-1})$
Ag^+, Ag	$Ag^+ + e^- = Ag$	0.7991	-1.000
AgCl, Ag, Cl^-	$AgCl + e^- = Ag + Cl^-$	0.2224	-0.658
AgI, Ag, I^-	$AgI + e^- = Ag + I^-$	-0.151	-0.284
Cd^{2+}, Cd	$Cd^{2+} + 2e^- = Cd$	-0.403	-0.093
Cl_2, Cl^-	$Cl_2 + 2e^- = 2Cl^-$	1.3595	-1.260
Cu^{2+}, Cu	$Cu^{2+} + 2e^- = Cu$	0.337	0.008
Fe^{2+}, Fe	$Fe^{2+} + 2e^- = Fe$	-0.440	0.052
Mg^{2+}, Mg	$Mg^{2+} + 2e^- = Mg$	-2.37	0.103
Pb^{2+}, Pb	$Pb^{2+} + 2e^- = Pb$	-0.126	-0.451
OH^-, O_2	$O_2 + 2H_2O + 4e^- = 4OH^-$	0.401	-1.680
Zn^{2+}, Zn	$Zn^{2+} + 2e^- = Zn$	-0.7628	0.091

摘自：印永嘉主编. 物理化学简明手册. 北京：高等教育出版社，1988.214.

附录 30 25℃下标准电极电势及温度系数

电极类型	电极电势与温度的关系
甘汞电极 $Hg_2Cl_2(s) + 2e = 2Hg(l) + 2Cl^-$	
KCl 的浓度为 $0.1 mol \cdot L^{-1}$	$E = 0.3338 - 7 \times 10^{-5}(t-25)$
KCl 的浓度为 $1.0 mol \cdot L^{-1}$	$E = 0.2800 - 2.4 \times 10^{-4}(t-25)$
饱和 KCl	$E = 0.2415 - 7.6 \times 10^{-4}(t-25)$
醌氢醌电极 $C_6H_4O_2 + 2H^+ + 2e = C_6H_4(OH)_2$	$E = 0.6994 - 7.4 \times 10^{-4}(t-25)$
氯化银电极 $AgCl + e = Ag + Cl^-$	$E = 0.2224 - 6.45 \times 10^{-4}(t-25)$

附录 31 25℃下 HCl 水溶液的摩尔电导率和电导率与浓度的关系

$c/(mol \cdot dm^{-3})$	0.0005	0.001	0.002	0.005	0.01	0.02	0.05	0.1	0.2
$\Lambda_m/(S \cdot cm^2 \cdot mol^{-1})$	423.0	421.4	419.2	415.1	411.4	406.1	397.8	389.8	379.6
$10^3 \times \kappa/(S \cdot cm^{-1})$		0.4212	0.8384	2.076	4.114	8.112	19.89	39.98	75.92

附录 32 25℃不同质量摩尔浓度下一些强电解质的活度系数

电解质	$b/(mol \cdot kg^{-1})$				
	0.01	0.1	0.2	0.5	1.0
$AgNO_3$	0.90	0.734	0.657	0.536	0.429
$CaCl_2$	0.732	0.518	0.472	0.448	0.500
$CuCl_2$		0.508	0.455	0.411	0.417
$CuSO_4$	0.40	0.150	0.104	0.0620	0.0423

电解质	$b/(\mathrm{mol \cdot kg^{-1}})$				
	0.01	0.1	0.2	0.5	1.0
HCl	0.906	0.796	0.767	0.757	0.809
HNO_3	0.545　0.732	0.791	0.754	0.720	0.724
H_2SO_4		0.2655	0.2090	0.1557	0.1316
KCl		0.770	0.718	0.649	0.604
KNO_3		0.739	0.663	0.545	0.443
KOH		0.798	0.760	0.732	0.756
NH_4Cl		0.770	0.718	0.649	0.603
NH_4NO_3		0.740	0.677	0.582	0.504
NaCl	0.9032	0.778	0.735	0.681	0.657
$NaNO_3$		0.762	0.703	0.617	0.548
NaOH		0.766	0.727	0.690	0.678
$ZnCl_2$	0.708	0.515	0.462	0.394	0.339
$Zn(NO_3)_2$		0.531	0.489	0.474	0.535
$ZnSO_4$		0.150	0.140	0.0630	0.0435

摘自：复旦大学等编. 物理化学实验(第二版). 北京：高等教育出版社，1995.457.

附录33　几种化合物的磁化率

无　机　物	T/K	质量磁化率	摩尔磁化率
		$10^9 \times \chi_m /(\mathrm{m^3 \cdot kg^{-1}})$	$10^9 \times x_M /(\mathrm{m^3 \cdot mol^{-1}})$
$CuBr_2$	292.7	38.6	8.614
$CuCl_2$	289	100.9	13.57
CuF_2	293	129	13.19
$Cu(NO_3)_2 \cdot 3H_2O$	293	81.7	19.73
$CuSO_4 \cdot 5H_2O$	293	73.5(74.4)	18.35
$FeCl_2 \cdot 4H_2O$	293	816	162.1
$FeSO_4 \cdot 7H_2O$	293.5	506.2	140.7
H_2O	293	-9.50	-0.163
$Hg[Co(CNS)_4]$	293	206.6	
$K_3Fe(CN)_6$	297	87.5	28.78
$K_4Fe(CN)_6$	室温	4.699	-1.634
$K_4Fe(CN)_6 \cdot 3H_2O$	室温		-2.165
$NH_4Fe(SO_4)_2 \cdot 12H_2O$	293	378	182.2
$(NH_4)_2Fe(SO_2)_2 \cdot 6H_2O$	293	397(406)	155.8

摘自：复旦大学等编. 物理化学实验(第二版). 北京：高等教育出版社，1995.461.

附录34　几种化合物的热力学函数

物　　质	化学式	$-\Delta_f H_m^{\ominus}/(\mathrm{kJ \cdot mol^{-1}})$	$-\Delta_f G_m^{\ominus}/(\mathrm{kJ \cdot mol^{-1}})$	$S_m^{\ominus}/(\mathrm{J \cdot mol^{-1} \cdot K^{-1}})$
尿素	$CH_4ON_2(s)$	-333.19	-197.2	104.6
二甲胺	$C_2H_7N(g)$	-18.45	68.41	272.96
氨基甲酸铵	$NH_2CO\,ONH_4(s)$	-645.05	-448.06	133.47
氨	NH_3	-46.19	-16.64	192.50
二氧化碳	CO_2	-393.51	-394.38	213.64

附录35 某些固体的比热容

固 体	比热容/$(J \cdot kg^{-1} \cdot K^{-1})$	固 体	比热容/$(J \cdot kg^{-1} \cdot K^{-1})$
铝	908	铁	460
黄铜	389	钢	450
铜	385	玻璃	670
康铜	420	冰	2090

附录36 一些常用表面活性剂的临界胶束浓度

名 称	测定温度/℃	$CMC/(mol \cdot L^{-1})$
氯化十六烷基三甲基铵	25	1.6×10^{-2}
辛烷基磺酸钠	25	1.5×10^{-1}
辛烷基硫酸钠	40	1.36×10^{-1}
十二烷基硫酸钠	25	8.20×10^{-3}
十二烷基硫酸钠	40	8.70×10^{-3}
十四烷基硫酸钠	40	2.40×10^{-3}
十六烷基硫酸钠	40	5.80×10^{-4}
十八烷基硫酸钠	40	1.70×10^{-4}
硬脂酸钾	50	4.50×10^{-4}
油酸钾	50	1.2×10^{-3}
月桂酸钾	25	1.25×10^{-2}
十二烷基磺酸钠	25	9.0×10^{-3}
月桂醇聚氧乙烯(6)醚	25	8.70×10^{-5}
月桂醇聚氧乙烯(9)醚	25	1.0×10^{-4}
月桂醇聚氧乙烯(12)醚	25	1.4×10^{-4}
十四醇聚氧乙烯(6)醚	25	1.0×10^{-5}
丁二酸二辛基磺酸钠	25	1.24×10^{-2}
氯化十二烷基胺	25	1.6×10^{-2}
对十二烷基苯磺酸钠	25	1.4×10^{-2}

附录37 高聚物－溶剂体系的$[\eta]-M$关系式

高聚物	溶 剂	t/℃	$10^3 \times k/(L \cdot kg^{-1})$	α	相对分子质量范围 $M \times 10^{-4}$
聚丙烯酰胺	水	30	6.31	0.8	2~50
	水	30	68	0.66	1~10
	1mol/L NaNO$_3$	30	37.5	0.66	
聚丙烯腈	二甲基甲酰胺	25	16.6	0.81	5~27
聚甲基丙烯酸甲酯	丙酮	25	7.5	0.70	3~93
聚乙烯醇	水	25	20	0.76	0.6~2.1
	水	30	66.6	0.64	0.6~16
聚己内酰胺	40% H$_2$SO$_4$	25	59.2	0.69	0.3~1.3
聚醋酸乙烯酯	丙酮	25	10.8	0.72	0.9~2.5
右旋糖酐	水	25	92.2	0.5	
	水	37	141	0.46	

参 考 文 献

1　傅献彩，沈文霞，姚天扬. 物理化学(下册)[M]. 第四版. 北京：高等教育出版社，1990.

2　S. Glasstone 著，贾立德等译. 电化学概论[M]. 北京：科学出版社，1959.

3　袁誉洪. 物理化学实验[M]. 北京：科学出版社，2008.

4　北京大学化学学院物理化学实验教学组. 物理化学实验[M]. 北京：北京大学出版社，2002.

5　唐林，孟柯兰，刘红天. 物理化学实验[M]. 北京：化学工业出版社，2008.

6　常照荣. 物理化学实验[M]. 郑州：河南科学技术出版社，2009.

7　何畏. 物理化学实验[M]. 北京：科学出版社，2009.

8　罗澄源. 向明礼. 物理化学实验[M]. 北京：高等教育出版社，2004.

9　向建敏. 物理化学实验[M]. 北京：化学工业出版社，2008.

10　张新丽，胡小玲，苏克和. 物理化学实验[M]. 北京：化学工业出版社，2008.

11　刘寿长，张建民. 物理化学实验与技术[M]. 郑州：郑州大学出版社，2004.

12　徐菁利，陈燕青，赵家昌，郑文锐. 物理化学实验[M]. 上海：上海交通大学出版社，2009.

13　武汉大学化学与分子科学学院实验中心. 物理化学实验[M]. 武汉：武汉大学出版社，2004.

14　顾月姝，宋淑娥. 基础化学实验(Ⅲ)——物理化学实验[M]. 北京：化学工业出版社，2007.

15　复旦大学等. 物理化学实验[M]. 北京：高等教育出版社，2004.

16　李曦，胡善洲. 物理化学实验[M]. 武汉：武汉理工大学出版社，2010.

17　张洪林，杜敏，魏西莲. 物理化学实验[M]. 青岛：中国海洋大学出版社，2009.

18　庞素娟，吴洪达. 物理化学实验[M]. 武汉：华中科技大学出版社，2009.

19　陈大勇，高永煜. 物理化学实验[M]. 上海：华东理工大学出版社，2000.

20　何广平，南俊民，孙艳辉等. 基础化学实验——物理化学实验[M]. 北京：化学工业出版社，2008.

21　金丽萍，邬时清，陈大勇. 物理化学实验[M]. 上海：华东理工大学出版社，2005.

22　刘志明，吴也平，金丽梅. 应用物理化学实验[M]. 北京：化学工业出版社，2009.

23　华萍. 物理化学实验[M]. 武汉：中国地质大学出版社，2010.

24　黄震，周子彦，孙典亭. 物理化学实验[M]. 北京：化学工业出版社，2009.

25　陈斌. 物理化学实验[M]. 北京：中国建材工业出版社，2004.

26　许炎妹，邵晨. 物理化学实验[M]. 北京：化学工业出版社，2009.

27　王军，杨冬梅，张丽君等. 物理化学实验[M]. 北京：化学工业出版社，2010.

28　王丽芳，康艳珍. 物理化学实验[M]. 北京：化学工业出版社，2007.

29　冯鸣，梅来宝，郭会明. 物理化学实验[M]. 北京：化学工业出版社，2008.

30　华南理工大学物理化学教研室. 物理化学实验[M]. 广州：华南理工大学出版社，2003.

31　杨有清，宋四平，陈栋华. 珍珠水解液中钙离子含量的离子选择电极测定方法[J]. 中南民族大学学报，2005. 24(1)：10～13.

32　古凤才，肖衍繁，张明杰，刘炳泗. 基础化学实验教程[M]. 北京：科学出版社，2000.

33　姚天平，李涛，金东元. 用阳离子树脂催化酯化合成乙酸异戊酯的动力学研究[J]. 上海应用技术学院学报，2006，6(3)：172～176.